우리를 찾아줘

THE POSSIBILITY OF LIFE
Copyright © 2023 by Jaime Green
All rights reserved.

The reproduction, transmission or utilization of this work in whole or in part in any form by any electronic, mechanical or other means, now known or hereafter invented, including xerography, photocopying and recording, or in any information storage or retrieval system, is forbidden without the written permission of the publisher.

For permission please contact HARLEQUIN ENTERPRISES ULC, Bay Adelaide Centre, East Tower 22 Adelaide Street West, 41st Floor, Toronto, Ontario, M5H 4E3, Canada

Korean translation copyright © 2025 by Wisdom House, Inc.
Korean translation rights arranged with HARLEQUIN ENTERPRISES ULC through EntersKorea Co., Ltd.

이 책의 한국어판 저작권은 (주)엔터스코리아를 통한 저작권사와의 독점 계약으로 (주)위즈덤하우스가 소유합니다. 저작권법에 의하여 한국 내에서 보호를 받는 저작물이므로 무단 전재와 무단 복제를 금합니다.

우리를 찾아줘

생명의 존재를
밝히는
눈부신 여정,
처음 만나는
우주생물학

제이미 그린
지음

손주비
옮김

THE POSSIBILITY OF LIFE

위즈덤하우스

JAIME GREEN

할아버지 노먼 엡너를 기리며
그리고 마일스 노바를 위해, 모든 새로운 것을.

"사는 것, 세상에 존재한다는 것은,
그녀가 꿈꾼 것보다 훨씬 더 크고도 낯선 일이었다."

—어슐러 K. 르 귄, 《아투안의 무덤》에서

차례

•책머리에• 지켜보는 별들 ──── 011

1장

기원 : 도대체 생명은 뭘까?
──── 020

2장

행성 : 지구가 특별하다는 데 이의를 제기합니다
──── 074

3장

동물 : 최고로 외계스러운 외계 생명을 찾아서
──── 114

4장

사람 : 우리가 만날 저 너머의 세계들
---- 152

5장

기술 : 지금은 우주 시대
---- 202

6장

접촉 : 직접 만날 기회를 뿌리칠 수 있을까?
---- 248

• 나가며 • 희망찬 괴물들 ---- 315

• 감사의 말 326 • 옮긴이의 말 331 • 참고 문헌 336 • 찾아보기 351

· 책머리에 ·

지켜보는 별들

아주 어렸을 때는 밤하늘이 무서웠어요. 부모님 차에서 내리자마자 현관문으로 서둘러 달려갔지, 밖에 오래 있지 않으려고 했던 기억이 납니다. 별들이 저를 지켜보는 것 같았거든요.

하지만 얼마 지나지 않아 하늘은 친근한 곳이 되었습니다. 아빠는 여러 별자리 이름과 북두칠성의 손잡이 끝에서 어떻게 북극성을 찾는지 가르쳐주셨어요(빛 공해가 심한 퀸스의 하늘에서는 정말 대단한 일이죠). 그리고 몇 년 뒤엔 광활한 우주는 위협이 아니라 자비로운 생명체가 가득할지도 모른다는 희망으로 다가왔습니다. 〈스타 트렉: 넥스트 제너레이션Star Trek: The Next Generation〉을 보기 시작했거든요.

그들은 제가 기억하는 첫 번째 외계인(사실은 E.T.를 무서워했기 때문에, 사랑하게 된 외계인 중 첫 번째)이지만, 곧 제 세계는 〈스타 트렉〉의 외계인으로 꽉 차게 되었죠. 인간 동료들과 구별하기 위해 특수 분장을 한 친절한 스타 플릿 장교들, 아라키스의 모래벌레들, 심연에서 빛나는 심해 천사들, 메그 머레이의 사랑스러운 앤트 비스트Aunt Beast(《시간의 주름》에 등장하는 털북숭이 외계 종족) 등등.

악당과 괴물도 있었지만 희망도 컸습니다. 이런 대중문화가 제 상상의 세계를 가득 채우는 동안, 저만큼이나 괴짜였던 친구들과 놀면서 학교에서 함께 보았던 PBS 특집으로부터 과학을 배우기도 했습니다. 이는 우리 세계에서 가능한 것은 무엇인지에 대한 감각을 넓혀주었고요. 화성에 탐사선이 착륙하고, SETI_{Search for Extra-Terrestrial Intelligence}(외계 지적 생명체 탐사 프로젝트)에서 외계 신호를 듣고, 제가 열두 살이 되었을 무렵에는 처음으로 우리 태양계 바깥에서 행성이 발견되었습니다.

외계인을 생각하는 건 어떤 면에서는 과학을 궁리하는 것과 같았어요. 별을 보고 그 주변을 회전하는 행성을 떠올리는 일은 그곳에 살고 있을 누군가를 상상하는 것이기도 했거든요. 시공간과 광속의 한계를 배울 때면 이 법칙을 뒤엎고 은하를 횡단하기 위한 방법을 상상할 수 있었고요. 엔터프라이즈호_{Enterprise}에 탑승한 제 〈스타 트렉〉 친구들이 이미 해낸 것처럼요. 또한 외계인을 상상하는 동안은 생명체에 정말 물과 탄소, 눈과 손이 필요한지 고민하는 시간이 되었습니다. 식물이나 곤충 모습의 생명체를 생각하다 보면, 우리 집 뒷마당에 있는 식물과 곤충이 가진 삶에 대해서도 짐작하게 되었어요.

물론, 그 이상이었지요. 우주에 누군가가 있을지도 모른다는 상상은 존재의 가능성을 생각하는 일이었고, 또 인간이 그들에게 어떻게 적응하게 될지에 대한 고찰로 이어졌습니다.

어떤 사람들은 무언가를 이해하고 싶어서 과학에 끌리지만, 제가 늘 사랑했던 것은 과학이 우리가 무엇을 모르는지, 우리가 속한 이 세계를 얼마나 모르는지 알려준다는 점이었어요. 저는 질문에 대한 대답을 원한 것이 아니라 감질 나는 가능성, 이론이나 가설, 아니면 진실의 속삭임이 담긴 수수께끼를 발견하고 싶었습니다.

과학은 세상이 우리가 매일 보는 것 그 이상을 간직했음을 알려줍니다. 피부 아래에서 꿈틀거리는 세포, 대양 저 밑바닥에 숨겨진 기이한 생태계, 원자의 중심부에서 째깍째깍 돌아가는 시계태엽 장치의 신비들이 있습니다. 하지만 우주는 경이로운 공간을 무한히 제공합니다. 1995년, 허블 우주망원경은 큰곰자리의 어두운 곳을 거울로 바라보았고, 이 텅 빈 하늘의 좁은 영역에서 거의 3000개의 은하를 발견했습니다. 하늘에 손을 뻗었을 때 겨우 엄지손가락으로 가려지는 공간이지요. 상상하기 힘들 정도로 많은 은색, 호박색, 붉은색의 뿌연 구름과 나선 팔을 가진 천체가 흩어져 있는 〈허블 딥필드〉라는 이곳 사진은 언제나 제 마음을 흔들었어요.

우리는 세계에 대해 질문하는 방법을 알게 된 뒤, 한참이 지난 이제야 인류를 사로잡았던 의문이 풀릴 날을 눈앞에 두었는지도 모릅니다. 우리가 아는 것 너머에 또 다른 생명이 존재할까요? 우주에 생명체는 흔할까요, 희귀할까요, 아니면 '우리가' 유일할까요? 과연 인류는 혼자일까요?

그런데 이러한 질문에 대한 해답이 바로 앞까지 다가왔다고 느낀 건 이미 수십 년 전부터입니다. 과학이 점점 더, 그리고 확실히 진보하면서(다른 별 주변을 도는 행성에 대해 더 많은 이야기를 들려주고, 인간의 뇌가 어떻게 작동되는지 조사하면서), 중요한 결론이 마치 우주의 혀끝을 맴도는 것만 같았어요. 외계 생명의 신호를 찾기 위해 하늘을 훑으며 관측하는 과학자들은 1980년에도, 2023년에도 앞으로 10년에서 25년 안에 답을 찾을 수 있을 거라고 예상했어요. 거의 모든 화성 탐사선은 똑같은 희망을 담아 발사됩니다. 과거에는 생명이 있었을지 몰라도 지금은 전혀 그렇게 보이지 않는 이 이웃 행성에서 이번에야말로 생명의 증거를 찾겠다는 바람으로요.

따라서 정답이 없을 때 과학자들은 차선책인 확률에 의존합니다. 등식과 근사로 역설을 풀어나가지요. 우리가 아는 것을 바탕으로 추정치를 곱해가며 다양한 가능성의 스펙트럼에서 한 점을 찾아갑니다. 그 지점이 일반적이든, 특별하든, 그럴듯하든, 희귀하든 상관없이 말이지요.

확실히 과학에서 확률은 유용합니다. 무언가를 찾으려고 하거나 이를 위한 연구 지원을 받고자 할 때, 찾으려는 것이 실제로 존재할 확률이 충분히 있음을 보여준다면 도움이 됩니다. 그래서 수학적으로 엄격하게 접근할 때도 있습니다.

외계 생명체가 존재할 확률을 생각하는 가장 유명한 방법은 '드레이크 방정식'입니다. 방정식이라고는 해도, 실제 등식으로 작용하지도 않고, 확실한 정답을 주는 것은 아니지만요. 사회과학자이며 NASA의 고문인 린다 빌링스Linda Billings는 이를 좀 더 정확하게 표현해서 '드레이크 체험Drake Heuristic'이라고 부르는데, 질문의 내용만큼이나 분석가가 사용한 가정들을 드러내는 근사 방법이기 때문입니다.

드레이크 방정식이 던지는 질문은 이것입니다. 지구에서 우리가 가진 기술로 찾아낼 수 있는 외계 문명은 현재 우리은하에 얼마나 있을까요?

SETI 분야의 선구자인 프랭크 드레이크Frank Drake도 이에 대한 답을 찾기 위해 방정식을 고안한 것은 아니었습니다. SETI 연구자들의 초창기 모임에서 미팅 주제를 설정하기 위해 만들었지요. 바로 우리에게 신호를 보내고 있을 이들이 누구인지 결정할 변수들을 토의하려는 것이었습니다.

드레이크가 고려한 변수들은 다음과 같습니다.

R_*: 별들이 태어나는 속도.
f_p: 행성을 갖는 별들의 비율.
n_e: 각 별당 생명체가 존재할 수 있는 환경을 갖는 행성의 평균적인 개수.
f_l: 그 행성들 중 실제로 생명체가 발생한 비율.
f_i: 그 행성들 중 지능을 갖춘 생명체가 발생한 비율.
f_c: 그 행성들 중 우리가 검출할 수 있는 신호를 방출하는 기술을 개발한 지적 생명체가 발생한 비율.
L: 신호를 방출한 문명의 평균적인 수명(우리가 검출할 수 있는 신호를 그들이 얼마나 오랫동안 생성 가능한지).

이 모든 것을 곱하면 우리은하에서 현재 우리가 감지 가능한 신호를 보낼 수 있는 문명의 수, 'N'이 나옵니다.

$$N = R_* \cdot f_p \cdot n_e \cdot f_l \cdot f_i \cdot f_c \cdot L$$

드레이크가 칠판에 방정식을 쓴 이후 수십 년 동안, 이 식은 어디에서나 등장하는 논쟁의 대상이 되었습니다. 예를 들면, 드레이크 방정식은 생명의 기원과 지능의 출현 같은 사건들 사이의 다양한 격차를 고려하지 않은 맹점으로 공격을 받습니다. 방정식이 시도하는 일반화 때문에도 그렇습니다. 무엇을 지능이라고 할 수 있을까요? 천문학자들은 이 방정식을 비관론이나 낙관론의 합리성을 설명하기 위해 사용합니다. 그들이 생각하는 합리적인 숫자들을 방정식에 넣고 결과가 얼마나 급락 또는 급등하는지 보여주곤 합니다.

하지만 드레이크가 진정으로 말하고자 하는 바는 SETI를 기획하기 위해, 또 외계 지능의 흔적을 찾기 위해, 이 모든 것을 생각해보아야 한다는 것이었습니다. 별과 행성의 탄생과 진화, 생명의 기원, 지능의 출현, 기술의 본질, 그리고 문명의 수명까지요. 드레이크 방정식의 가장 마지막에는 답이 있는 것이 아니라 그저 새롭게 던져야 할 질문이 남을 뿐입니다.

하지만 우리가 실제로 가장 자주, 또 너무 자주 묻는 질문은 실제로 외계 생명체가 존재하는지 존재하지 않는지입니다. 사실 이 질문은 아주 지루해요. 그에 대한 답은 혁명적일 수 있고, 많은 과학자가 찾으려 하지만, 광활하고 텅 빈 하늘에 물어본들 돌아오는 건 아무것도 없습니다.

우리가 정말로 던져야 하는 질문은 '만약 ~하다면?'입니다. '만약 ~하다면?'은 지식으로 향하는 선형적인 경로가 아니라, 더 깊은 이해를 향해 반복하는 순환의 질문입니다. 외계 생명체를 상상할 때, 우리는 지식의 한계 상황에서 안간힘을 쓰며 위험을 무릅쓰고 과학의 힘을 검증한 뒤, 새로운 거리에서 스스로를 돌아봅니다. '만약'에 대한 물음은 다시 지구 생명체에 대한 질문을 던지게 합니다. 지구 생명체는 어떻게 생겨났을까요? 왜 지금과 같은 모습일까요? 우리는 특별한 존재일까요? 그렇다면 그것이 의미하는 바는 무엇일까요? 우리가 가진 지적 능력과 기술에 대한 책임은 무엇일까요?

'만약'에 대한 질문은 비과학적이지 않습니다. 오히려 가설과 예측, 미지에서 앎으로 나아가는 모든 도약과 종합 행위의 원동력입니다. 과학자들은 매일 상상합니다. 가능한 화학적 경로를 그려 보고 이를 시험합니다. 알려진 것이 거의 없는 먼 행성의 표면을 상상하고 이를 예술 작품으로 표현하기도 합니다. 그들은 또한 어디엔가 있을 지구와 꼭 닮은 행성의 진화 경로, 가까운 미래, 전례 없는 사건의 결과를 구상하기도 합니다.

우리는 소설을 보며 (과학자들과) 비슷한 방식으로 외계 생명체를 상상합니다. 여러분도 소설을 읽고 영화를 보셨을 테니까 잘 아시겠지요? 때로는 이야기들이 환상적으로 보이기도 하고(떠다니는 산들 사이에 사는 푸른 피부의 고양이 인간처럼), 때로는 앞으로 일어날 사건에 대한 소름 끼치게 그럴듯한 환영처럼 보이기도 합니다(마치 먼 별에서 신호를 받았는데, 모든 사람이 그 신호를 어떻게 처리할지 놓고 다투는 상황처럼요). 그리고 이 모든 작품은 과학적 탐구만큼이나 우주를 이해하는 데 중요한 열쇠입니다.

외계 생명체에 대한 소설을 쓰는 일에는 "그대들의 리더에게 나를 데려가라"라고 말하는 것보다 더 많은 의미가 함축되어 있습니다. 생물학과 천문학에 대한 궁금증만큼이나 과학의 영역을 초월하는 사회학, 언어학, 철학적 호기심이 번뜩이지요. '과거는 가능한 미래를 반영하는가?', '경험은 얼마만큼 우리의 상상을 제한하는가?', '우리가 원하는 인류의 미래는 어떠한가?'와 같은 것을 예로 들 수 있겠습니다. 이러한 질문들은 과학소설이 단순한 즐길 거리를 넘어, 실험실에서 우리가 만들어낼 결과처럼 충분한 잠재력을 갖고, 지구 너머 생명체에 대한 가능성을 생성하는 방식입니다. 소설을 통해 우리는 확률적 유사성과 이분법을 넘어 먼 우주가 가진 무한한 가능성에 상상력을 발휘할 수 있으며, 결정적으로 이 상상이 의미하는 바가 무엇인지 질문할 수 있습니다.

우주는 표현할 수 없을 정도로 넓습니다. 우리 존재는 아랑곳하지 않은 채 행성은 궤도운동을 하고, 별은 타오르고, 우리은하의 중심에 있는 블랙홀은 엄청나게 빨아들이고 있습니다. 형언할 수 없이 광활합니다. 우리는 그저 한 점, 잠시 동안 재미있는 방식으로 스스로를 조직하는 물질의 깜박임에 지나지 않습니다.

우리는 이 '작음'을 인간의 하찮음과 중요함의 증거로 받아들입니다. 상상할 수 있는 모든 가능성 가운데, 지구는 생명체가 존재한다는 것을 아는 유일한 행성입니다. 지구가 우주에서 유일하게 생명이 있는 곳일지도 모른다는 건 생각만 해도 끔찍한 부담입니다. 이 서투른 종족이 짊어져야 할 책임이 막중하고, 살아가기엔 너무나 외로운 우주니까요.

우리는 우리가 중요한지 알고 싶어 합니다. 자신이 어떤 의미인지 알고 싶어 합니다. 다른 세상에 사는 생명체는 스스로를 더 잘 이해할 방법, 그 맥락과 배경을 보여줍니다. 그래서 우리는 찾고, 듣고, 확률을 계산합니다. 그리고 궁극적으로는 그저 은하의 큰 그림 안에 우리가 어떻게 들어맞을지 추측할 뿐입니다.

결국 외계 세계에 대한 우리 시야는 연구나 꿈, 새벽녘 들판의 안개 같은 무의식에서 비롯한 나 자신의 반영입니다. 외계 생명체의 모습을 수십 가지로 상상할 때, 우리는 수십 가지 다른 부류의 사람을 상상하는 것과 다름없습니다. 우리가 외계 언어를 발명할 때, 인간의 뇌에 대해 더 많이 알게 됩니다. 자애로운 외계인의 방문을 꿈꾼다면, 우리에게 필요하다고 스스로 생각하는 이야기를 하고 있는 것입니다.

상상력이 세상을 만든다는 소설 《하늘의 물레 The Lathe of Heaven》에 어슐러 K. 르 귄은 "바다를 떠다니기만 하던 그 생명체는 햇빛이 내리쬐는 모래밭에서 무엇을 할까? 매일 아침 그들의 정신은 깨어나며 무엇을 할까?"라고 썼습니다. 이 모든 상상, 과학과 이야기가 전부 꿈이라면 깨어났을 때 우리에게 남는 것은 무엇일까요?

외계 생명체를 상상하는 일은 의식이 있는 동물의 의미, 물질과 생명체의 의미를 파악하는 방법입니다. 우주에 대한 우리의 비전은 마치 망원경을 구성하는 거울이나 렌즈처럼 자신과 인간성을 바라보게 해주는 도구가 됩니다.

1장

기원

:

도대체 생명은 뭘까?

당연하게도, 〈스타 트렉〉에서 시작하자.

구체적으로는 〈스타트렉: 넥스트 제너레이션〉의 한 에피소드인 '더 체이스'에 나오는, 어느 먼 행성의 화석화된 해저에 있는 하얀 암석 협곡에서 출발한다. 엔터프라이즈호의 원정대는 이 영웅들에게 전통적으로 적대적인 외계 종족, 카다시안 한 쌍과 로뮬란 넷과 대치하고 있다.

〈스타 트렉〉 도입부의 내레이션을 떠올려보면, 엔터프라이즈호의 임무는 '새로운 생명체와 문명을 찾아 아무도 가보지 않은 곳으로 대담하게 나아가는 것'이다. 엔터프라이즈호는 군함도, 과학선도 아닌, 이 두 가지를 혼합하거나 초월한 함선이다. 엔터프라이즈호의 승조원들은 지식을 추구하고, 도움이 필요한 이를 보호하고, 때로는 분쟁에 휘말리기도 하지만, 결코 적을 찾아다니지 않는다.

하지만 지금 이 순간, 높은 긴장감이 흐르고 있다. 세 그룹은 바로 귀중한 조각 하나를 찾기 위해 이곳에 모였기 때문이다. 바로 40억 년 동안 은하의 한 사분면에 흩어져 있던 분자 퍼즐의 잃어버린 조각을 담은 고대 DNA다. 19가지 다른 종의 유전자 코드에는 메시지 하나가 숨겨져 있다. 엔터프라이즈호의 승조원들은 분자 퍼즐을 완성하고 메시지를 해독하기 위해 이 조각들을 찾아 다니고 있었던 것이다.

에피소드의 초반, 라 포지 중령이 피카드 함장에게 말한다. "이것은 자연에서 만들어진 것이 아닙니다. 분자 수준에서 만들어진 알고리즘의 일부입니다."

그러자 피카드 함장이 묻는다. "그럼 40억 년 전에 누군가가, 은하에 흩어져 있는 19개의 행성 속 원시 물질에 이 유전물질을 흩뿌려놨다는 말인가?"

안드로이드 승조원인 데이터 소령이 제안한다. "유전정보는 분명히 그 행성들의 초기 생명체에 통합되어, 세대를 거치며 전달되었을 것입니다."

함선의 의사 크러셔 박사가 도대체 어떤 존재가 이런 일을 한 것인지 질문한다. 이어서 피카드 함장도 "이 프로그램은 무엇을 위해 만들어진 것인가?" 하고 묻는다.

라 포지 중령이 대답한다. "글쎄요, 우리가 전체 프로그램을 모아서 직접 실행해보기 전까지는 알 수 없을 겁니다."

이런 이유로 그들은 우주선 내 다양한 종족 승조원으로부터 유전자 코드의 조각들을 모으고, 프로그램의 마지막 잃어버린 조각이 바로 그들이 서 있는 행성에 존재한다는 것을 알게 된다. 하지만 로뮬란과 카다시안도 이 조각들을 찾고 있었고, 결국 여기서 교착상태에 이른 것이다.

엔터프라이즈호의 원정팀에는 두 사람과 두 클링온이 있다. '사람'은 여러분이 아는 사람처럼 생겼고, '클링온'은 물결무늬가 있는 넓은 이마를 가졌다. '만능 번역기$_{\text{Universal translator}}$' 덕분에 모든 이가 영어로 말하는 것처럼 들린다. 종종 클링온이 사용하는 욕설이나 무례한 말(토파!)을 제외한다면 말이다.

엔터프라이즈호의 승조원들은 정보를 찾고 있지만 로뮬란과 카다시안은 정보와 권한, 즉 알고리즘이 밝혀내는 것이 무엇이든 여기서 얻게 될 데이터와 통제권을 원한다. 서로를 위협하는 와중에 크러셔 박사는 슬그머니 고대 해저지형의 일부를 긁어 유리병에 담아 선장의 트리코더tricorder(〈스타 트렉〉에 나오는 휴대용 분석기-옮긴이)에 집어넣는다. 그러고 나서 "프로그램이 실행되기 시작했어요. 이 프로그램이 뭔가를 만들기 위해, 트리코더를 재정렬 중이에요"라고 속삭인다.

트리코더에서 나온 것은 그 자리에 모인 인간, 클링온, 카다시안, 로뮬란과 크기나 생김새가 비슷한, 사람처럼 생긴 휴머노이드humanoid의 영상이다(물론 〈스타 트렉〉 세계관 전체에 걸쳐 나오는 모든 인간 같은 생명체는 크기와 생김새가 비슷한데, 이를 연기한 인간 배우 때문일 것이다). 이 존재는 이마에 융기가 없고, 심지어 인간의 눈썹뼈 부근도 튀어나와 있지 않다. 그녀는 매끈하고 얼룩덜룩한 머리통과 작은 콜리플라워 모양의 귀를 가졌고, 평범한 흰색 튜닉을 입었다. 모든 종족을 추정할 수 있는 가장 중립적인 모습이다. 그녀가 말한다.

"우리 은하의 이 구역에서, 그 어떤 생명체도 나타나지 않았을 때 나의 행성에서 생명이 진화했어요. 우리는 고향을 떠나 별을 탐사했지만 우리 같은 존재를 하나도 찾지 못했죠. 우리 문명은 아주 오래 번성했어요. 하지만 광활한 우주의 시간에 비하면, 한 종족의 삶은 아무것도 아니겠지요. 우리는 언젠가 사라질 걸 알았고, 무엇도 살아남지 못할 것을 알았어요. 그래서 우리는 당신들을 남기기로 했어요."

이 지각을 갖춘 첫 번째 종은 생명체 자체가 아니라, 다양한 초기 유전체를 조금씩 변형시켜 은하계에 씨앗처럼 뿌렸고, 모든 행성이 자신과 닮은 이들을 낳을 수 있도록 했다. 머리, 팔, 얼굴, 몸 등 모든 것이 바로 정원사 조상gardener-ancestors을 닮았다. 그리고 그 (유전적) 지침과 함께 메시지의 파편도 함께 심어두었던 것이다. 이 선조는 흩어진 자손이 협력해서 조화롭게 한데 모여 그들의 전언을 듣길 바랐다.

이는 마치 신이 존재함을 알게 된 것과 비슷하다. 여기에서 더 의미를 찾는다면 창조자가 그저 전지전능한 게 아니라 우리와 유사한 존재라는 데 있다. 즉 먼저 살아가며 자신의 형상대로 우리를 만든 존재, 그래서 우주가 끊임없이 탐사되고 알려질 수 있게 한, 생명의 유산이 이어지도록 한 존재라는 것이다. 그리고 그들은 우리뿐 아니라 은하 전역에 걸쳐 많은 종족을 탄생시켰다. 신의 자손까지는 아니고, 친척 정도랄까.

하지만 이 계시는 듣지 않으려는 이에게는 들리지 않는다. 엔터프라이즈호와 함께 항해하던 클링온 함장은 "그게 다야? 저 여자가 죽지 않았다면, 내가 죽였을 거야"라며 비웃는다. 카다시안은 "카다시안이 클링온과 공통점이 있다는 것 자체가… 내 속을 뒤집어놓네"라며 콧방귀를 뀐다. 그리고 피카드 함장은 어깨를 으쓱하며 엔터프라이즈호에 팀원들을 다시 전송해달라고 한다.

피카드 함장은 숙소로 돌아가 유전자 파편들의 미스터리를 추적하던 그의 옛 고고학 교수가 가져다준, 또한 이 에피소드의 시작을 알린 도자기 유물을 만지작거리고 있다. 이 유물은 토스터만

한 휴머노이드 조각인데 윗부분을 떼어 내면, 그 안에 작은 피규어들이 들어 있다. 피카드가 부함장에게 말한다. "컬란_{Kurlan} 문명은 개인이 개인들의 공동체라고 믿었지. 우리 안에는 서로 다른 욕망, 스타일, 세계관을 가진 수많은 목소리가 존재하네." 고대인의 홀로그램은 모여든 탐색자들에게 말한다. "여러분에게는 우리의 일부가 들어 있어요. 즉, 여러분은 여기 모인 다른 이들의 부분이기도 하지요." 그 도자기 유물은 마치 은하계 가족인 우주 공동체를, 유물 속의 작은 피규어들은 각 세계의 다른 종을 상징하는 것처럼 보인다.

어쩌면 '더 체이스' 에피소드는 〈스타 트렉〉 세계관에 왜 인간 같은 외계 종족이 많은지 설명하기 위한 것인지도 모른다. 그러나 한편으로는 오늘날 지구에 사는 우리가 가진 기대, 두려움, 그리고 질문에 대한 이야기이기도 하다. 에피소드 속 홀로그램 선조가 말했다. "우리는 고향을 떠나 별을 탐사했지만 우리 같은 존재를 하나도 찾지 못했죠." 인류도 태양계 너머를 더 알게 될수록, 우리를 기다리는 것이 고요함과 고독함뿐일까 봐 두려워한다. 또한 이 고대인은 "우리 문명은 아주 오래 번성했다"고 했다. 이는 기후변화, 팬데믹, 핵무기의 위협을 마주한 오늘날의 시청자에게 큰 희망이 되기도 한다. 그리고 그녀의 종족이 은하를 지적 생명체로 채운 결과, 생명들이 서로를 찾고, 기술의 도움을 받아 상대를 알아차리고, 만나서 소통한다. 우리는 과연 그 이상을 밤하늘의 별을 보며 기대할 수 있을까?

하지만 우리는 어떻게 이 단계에 도달할까? 다양한 종족이 사는 우주에서, 친족 관계인 그들과 소통을 할 수 있을까? 그리고 바로 여기 이 행성에서, 우주에 우리만 존재하는 것은 아닌지 걱정할 정도의 지성을 갖추는 데까지, 대체 어떻게 다다를 수 있었을까?

이 의문을 탐구하기 전에 질문의 기원을 살펴보자. 이야기의 측면에서 보면, 다른 행성들에 있을 생명체에 대한 우리의 초기 상상, 그리고 태양계 천체에 대한 중요한 발견들 이후에 폭발적으로 늘어난 것이다. 과학의 입장에서 이 물음의 근원은 과거의 지구에서 생명이 어떻게 시작했는지, 또한 다른 행성에서 우리가 무엇을 찾아야 하는지를 이해하기 위한 노력이다. 다른 곳에서 생명체를 찾는 행동은 '생명이란 무엇인가'에 대한 우리의 제한적 이해를 직시하도록 한다.

다른 행성의 생명에 대한 간단한 역사

우리은하에서 우리가 유일한 생명체일 것이라는 생각은 비교적 최근에 나타났다. 지난 150년 동안 우주에 대해 알아갈수록 우주가 생명으로 가득 차 있을 거라고 상상하기는 점점 더 힘들어졌다. 우주에 생명체가 많거나 아예 없다는 두 생각 사이를 왕복하는 진자가 다시 돌아오기 시작한 것은 겨우 30년밖에 되지 않았다. 바로 망원경이 다른 별들에서 수천 개의 행성을 찾아내고, 성간 공간에 위치한 성운에 생명의 기본이 되는 분자가 풍부하다는 사실을 발견하기 시작한 시점부터다.

하지만 유럽의 르네상스 시기에는 새로운 발견이 우주라는 상자를 열고 가능성으로 가득 채우기 시작했다. 코페르니쿠스가 지구는 우주의 중심에 있지 않다는 것을 깨달았을 때, 갈릴레오가 반짝이지 않는 방랑하는 별이 사실은 행성이라는 것을, 또 밤하늘에서 빛의 얼룩같이 보이던 은하수가 사실은 별로 가득 차 있다는 것을 알았을 때, 우주는 넉넉한 가능성으로 보였을 것이다. 하지만 우리는 자세하게 내막을 알게 되었다. 대기가 없거나 뭐든 구울 듯이 뜨거운 대기가 있는 행성들, 거느린 모든 행성을 향해 살균되는 빛을 쏘아대는 별들까지. 망원경이 좋아지고, 더 많은 로봇 탐사선이 로켓에 장착될수록, 우리는 고독한 진실을 배웠다.

코페르니쿠스 이후 여러 세기에 걸쳐서, 우리는 태양계가 우리은하의 중심부가 아니라는 것을 알았을 뿐 아니라, 우리은하도 우주의 중심에 있지 않고, 우리 우주가 우주의 전부가 아닐 수도 있음을 깨달았다. 우리는 여전히 어떤 영역에서도 인간성을 특별한 것이라고 생각하면 안 된다는 '코페르니쿠스 원리'의 안내를 받는다.

과학자들은 종종 단 하나의 예시(여기서는 우리 존재)로부터 어딘가 있을 생명에 대해 추론하면서 발생하는 어려움을 '$n=1$ 문제'*라고 부른다. 생명체가 어떻게 여기 지구에 있는지 알더라도, 삼각측량으로 다른 생명에 대해 추론할 만한 다른 근거를 전혀 갖고 있지 않은 것이다. 하지만 여러 세기 동안, $n=1$ 문제는 선물과도 같았다. 우리는 지구라는, 다른 행성들의 모형이 될 법한 단 하

* 'n'은 추출해낼 표본의 개수를 의미한다.

나의 세계만 알고 있었던 것이다. 정확히 말하자면 '생명체의 거주성'에 대해서.

거주 가능 행성들에 대한 생각은 과학보다는 형이상학에서 파생된 철학과 처음 접점을 만들었다. 특히 이 논의에 중요한 영향을 끼친 아리스토텔레스는 정지한 지구를 중첩된 구의 중심(중심에 지구가 있고, 태양을 비롯한 달, 태양계 천체들과 천구가 회전하고 있다는 지동설 모형-옮긴이)에 두었다. 천문학적인 세세한 관측이 없었다면, 그의 관점은 인간의 일상 경험과 잘 맞는 아주 당연한 가정이었다. 그러나 가장 중요한 건 아리스토텔레스의 가정이 인류가 중심이라는 감각, 물질과 물리학에 대한 그의 이해를 반영한다는 점이다.

이후 프톨레마이오스에 의해 강화된 지구 중심의 세계관은 중세와 그 이후에 기독교와 결합하여 인간이 신의 주요 관심 대상이자 일차적 창조물이라는 생각을 잘 뒷받침했다. 하지만 이것이 세상을 보는 유일한 방법은 결코 아니었다. 다른 그리스 사상가들은 다원주의 사상을 받아들이기도 했다. 기원전 4~5세기, 모든 물질은 분할할 수 없는 원자로 이루어져 있다고 믿었던 원자론자들은 (물질은 더 작게 무한히 나눌 수 없기 때문에) 우주에는 하나의 우주$_{kosmos}$를 구성하는 데 쓸 수 있는 것보다 더 많은 원자가 존재하며, 따라서 무한한 세계가 존재해야 한다고 여겼다. 원자론자 중 한 명인 키오스의 메트로도루스는 무한한 우주에서 더 나아가 무한한 종에 대해서도 생각했다.

지구를 무한한 우주에서 생명이 있는 유일한 세계로 여기는 것은 밀을 뿌린 밭 전체에서 단 하나의 곡물만 자랄 거라는 주장만큼이나 터무니없는 일이다.

피타고라스의 추종자들은 달에 지구의 생명체보다 더 크고 아름다운 동물이 살 것이라고 추측했다. 불교도는 우주가 6개의 거주 영역*으로 구성되어 있으며, 모두 똑같이 실재하고 어느 곳에서나 영혼이 다시 태어날 수 있다고 이해한다.

서양 철학자와 성직자는 아리스토텔레스의 모형이 진실이기를 바랐다. 하지만 이것은 과학적 모형으로서 늘 조금씩 불안정했다. 기원전 2세기, 그리스 철학자 아리스타르코스는 태양의 크기가 알려진 것보다 훨씬 크다는 계산을 바탕으로 지구가 태양 주변을 돌고 있다고 주장하며 기존의 생각을 깨고자 했다. 또한 아리스타르코스는 별들이 엄청나게 멀리 있다고 추론해 이 별들이 눈에 보이는 행성인 금성과 화성보다 멀리 없다고 설교하던 아리스토텔레스에 맞섰다. 그리고 지구 중심 모형은 의심스러울 정도로 복잡했다. 지구에서 관측할 때 행성은 때때로 별을 배경으로 방향을 바꾸어, 하늘에서 반대로 이동하는 것처럼 보인다. 우리는 이제 지구와 행성들의 궤도가 때로는 정렬하고 때로는 반대 방향으로 움직이기 때문이라는 것을 알고 있지만, 지동설에서는 이를 설명할

* 이 영역의 거주자들은 신, 반신, 인간, 동물, 굶주린 영혼, 그리고 악마다(좀 더 정확한 불교 교리의 구분은 천상도, 인간도, 아수라도, 축생도, 아귀도, 지옥도다-옮긴이).

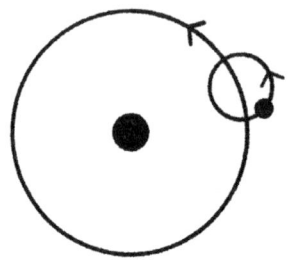

수 없었다. 대신 지구 중심 모형은 이 역행운동을 설명하기 위해서, 행성들이 지구를 직접 공전하는 것이 아니라, 지구를 공전하는 어떤 지점을 중심으로 공전한다고 하는 주전원이라는 복잡한 해결책을 도입하기도 했다.●

이러한 양보가 있었음에도 지구 중심 모형을 사용해 행성의 움직임을 정확하게 예측하는 것은 거의 불가능했으며, 심지어 큰 위험 신호로 보였다. 천문학자 캐일럽 샤프Caleb Scharf는 저서 《코페르니쿠스 콤플렉스The Copernicus Complex》에서 "(지구 중심 모형에 따르면) 행성은 하늘의 특정 위치에 조금 일찍 또는 늦게 도착할 것"이라고 했다. 그리고 지난 1400년 동안 보편적으로 받아들여진 지동

● 하늘에서 행성은 별들과는 달리 빠르게 움직인다. 배경의 별에 비해 빠르게 궤도운동을 하는 행성이 일반 별과 다른 존재임은 일찍이 알려져 있었다. 배경 별에 대해 움직이는 행성은 종종 원래 이동하던 방향(순행)에서 거꾸로 움직이는 것처럼 보이는데, 이를 역행운동이라고 한다. 완벽한 원운동을 가정하던 기존의 지동설에서는 행성의 역행운동을 설명하는 것이 큰 도전 과제였다. 이를 해결하기 위한 한 모형이 바로 주전원이다. 행성이 지구를 중심으로 한 원형 궤도를 따라 회전하는 것이 아니라, 지구를 중심으로 원형 궤도를 따라 움직이는 한 점을 중심으로 하는 원형 궤도를 반복하여 회전한다는 것이다. 이런 경우, 행성들은 순행과 역행을 반복하는 것처럼 보인다(옮긴이).

설 모형은 단 하나도 없었다고 말한다. 여러 지동설 모형은 큰 틀에서 비슷했지만, 철학적 명확성을 우선하느냐 수학적 정확성을 우선하느냐에 따라 여기저기 수정이 더해졌다. 샤프는 중세 시대에 "우주론 모형들은 엉망진창에 일관성이 없는 상태였다"고 언급했다. 아이러니하게도 코페르니쿠스가 이 지배적인 세계관을 무너뜨렸을 때, 우리는 개념 통일에 더 가까워졌다.

코페르니쿠스는 잘 알려진 지동설 모형의 작은 틈과 오류를 알게 되었고, 이에 대한 해결책을 찾기 시작했다. 즉, 기존 우주론에 대한 전면 재검토를 요구한 것이었다. 이제 태양이 우주의 중심이고, 지구는 다른 행성들처럼 태양 주위를 공전하며, 별들까지의 거리에 비하면 지구와 태양 사이의 거리는 무시할 수 있을 정도로 작았다. 이러한 급진적인 결론을 냈음에도, 코페르니쿠스는 여전히 몇 가지 구시대적이고 잘못된 생각을 고수했다. 그는 아리스토텔레스와 마찬가지로 원형 궤도와 등속운동이 '완벽하다'는 생각에 사로잡혀 있었기 때문에 관측된 행성들의 경로를 설명하기 위해 여전히 주전원 개념에 의존했다. 반세기 뒤에 활동한 요하네스 케플러가 수학적으로 정확한 타원궤도를 계산해, 마침내 성가신 원형 궤도를 대체할 수 있었다.

코페르니쿠스가 이론을 내놓은 지 한 세기 후• 갈릴레오는 이전 것을 획기적으로 개선한 자신만의 망원경을 만들었다. 그리고

• 코페르니쿠스는 지동설을 사적으로 회람한 1514년 원고에 먼저 기술했다. 그 뒤 1543년에 그의 역작 《천구의 회전에 관하여 De revolutionibus orbium coelestium》가 출간되었다. 갈릴레오는 그의 첫 번째 망원경을 1609년에 제작했고, 1610년에 중대한 발견을 하게 된다.

이 망원경들을 이용해 코페르니쿠스의 수학적 계산을 뒷받침할 증거를 찾아낸다. 행성들은 각각 하나의 세계였고, 몇몇은 우리의 달과는 너무나 다르게 생긴 자신만의 달을 갖고 있었다. 은하수의 얼룩은 육안으로는 식별하기 어려운 밀도가 높은 별들의 집합이었다. 하늘은 인류를 위해 만들어진 그림자가 아니라 별과 행성이 뒤섞인 것이었고, 그런 수많은 별 중 하나에서 바라본 우주는 믿을 수 없을 정도로 광활하다.

하늘의 작은 얼룩은 순식간에 확대되어 더 이상 점이 아닌 구와 같은 3차원 형태로 확장된다. 과학사학자 스티븐 딕Steven J. Dick은 다음과 같이 썼다.

코페르니쿠스는 세계mundus를 지구 같은 행성을 말하는 용어로 재정의해야 한다는 새로운 전통에 숨을 불어넣었다. 지구가 하나의 행성이라면, 다른 행성들도 지구일 수 있다. 지구가 중심에 있지 않다면, 인간도 마찬가지로 중심에 있지 않다.

이러한 삼단논법은 계속된다. 지구가 다른 행성들과 다를 바 없이 평범하다면, 그 행성들도 아마 지구와 똑같은 물질로 구성되었을 것이다. 바로크식 표현으로 땅, 공기, 불, 물로 이루어졌다는 말이다. 생명의 불꽃도 마찬가지다. 생명의 기원에 특별한 물질, 특히 우리 지구에만 존재할 것이라고 믿어온 그 특별한 물질이 필요하다고 생각할 이유가 없다. 예를 들어 케플러는 지구의 물질이 식물과 동물의 발현에 필수적인 '생명력'을 갖는다고 믿었다. 그래서 케플러는 "지구가 이러한 천체 중 하나로 생명에 관한 어떤 능력을 갖고 있든, 다른 천체들도 비슷한 능력을 가졌을 것이라고 생각하는 게 합리적이다"라고 했다.

이 역사적 질문과 여기에서 파생된 생각을 '복수의 세계'라고 부른다. 이는 다른 행성이나 태양계가 존재하는지에 대한 물음이 아니다. 여기서 말하는 세계란 생명이 존재 가능한 터전 같은 개념으로 볼 수 있다. 여지만 있다면, 생명이 그 세계를 채우게 될 것이라는 무언의 가정이기도 하다.

이러한 세계들을 상상할 수 있게 된 건 오로지 과학적 발견 덕분이다. 문화, 과학, 종교 사이의 관계를 연구하는 인류학자 존 트라파건John Traphagan은 이렇게 말한다. 코페르니쿠스와 갈릴레오가 태양계의 본질을 밝혀내기 전, "지적인 생명체가 있는 세계, 또는 관측되는 행성의 세계 너머에 대한 유럽인의 상상력은 굉장히 제한적이었다". 단순히 그들에게 정보가 충분치 않아서는 아니었다. 다만 문화가 정해둔 상상 가능한 경계에 한계가 있었기 때문이라고 트라파건은 이야기한다. 우리의 창의력은 실제로 현실을 넘어서는 데까지만 확장될 수 있다. 오직 일련의 수학적 과정을 통해 상상력의 제한을 깨부순 코페르니쿠스의 천재성은 새로운 가능성을 만들어냈다. 그리고 이는 이야기 전달storytelling에서도 마찬가지였다. 사람들은 다른 행성들을 이해하지 못했기 때문에 다른 행성의 외계 생명을 상상하지 못했다. 그러나 한번 다른 세계에 대한 상상이 가능해지자 비슷한 이야기가 봇물 터지듯 쏟아져 나오기 시작했다.

코페르니쿠스 이전, 태양과 달은 종종 풍자의 배경이 되거나 유토피아 또는 순수한 상상 속 여행 장소로 여러 작품에 묘사되었다. 그러나 문화학자 카를 구스케Karl S. Guthke가 《최후의 전선The Last Frontier》에 썼듯, 코페르니쿠스 이후 등장한 다른 세계에 대한 새로운 가능성은 이런 작품들을 "잠재적 진실에 대한 탐색"으로 만들어냈다.

과거의 작가들이 우주에서 찾던 진실은 지구상의 생명체에 대한 깊은 이해였다. 지구 중심 모형은 수학적으로 아름답거나 유려하지는 않았지만 의미가 있었다. 교회는 적절할 뿐 아니라 기독교 교리를 잘 설명하기 때문에 아리스토텔레스의 생각을 답습한 것이다. 우리는 인간성을 신의 관심과 하늘 움직임의 중심으로 이해했다. 코페르니쿠스가 뒤집어버린 것은 우주 모형의 기하학 그 이상이었다.

이단들이 문을 열자, 이제 새로운 개념이 물밀듯이 쏟아진다. 코페르니쿠스와 갈릴레오의 각성처럼, 복수의 세계들은 과학적 아이디어와 창작의 영감으로 번성하게 되었다. 과학과 창작의 경계는 관심사조차 아니었다. 몇 세기에 걸쳐, 과학적 소통에는 창작된 상상이 지금보다도 더욱 뒤섞여 이루어졌다. 과학자와 작가, 둘 사이의 모호한 정체성을 가진 사람들이 천문학, 철학, 우화를 넘나들며 한 작품에서 다음 작품으로, 때로는 하나의 작품 안에 담아냈다.

칼 세이건은 과학적 발견의 힘을 탐구하기 위해 소설을 사용한 드물고 독특한 천문학자는 아니었다. 소설은 새로운 정보를 통합하고 논리를 만들어내는 데 도움을 준다. 우리가 바다에 홀로 떠 있을 때를 대비해 훈련하듯, '그래, 이게 우주에 다른 세계가 있음을 믿는다는 느낌이야'라고 생각하게 하는 것이다.

코페르니쿠스 이후 시대의 작가들에게 가장 인기 있었던 첫 번째 세계는 바로 달이었다. 케플러 역시 1634년 《꿈Somnium》에 달로 가는 여정을 쓴 적 있다. 이 책에 대해 구스케는 "코페르니쿠스의 과학에 영향을 받아, 외부 공간의 외계인을 다룬 첫 번째 문학 작품"이라고 명시했다. 《꿈》은 꿈속에 나오는 책에 대해 다루는 액자식 구성을 갖고 있다. 내레이터가 책을 읽는 꿈을 꾸고, 그 책 속의 달에서 온 영혼이 그에게 나타난다.

이 영혼은 공간 여행, 달의 지형, 달에 사는 식물과 동물, 그리고 인간에 대해 이야기한다. 또한 달의 긴 낮과, 지구와 우주를 반반씩 마주하는 환경에 생명이 어떻게 적응했는지 설명한다. 과학적 사실(그리고 수학적 엄밀함)에 기반을 두었지만, 그에 못지않게 달의 사회에 대한 상상력 또한 강렬하다. 지구를 바라보는 쪽에 사는 월인은 지구가 뜨고 지는 것으로 시간을 확인하고, 지구가 반사한 태양 빛 덕분에 온화한 기후에서 살아간다. 그 반대편에 사는 월인은 극한 환경에 대처하기 위해 유목 생활을 한다. 그리고 케플러는 달에 사는 모든 생명체가 지구의 생명체보다 더 클 거라고 상상했다.• 케플러는 코페르니쿠스만큼이나 갈릴레오의 영향을 받았다. 그는 1611년에 "갈릴레오가 하늘에 대한 새로운 문을 연 것처럼, 과거에 숨겨져 있던 것을 우리의 눈으로 직접 볼 수 있게 되

• 케플러는 달의 커다란 산을 보고, 이곳에 생명이 존재한다면 지구의 생명보다 클 거라고 생각했다. 큰 산에는 커다란 동물, 커다란 사람이 있다는 것이다.

었다"고 쓰기도 했다. 망원경을 통해 드러난 달의 지형은 산과 계곡이 있는 지구와 충격적으로 비슷했다. 케플러는 이 달의 세계가 생명체를 위해서가 아니라면, 무엇을 위해 존재하는 것인지 궁금해하기 시작했다. "인간보다 고귀하지 않은 생명체가 저 지역에 살지 모른다고 상상해볼 수 있지 않을까?"

30년쯤 지난 뒤, 영국의 주교 프랜시스 고드윈Francis Godwin이 쓴 《달 위의 인간The Man in the Moone: or, A Discourse of a Voyage Thither》은 새들에 실려 달로 간 탐험가를 그렸다. 고드윈의 달은 마치 케플러가 상상한 것처럼 거대한 식물, 동물, 인간이 사는 커다란 지구 버전 같다. 하지만 케플러와 달리 고드윈이 상상한 월인은 "사랑과 평화, 우정이 가득한 또 다른 낙원"에 사는, 지구인에 비해 도덕적이고 훨씬 우월한 존재다.

얼마 지나지 않아 더 좋은 망원경을 활용해 이루어진 관측은 많은 이야기와 달리, 달은 생명이 살 수 있는 작은 지구가 아니라는 것을 알렸다. 그리고 관측자들은 오히려 다른 행성들에 생명체가 존재할 수 있다고 추측하기 시작했다. 천문학자 크리스티안 하위헌스Christiaan Huygens는 1698년 출간한 책에 인간 같은 생명체가 모든 행성에 존재한다고 상정했다. 캐일럽 샤프가 《사이언티픽 아메리칸》에 쓴 내용에 따르면, 하위헌스로부터 한 세기 뒤 천문학자인 윌리엄 허셜William Herschel은 "사실 태양의 흑점은 뜨겁고 빛나는 대기에 난 구멍이고, 그 아래에는 거대한 외계인이 살 수 있는 차가운 표면이 존재한다"고 추측했다. 비슷한 환상적인 추론으로, 몇십 년 후 아마추어 천문학자 토머스 딕Thomas Dick이 토성의 고리에

800만 생명체가 산다고 제안했다.

　이는 조작된 풍요의 시간이었다. 지성인들은 종교와 멀어지면서 우주에서 새로운 유대감을 찾았다. 그러나 이 생각은 당시의 과학을 반영한 것이기도 했다. 1700년대, 생명은 물질이 확장된 것으로 여겨졌다. 생명에 성스러운 신의 숨결이 필요하지 않다면, 생명은 어디에서나 자연적으로 생겨나는 것이 된다. 신세계들은 그저 생명이 존재할 새 장소일 뿐이었다.

　19세기가 되어, 앞선 이야기에 새로운 단어를 더한 한 쌍의 과학 이론이 등장한다. 먼저 찰스 다윈의 진화론은 역사적 깊이와 상상력의 숨결을 간직한 생명의 틀을 마련했다. 이와 더불어 피에르 시몽 라플라스Pierre-Simon Laplace의 (칸트의 기존 아이디어에 바탕을 둔) 행성 형성에 대한 성운 이론이 출현했다. 그는 행성이 많아야 할 뿐 아니라 행성 형성은 별 탄생의 자연스러운 결과이고, 만들어진 행성들 또한 진화의 과정이 있을 거라고 했다. 라플라스의 모형에 따르면, 중심 별에서 먼 행성들은 별에 가까운 행성보다 먼저 물질들이 합쳐져 형성되었다. 그 결과 태양계 내의 여러 행성이 서로 비슷하게 생기지 않았고 다양한 모습인 것이 논리적으로 설명되었다. (이 형성 순서는 그 시점의 소설에 새로운 패러다임을 제공했다. 태양에서 먼 행성들은 진화할 시간이 더 많았을 것이라는 생각은 곧 태어날, 무서울 정도로 우월한 화성의 침략자에 대한 장르로 자연스럽게 이어졌다.)

　샤프는 코페르니쿠스 시기부터 20세기에 접어들 때까지 "지구 너머의 생명에 대한 질문은 '만약'보다는 '무엇'에 대한 내용이었던 것 같다"고 했다. 물론 반대 의견도 있었다. 세계가 여럿 존재한다는 생각은 지구상의 인간이 신의 주요 관심사라는 믿음에 대해 까다로운 문제를 만들어냈다. 일부 철학자들은 태양 중심 모형이 맞다고 증명된 뒤에도 인간중심주의를 굳건히 유지했다. 그러나 다른 철학자들은 우주적 조직 내에서 지구의 새 위치를 받아들이고 거대한 연결성에 대한, 광활한 세계 속에서 우리가 얼마나 작은지에 대한 경외심을 떠올렸다. 하지만 18세기 초, 무엇이 어떻게 존재하는지는 '만약'을 바탕으로 발전했고, 이 주제에 대해 읽거나 생각한 모든 사람은 우리가 홀로 존재하지 않는다고 믿으며 살아갔다.

지식이 확장됨에 따라, 소수의 과학자만이 소설로 우주를 탐사했다. 그러나 그 길을 택한 이들은 여전히 상상력을 발휘했다. 천문학자 카미유 플라마리옹Camille Flammarion의 작품은 이 시기를 상징적으로 보여준다. 다윈의 영향을 받아 1887년 출간된 《루멘Lumen》은 육체가 없는 영혼이 여러 외계 세상에서 환생한 이야기를 들려주며 생명이 각 행성의 특별한 환경에 어떻게 적응하는지 묘사했다. 브라이언 스테이블포드Brian Stableford는 자신의 에세이에 이 작품을 "장르가 되기 이전의 과학소설"이라고 표현하며 "19세기 작품 중 이보다 더 천문학과 지구과학이 밝힌 우주에 대한 경이로움이 완전히 녹아든 것은 없다"고 썼다.

하지만 축하와 동지애만 있었던 것은 아니었다. 우주는 무서운 존재일 수도 있다. 한때 하늘은 닫힌 돔이었지만 이제는 무한한 어둠이 되어버렸다. 우리는 한때 신의 시선 아래에서 살아갔다. 지금은 만약 신이 존재한다 해도, 그의 관심은 엄청나게 많은 행성에 흩어졌다. 1714년 글을 보면, 영국의 작가 조셉 에디슨Joseph Addison은 어린 시절의 나처럼 밤하늘을 두려워했다.

이 대단한 일을 주의 깊게 감독하는 존재에게 아주 작은 관심조차 받을 수 없는 나는, 스스로를 비밀스런 공포 안에서 바라볼 수밖에 없었다. 나는 광활한 자연에서 간과되거나, 헤아릴 수 없는 물질의 영역을 헤집고 다니는 무한히 많은 생물 사이에서 길을 잃는 것이 두려웠다.

허버트 조지 웰스Herbert George Wells는 비슷한 기분을 1894년 작품에 썼다.

밤하늘에는 무지와 미신, 악몽과 불가능을 불러일으키는 두려움이 있다. 그리고 별빛 가득한 밤이 주는 지식과 함께 다가오는, 우리가 얼마나 작고 미미한 존재인지를 알게 하는 또 다른 공포도 있다.

한편, 플라마리옹은 외계 생명체를 황홀한 포옹으로 끌어안으려 한다.

"그들에게 인사할까요? 형제들이여, 모두 그들을 맞이합시다. 우리 주변의 자매 인류입니다!"

계몽주의 시대의 많은 사람들처럼, 외계인이 존재한다는 확신을 갖고 산다는 것은 어떤 기분일까? 종교적 믿음에 대한 확신이 내게 놀라운 것처럼 이러한 신념도 경이롭게 느껴진다. 솔직히 말하면, 두 가지 모두 내겐 추측으로만 보인다. 나는 가끔 사후 세계, 특히 영원한 보상이 있다는 확신을 갖고 죽음을 맞이하면 어떨지 상상한다. 우주가 지적 생명체, 생물, 생태계, 에너지를 지속적으로 질서 있게 바꾸는 화학적 해결책으로 가득 차 있다는 사실을 알게 된다면, 나도 비슷한 평온을 느낄 듯하다. 이러한 지식은 인간이 된다는 의미를 바꾸게 될 것이다.

그래서 이 이야기들, 그리고 그 뒤를 잇는 수많은 이야기는 잠시 동안이나마 (외계 생명체가 존재한다는 것을 알고 있다는) 그 지식 속에서 살아보려는 시도다. 과학소설은 지식의 경계가 우주로 향하는 바깥이 아닌, 우리 자신에 대한 이해로 확장되도록 안내한다. 다시 한번 말하면, 인간이 된다는 것은 어떤 의미일까?

현대 과학소설의 탄생은 화성인의 침공이라는 상상과 짝지은 인류의 공포와 희망을 바탕으로 시작되었고, 결국 새로운 장르의 토대를 마련했다. 1897년 출간된 쿠르트 라스비츠Kurd Lasswitz의 《2개의 행성Auf Zwei Planeten》에서 화성 침략자들은 '깨달음을 얻은 수호천사'로 묘사된다. H.G. 웰스가 같은 해 출간한 작품에서 서술한, 아마도 우리에게 좀 더 친숙한 촉수 괴물 형태의 화성인과는 좀 다르다.

이는 인간이 다른 세계의 기이함을 기록하기 위해 여행하는 것이 아닌, 우월한 종족의 포식 대상이 된다는 인식의 전환이었다.

웰스의 화성인은 괴물처럼, 라스비츠의 화성인은 인간처럼 보였지만 두 저자 모두 화성인이 우리보다 뛰어날 것이라고 상상하는 오랜 전통을 따랐다. 이 전통은 (라플라스의 이론에 따라) 화성이 지구보다 오래되었기 때문에, 화성인이 더 긴 진화의 시간을 거쳤으리라는 생각에 바탕을 둔 것이다.

두 저자는 인류가 진화하도록 설정된 경로를 묻기 위해 '화성인'의 우월성을 사용했다. 《우주 전쟁 The War of the Worlds》에 묘사된, 지구를 거의 정복할 뻔한 침공을 일으킨 기술적으로 진보된 화성인들은 인간의 정복에 대한 욕망과 식민주의를 바라보는 새로운 렌즈•가 되었다. 라스비츠의 우월한 외계인들은 '윤리적 지침'을 설파한다는 명분 아래 지구를 급습했고, 인류는 처음엔 저항했지만 결국 받아들이고 만다. 그러나 이 자애로운 외계인들도 진화 과정에서 이른바 인간성이라고 할 만한 것을 일부 잃었다. 이러한 상실은 〈스타 트렉〉에서 인간과 벌컨 Vulcan의 이분법적 구분, 즉 차갑고 논리적인 타 종족과 대비하여 감정적이고 본능적인 것이 인간의 본성이라고 정의하게 된 수많은 이야기의 전조가 되었다.

침공과 구출, 외계인에 대한 사회의 공포, 그리고 언젠가 우리가 그렇게 될 거라는 희망에 대한 서사는 한 세기 동안 이어질

- H.G. 웰스는 《우주 전쟁》의 첫 번째 장에 이렇게 쓰기도 했다. "(화성인을) 잔혹하다고 평가하기 전에 인류가 멸종된 아메리카들소나 도도새 같은 동물뿐 아니라 같은 종족조차 얼마나 잔인하게 완전히 궤멸시켰는지 기억해야 한다. 태즈메이니아섬에 살던 사람들은 유럽 이민자들의 손에 의해 50년 사이에 완전히 사라져버렸다. 화성인이 같은 정신으로 이 전쟁을 벌였다면, 우리는 자비를 구할 수 있을까?"

과학소설의 원형을 만들었다. 20세기에 과학계에서는 다양한 외계인의 존재 가능성에 대한 근거를 별로 제시하지 않았기 때문에, 과학소설에 이러한 흐름이 있는 것은 좋은 일이었다. 라플라스가 제안한 이론적 풍요로움은 (외계에) 행성이 사실은 극히 드물다는 수십 년간의 통념으로 대체되었다. 그리고 외계 생명의 존재 가능성은 적절한 물질이 있는 곳에서 어떠한 '생명력'에 의해 생명체가 생겨난다는 가정에 수 세기 동안 의존해왔지만, 루이 파스퇴르가 1859년 멸균된 육수 몇 병으로 이러한 이론을 반박했다. 20세기 중반에 생명의 기원은 복잡하고 행운에 가까운 화학반응에 따라 발생한 순간적인 사건으로 이해되기 시작했다. 그래서 지구에서 어떤 일이 일어났는지 이해하는 것은 다른 곳에서도 이런 상황이 발생할 수 있다고 믿는 데 매우 중요했다.

지구 생명체의 역사

생명의 기원이 아직 알려지기 전에, 생명은 그저 당연한 사실이었다. 19세기로 가보면, 자연발생설이 지배적이었다. 인간이나 개의 출생, 씨앗이 발아하는 것을 우리가 직접 본 생명체들은 부모가 필요하다고 알려져 있었다. 하지만 때로는 생명체가 자연스럽게 생기기도 한다고 여겨졌다. 고기를 바깥에 너무 오래 두면 구더기가 생긴다. 썩은 나무에서는 버섯이 자란다. 생명이 아닌 것에서부터 시작된 생명. 아리스토텔레스는 프네우마pneuma, 생체열vital force이라는 생명을 발생시키는 힘의 개념을 만들었다. 생체

열은 영적인 힘을 갖고 공기에 스며든다. 프네우마는 물질에 생기를 불어넣어 다양한 기질에서 여러 종류의 생명을 탄생시킨다. 지구 너머의 세계를 비옥하게 만들 거라고 짐작되는 그 동일한 힘이 쓰레기에서 파리가 생기게 하고, 건초 더미에서 쥐가 나오게 한다. 르네상스의 과학적 진보는 처음에 이 이론을 뒷받침하는 것처럼 보였다. 뉴턴 또한 물질이 중력에 의해 움직인다는 사실을 밝혀냈다. 생명 역시 그러한 본질적인 힘이 아닐까?

다윈이 《종의 기원》을 낸 1859년, 루이 파스퇴르는 자연발생설을 종식시켰다. 그는 세균 이론(너무 작아서 눈에 보이지 않는 미세한 유기체에 의해 질병이 발생한다는 이론)의 유효성을 반증하는 것이 아니라 증명하기 위해 더 노력했지만, 사실 두 개념은 얽혀 있었다. 파스퇴르는 같은 조건에 놓인 일반 육수와 달리 멸균된 소고기 육수는 아무것도 자연적으로 발생시키지 않음을 보여주었다. 즉, 육수의 특별한 점이 생명의 발원이 되는 게 아니라 그 안에 사는 눈에 보이지 않는, 하지만 육수를 끓이면 죽어버리는 어떤 것이 생명의 기원이라는 뜻이었다.

파스퇴르가 살아 있지 않은 물질에서 생명이 발생하지 않음을 증명했지만, 언젠가 한 번은 그 과정이 있어야 했음을 우리는 안다. 바위, 물, 우주먼지로 이루어진 세계 어딘가에서 어떤 화학반응이 지속적으로 일어나고, 눈덩이처럼 커져서, 에너지를 쓰고, 정보를 저장하고, 자라고, 진화하고, 복제되고, 유지되는 어떠한 시스템이 되어야만 한다.

무슨 일이 일어났을까? 어떻게 활력 없는 물질이 생명체로 변했을까? 타임머신이 있거나, 한 천문학자가 내게 아쉬워하며 희망 사항을 속삭였던 것처럼, 외계인이 당시의 지구를 방문해 촬영한 영상을 우리에게 공유하지 않는 한 답변이 불가능한 질문이다. 또는 외계인이 우리를 그 당시로 데리고 가서 보여주지 않는 한 말이다.

〈스타 트렉: 넥스트 제너레이션〉의 마지막 에피소드에서, 전지전능한 외계인 Q는 피카드 선장을 과거, 현재, 미래로 시간 여행을 보낸다. 그리고 Q는 더 먼 과거로, 의미 있는 우회로를 선택한다.

Q: 집에 온 것을 환영하네.
피카드: 집이라고?
Q: 예전에 살던 곳을 알아보지 못하시겠나? 여기는 지구, 프랑스 근처라네. 아, 한 35억 년 전쯤이긴 하지. 한두 이언(시간을 말하는 단위) 전이고. 그런데 냄새가 끔찍하지 않나? (그는 누군가 화장실 쓰레기통을 치우지 않았을 때처럼 코를 훌쩍이며 말한다.) 유황과 화산재 냄새가 진동하네. 가사도우미에게 꼭 말을 해야 할 것 같군.

때는 새로 형성된 행성의 밤이다. 아직 생성 중이라 먼바다에 바위가 보이고, 피카드 선장과 Q가 서 있는 동굴 근처에는 붉은 용암이 흐른다. 이 소란스러운 환경은 생명이 존재하기 위해 꼭 필요한 조건일지도 모른다. Q는 물이 고인 웅덩이로 기어 내려간다. "바로 여기, 이 행성에서 처음으로 생명이 탄생하고 있네." 그는 웅덩이에 담갔다가 진흙이 묻은 손을 다시 꺼냈다. "그대가 현미경을 가져오지 않은 것이 아쉽군. 이거 정말 흥미롭거든. 오, 이걸 보게. 아미노산이 점점 가까이 뭉치고 있다네."

바로 그 순간, 기대와는 달리 아무 일도 생기지 않는다. 실은 피카드 선장이 인류를 구하기 위해 풀어야 하는(걱정하지 마시라, 우리의 피카드가 해결한다) 공간 이상 현상(역시 걱정하지 마시라, 아주 특별한 뜻이 있었던 것은 아니다)이 있었기 때문이다. 생명의 출현은 취약하고, 우연한 사건이었던 듯 보인다.

아니면 어쩌면 생명의 탄생이 우연이 아니었을 수도 있다. 〈스타 트렉〉의 장면을 보면, 지구 표면은 아직 식지 않았고, 운명의 물웅덩이에서 고작 몇 미터 떨어진 곳에서는 뜨거운 불꽃이 분출되고 있었다. 현실에서도 마찬가지다. 우리는 아직 화학물질이 어떻게 그 넘을 수 없는 선을 넘어 생명체로 진화했는지까진 모르지만, 새 행성의 환경이 허락하는 순간, (생명의 탄생이) 엄청 빠르게 일어났다는 것을 안다.

그리고 〈스타 트렉〉이 보여준 것은 내가 고등학교 때 배운 원시 수프primordial soup에서 일어나는 우연한 반응과 굉장히 비슷하다. 1952년 화학자 스탠리 밀러Stanley Miller*는 플라스크에 당시 알려진 고대 지구에 대한 이해를 최대한 재현하는 중이었다. 그 안에는 물, 암모니아, 메테인, 수소 같은 간단한 화합물이 섞여 있었다. 그는 여기에 번개를 모방한 전기 충격을 주었다. 얼마 지나지 않아 화합물은 단백질을 만들어내는 아미노산이 포함된 불투명하고 끈

* 몰랐을 수도 있지만, 당시 그는 대학원생이었다. 지도 교수 해럴드 유리Harold Urey가 공저자로 이 논문에 이름을 올렸다.

적한 상태가 되었다. 이 단백질들은 생명의 기본단위가 된다. 아무도 이걸 '살아 있다!'고 하진 않았다. 물론 실제로도 그렇지 않았다. 하지만 상징적인 단계로는 보였다. 또한 생명의 기원을 금방이라도 구현할 수 있을 것처럼 느껴졌다.

첫 번째 생명은 화석을 남기지 않았다.* 초기의 생화학 반응은 산화철로 된 띠 같은, 지질학적으로 흥미로운 기록을 새겼다. 이는 당시의 대기에 산소가 있었고, 산화가 일어날 첫 번째 기회가 주어졌다는 것을 의미한다. 하지만 어떤 일이 있었고, 어디서 어떻게 발생했는지는 기록되지 않았다. 밀러에서 지금의 연구자들까지, 과학자들은 어떻게 생명이 시작했는지에 대해 다양한 방법을 생각해왔고, 그 과정을 직접 반복해서 수행하려고 했다.

정말 이 구성 요소에 번개가 더해져 생명이 탄생했을까?

나도 잘 모른다. 한번 해보자.

수천 년의 세월과 지구 전체가 실험실에서는 몇 주, 몇 달로 압축된다.

오늘날 우리는 밀러가 합성하려던 구성 요소들이 실제로는 이미 풍부하다는 것을 알고 있다. 성간 먼지는 유기체들로 더럽혀져 있고, 아미노산을 가득 채운 유성들이 지구로 추락한다. 하지만 재료로 가득 찬 쇼핑 카트가 있다고 해서 케이크를 만들 수 있는 건 아니다. 그래서 지금 연구자들의 일부는, 구성 요소보다는 우리

* 과학자들은 먼 조상의 생화학과 유전자를 추정할 수 있는 현재 생명체들의 생화학적 증거를 대사 화석metabolic fossils이라고 부르는데, 이는 은유일 뿐 실제 암석의 형태로 남아 있는 것은 아니다.

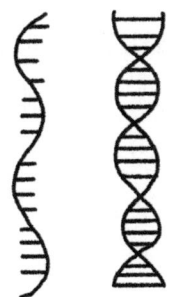

기본적으로 RNA는 얽히지 않은 상태에서는 접히거나 뭉치는 경향이 있다.

가 아는 생화학적 반응의 요소인 다양한 분자가 만들어지고 쓰이는 과정, 화학반응, 경로에 더 집중한다. 분자들이 아닌 과정이, 물질들이 아닌 작용이 무언가를 살아 있게 하는 데 더 중요하다고 보기 때문이다.

생명의 기원에 대한 지금의 생각은 크게 두 진영으로 나뉘고, 그 사이에 몇 가지 대안이 존재한다. 지배적인 시각은 RNA 세계(최초의 원시 생명체는 RNA일 것이라는 생명의 기원에 대한 가설)라고 불리는데 지금의 이중나선 구조가 우리의 유전자 코드가 되기 이전, 생명체의 고대 역사 중 한 시기를 상상하는 것이다. RNA는 당과 인산염으로 이루어진 DNA의 절반 정도라고 할 수 있는 분자의 일종*으로, 핵 염기가 빗살처럼 튀어나온 구조다(DNA는 2개의 빗이 연결되어 하나의 이중 분자 구조를 이룬다).

오늘날 보이는 세포에서 RNA는 DNA의 정보를 복사하고 세

• 일부 소소한 화학적 변화도 있다.

포의 단백질 공장에 전달하는 메신저 역할을 수행한다. 하지만 1960년대 초반, 유전학자 J.B.S 홀데인John Burdon Sanderson Haldane은 어떤 바이러스가 유전자로 DNA를 쓰지 않고, 왜 모든 것에 RNA를 사용하는지 고심하게 되었다. 메신저와 유전자로 RNA는 더 간단한 시스템이고, 바이러스들은 아주 원시적으로 보이니 아마도 RNA가 먼저 등장했을 것이다. 나중에 RNA 분자들은 메신저이자 코드 저장소 역할뿐 아니라 효소처럼 작용할 수 있음이 밝혀졌다. RNA는 세포화학이 전문화되기 전부터 매력적인 다목적 도구로 여겨졌다.

스티븐 베너Steven Benner는 합성생물학 분야의 선구자로, 인공유전자를 만들어낸 최초의 연구자로 꼽힌다. 현재 그의 연구실은 생명의 기원, 정확히 말하자면 RNA의 기원을 탐구한다. 이 초기 복합 분자들(RNA)이 바로 베너의 성배다. "비생물학적 과정을 거쳐 RNA에 도달할 수 있다면", 즉 무생물 화학반응으로 RNA를 만들 수 있다면 "우리는 거의 다 왔다"고 할 수 있을 것이다. 베너가 내게 말했다.

> "오늘날 우리 몸에서 일어나는 일, 식물이 하는 일, 아메바가 하는 일을 보면 모두 RNA 촉매를 사용해 단백질을 만들어요. 그래서 이 모형에 따르면 RNA가 단백질보다 더 오래된 것입니다."

생명의 화학적 진화라는 측면에서 RNA는 과학자들이 볼 수 있는 가장 먼 과거이며 그 전은 안개에 가려져 있다. 또한 RNA가

정보를 전달하는 방식은 다른 모든 화학반응과 생명체의 화학반응을 차별화하는 한 가지 방법이기도 하다.

RNA 세계는 특히 기성세대 연구자들 사이에서 지배적인 견해로, 이 학파의 과학자와 이야기할 때면 그들은 이렇게 말하곤 한다. "글쎄요, 모두가 동의하고, 모두가 그 길이⋯." 하지만 더 넓은 관점에서 보면 이들은 전혀 통합되지 않았다. RNA 세계는 생명의 첫 빛이 정보를 전달하는 분자였다고 가정하지만, 정보를 복제하는 것은 생명뿐이 아니다. 그리고 RNA에 집중하는 일은 최초의 생명이 복제와 진화, 그리고 간단한 성장을 어떻게 하게 되었는지에 대한 질문을 무시한다.

대안의 시각은 생물학이나 화학이 아닌 지질학에서 왔다. 바로 에너지가 암석을 통해 이동하는 방식과 생명체를 통해 이동하는 방식에 주목했고 이 둘 사이에 유사점이 존재할 가능성을 발견했기 때문이다. 1980년대에 지질학자 마이크 러셀Mike Russell은 차가운 바다에서 미네랄이 풍부한 물이 뿜어져 나오며 형성되는 해저 열수 분출구가 존재하지 않을까 의심하기 시작했다. 이미 밝혀진 고에너지 심해 열수구와 달리, 이 알칼리성 열수 분출구는 좀 더 부드럽게 솟구치는 것이 특징이다. 물에 녹아 있던 미네랄은 마치 굴뚝이나 해저의 석순처럼, 열수구 주변에 암석 구조물로 침전된다.

러셀의 가상 분출구는 생명이 어떻게 시작했는지에 대한 중요한 의문을 풀어준다. 모든 새로운 화학작용을 일으키는 에너지는 어디서 오는 것일까? 바로 심해 알칼리성 열수구가 내재된 요소를 갖고 있다. 일단 움직이는 물이 존재하고, 알칼리성 흐름과 좀 더 산성을 띤 해수가 만들어낸 차이가 있다(pH의 차이는 잠재적인 화학에너지 퍼텐셜[•]의 격차를 만들어낸다). 이 암석 구조물에는 작은 구멍이 있는데, 이 구멍들은 휘저어진 물질을 좁은 감옥 같은 공간에 모아두는 용기로 작동한다(밀러와 유리의 '뜨겁고 묽은 수프'가 바다라고 가정했을 때의 문제는, 바다가 엄청나게 묽다는 거다. 생명 구성 요소의 밀도가 높지 않다면, 애초에 시작할 확률도 낮을 것이다^{••}). 2000년대에 들어서, 이런 해저 열수구 구조가 대서양의 깊은 바다에 실재하는 것이 확인되었다. 그리고 그곳은 '잃어버린 도시'라 불린다.

> 에너지의 흐름은 물질이 스스로 구조화되도록 한다.

생화학자 닉 레인이 《바이털 퀘스천 The Vital Question》에 쓴 말이다. 그는 어떤 계에서 에너지 흐름이 발생했을 때 허리케인, 바다의 조류, 욕조에서 물을 빼는 동안 발생하는 나선형 구조 등에서 볼 수 있는 물질의 조직화된 모습이 나타난다는 점을 지적한다. "이 구조화는 정보와는 아무 상관이 없지만, 생물학적 정보의 기원인 복제와 선택이 선호하는 환경을 조성할 수 있다"고 레인은

•   퍼텐셜에너지는 한 위치에서 다른 위치로 물체가 이동할 때 필요한 에너지의 양을 의미한다. 이 경우, 화학적 퍼텐셜에너지의 격차가 만들어지면 퍼텐셜에너지가 큰 쪽에서 작은 쪽으로의 흐름이 발생한다(옮긴이).

••   이런 이유로, 베너와 동료들은 더 건조한, 하지만 당시에 완전히 건조하지는 않았던 화성에서 생명이 더 쉽게 만들어졌을 거라고 생각한다.

말한다. 그가 지적했듯, 지구상의 모든 생명체는 세포 수준에서 세포막을 가로지르는 에너지 차이를 형성해 작동한다. 막의 한쪽과 다른 쪽 사이의 전하와 화학적 농도 차이는 퍼텐셜에너지가 축적되게 하고, 이를 통해 세포 기계를 작동시킨다. 레인의 설명에 따르면 (모든 생명체에서 보이는) 바로 이 보편성 즉, 세포가 에너지를 사용하는 방법인 대사야말로 '생명의 나무'의 뿌리임을 말해준다. (공정하게 말하자면, 생명체 유전자 코드의 언어 역시 보편적이다.)

최근 레인은 대사를 주도하는 분자를 연구하며, 열수구 근처에서 만들어졌을 초기 수프 속 탄소와 수소로부터 이러한 분자들이 생성되었을 것이라는 자신의 가설을 확인하기 위해 실험을 하고 있다. 베너는 독립적으로 RNA를 연구하고 있다. 이들 모두 초기 지구에 있을 법한 화학 수프에서 시작한 것이다. 다른 연구자들 또한 주변 환경으로부터 생명체를 구분 짓고 분리된 존재로 만드는 '용기'의 초창기 형태인 구형 막이 형성될 법한 지질 분자를 적셨다 말렸다 하며 실험한다. 베너는 "이 분야에서 아주 중요한 퍼즐은 다윈주의 같은 이론들을 지지할 수 있을 만큼 충분한 정보를 담을 기다란 RNA 분자 구조를 어떻게 만들 수 있는가"라고 했다. 이것이 바로 베너의 연구에서 가장 주요한 질문이다. 이와 달리 레인은 자신의 연구가 생물학에서 출발했다고 말한다.

"자기 복제 개체를 만드는 조건은 무엇일까요? 그리고 가장 단순한 자기 복제 개체는 무엇일까요? 제 생각에 DNA는 꽤 어려울 것 같아요. RNA도 마찬가지고요. 어떻게 코드가 없는 상태에서 복제

본을 만드는 작업을 잘할 수 있겠어요?"

복제되는 대상은 꼭 분자일 필요 없고, 화학반응 주기 그 자체일 수도 있다. 그저 주기가 반복될 때마다 구성 분자가 2배가 되는 일이 되풀이되는 상황처럼.

최근 몇 년 동안 RNA 세계와 대사 우선 연구자 간의 경쟁은 진정되었는데, 이는 이 분야의 젊은 과학자들이 보다 전체적인 접근 방식을 선호하는 경향이 있기 때문이다. 스스로를 화학자로 분류하는 카밀라 무초프스카Kamila Muchowska는 그녀와 다른 연구자들이 "유전학, 대사, 잠재적인 구획화(독립적이고 밀도 높은 주머니에 화학물질을 격리하는 과정)가 동등하게 중요함"을 알고 있다고 말했다. 왜냐하면 "다른 두 방법 없이 하나에만 의존하는 생명체는 없어서"다. 그러나 이러한 접근법조차도 넓은 분야에서 생명의 기원을 찾고자 노력하는 연구자들의 아주 다양한 생각 가운데 하나일 뿐이다.

마이크 러셀과 함께 에너지로 인한 생명 기원 이론을 연구하는 진화생물학자이자 생화학자인 윌리엄 마틴William Martin은 생명의 기원에 대한 연구는 아무 제약이 없어서 오히려 어려운 상황이라고 말한다.

"아무것도 제대로 알려진 게 없어요, 아시겠어요? (…) 우리가 아는 건 모두 논리적 추론일 뿐이에요."

그는 과거를 이해하고 싶어 하는 것은 오직 인간만의 본질적인 특성이지만, 바로 그렇기 때문에 질문이 너무나 인간 중심적이라고 이야기한다. 그리고 마틴의 연구 분야에서도 비슷한 경향성이 보인다고 했다. 젊은 과학자들이 처음으로 생명의 기원에 대한 이론을 접할 때 "자신의 사고 구조에 그 이론을 동화시킨다"고 말이다. 그 뒤에는 어떤 것이든 처음 배운 이론에 비추어 생각하게 된다. 처음 배운 개념은 사람들에게 의미가 크기 때문에 결국 생각을 바꾸기가 더욱 힘들어진다.•

생명의 기원에 대한 설명 가운데 처음 접한 알칼리성 열수구 이론의 우아함에 매료되어, 마틴이 말한 함정에 빠져드는 나 자신을 발견했다. 내 생각에 이 분야는 '무엇이 일어나는지'보다는 '무엇이 일어났는지'를 이해하기 위한, 좀 특이한 과학인 것 같다. 베너에게 생명의 시작을 이해하는 건 불가능한 답을 찾는 것 같다고 하자, 그가 말했다.

"이 질문은 시작부터 혼란스러워요. 하나의 질문 같지만 사실 2개죠. 하나는 어느 정도 역사적인 물음이라고 할 수 있어요. 어떻게 이런 일이 일어났느냐는 것입니다. 정말 대답하기 어렵습니다. 다음으로는 화학적, 지질학적 질문을 들 수 있어요. 이게 어떻게 일어날 수 있느냐는 거예요."

• "현대 정치 맥락과 굉장히 비슷하죠?"라고 마틴이 덧붙였는데, 그의 말이 맞아 보인다.

이 연구자들은 지구에서 생명이 어떻게 시작했는지 증명하려고 노력하는 게 아니다. 그들은 질문의 무의미함을 잘 안다. 실험실에서 재현되고 증명된, 완벽한 화학 이론이 있다 해도, 우리는 그와 같은 일이 지구에서 수십억 년 전에 똑같이 일어났다고 해도 절대 확인할 수 없다. 그보다는 선택지와 그 뜻을 이해하는 데 더 큰 의미가 있다. 생명체가 이렇게 시작될 수 있었을까? 여지를 배제하는 게 아니라, 어떤 가능성을 현실화해나가는 것이다.

합성생물학자 케이트 아다말라Kate Adamala의 접근 방식은 대사 우선론과 RNA 세계 진영이 되풀이하는 모든 역사적 의문을 피해간다. 그녀는 "둘 다 맞는 것 같다"고 말한다. "그리고 둘 다 틀린 것 같고요. 저는 언제나 공진화coevolution일 거라고 생각했어요." 아다말라는 오늘날 우리가 볼 수 있는 생명 기능의 다른 요소 없이, 원시세포가 정보나 에너지 측면에서 복잡해질 수 있다는 것이 믿기지 않는다고 했다. 대사와 정보는 생명체의 가장 크고 명확한 신호다. 그 외에도 더 많은 것이 존재할 테지만, 우리는 아직 다른 요소들을 잘 이해하지 못하고 있다.

우리는 가장 단순한 세포에서 일어나는 일을 전부 알지 못한다. 기능과 상호작용은 차치하더라도 세포 안의 화학 성분을 다는 모른다. 아다말라는 J. 크레이그 벤터 연구소의 연구원들이 유전체를 하나씩 조립하고 염기서열을 분석해낸 합성 박테리아 신시아Synthia에 대해 이야기해주었다. (이렇게 유전체 조립이 가능함에도) 여전히 미스테리는 남아 있다. 아다말라는 말한다.

"시스템 안의 유전자 조각 하나하나를 안다고 해도, 그중 60여 개의 유전자가 어떤 기능을 하는지는 여전히 모릅니다."

아다말라는 다루는 세포들을 하나씩 분해해서 보고, 세포 안에서 일어나는 모든 일을 이해하고 싶어 한다. 그녀는 세포를 가장 단순한 기능을 하는 형태로 축소시키려고 시도하는 중이다. 모든 복잡한 요소의 신호들은 나중에 나타난 진화를 의미하는 것일 수 있다. 아다말라는 실험실에서 생명의 시작을 재현하려고 하는 대신(그녀의 표현에 따르면, 리보자임이 마침내 단백질을 만드는 법을 알아내기를 기다리는 대신), 다른 방향에서 기원을 찾아보고자 한다. 바로 단백질을 만드는 방법을 이미 아는 세포를 분해하는 것이다. 그녀는 이러한 세포의 역진화를 통해서 '생명의 나무'의 뿌리로 거슬러 올라갈 수 있기를 기대한다.

그녀는 이제 실험실에서 살아 있는 시스템을 만들며 전체 과정의 전반부를 연구한다. (실제로 죽은 세포에서 시작해 살아 있는 세포가 되는 지점을 알 수 있다는 것이 내게는 가장 흥미로운 점이다.) 아다말라의 합성 세포들은 살아 있는 세포와 같은, 세포막과 분자를 통과시킬 수 있는 간단한 단백질 채널을 가졌다. 그 안에는 세포의 활동에 대한 지침이 들어 있는 유전체와 약 400가지의 천연 재료로부터 증류 및 정제된 화합물(단백질과 더 많은 단백질을 만드는 데 필요한 효소들)이 담겨 있다. "모든 물질은 한 번에 하나씩 더해지고, 우리는 이 모든 요소가 무엇인지 다 알아요." 아다말라는 그녀가 화학자로서 훈련하며 얻은 지식 그리고 통제를 좋아한다고 말했다.

이러한 통제는 아다말라가 합성 세포 안의 모든 화학 성분과 그 기능이 어떤 것인지 알 수 있게 해준다. 실제 살아 있는 세포들은 400개보다 훨씬, 훨씬 더 많은 화학 성분을 갖고 있다. 하지만 우리가 화학조성을 잘 알지 못해서 정확히 몇 개나 있는지 모를 뿐이다.

400개의 요소를 가진 아다말라의 세포는 그들이 수행하도록 설계된 몇 가지 기능을 실행하기에 충분한 화학물질을 가졌다. 예를 들면 항생제에 대한 내성 교환, 다른 세포와의 합성, (역시 조작된) 기생 세포에 대한 저항 같은 기능들이다. 아다말라는 실제 살아 있는 세포가 필요로 하는 기능을 합성 세포 안에 서로 다른 종류의 복잡성을 추가하면서 테스트하고 있어 이를 '장난감 시스템'이라고 말한다. '장난감 시스템'은 가장 기본적인 단계로 분해되어, 결국엔 그녀가 복잡하고 완전한 기능을 갖춘 세포를 만들 수 있게 해줄 것이다.

그런데 그동안에, 아다말라는 살아 있는 합성 세포가 최종 단계에 이르렀는지 어떻게 알 수 있을까?

"저는 본능적으로 제가 다루는 세포가 죽었는지 알 수 있어요. 마치 대장균이나 내 강아지를 보면서 '살아 있네'라고 하는 것처럼요."

아다말라는 자신이 다루는 세포를 보면 알 수 있다고 믿는다. "저는 철학자가 아니라서 말로 잘 설명하진 못해요. 대신 피펫을 쓰는 작업은 잘하죠." 그녀는 피펫을 열심히 움직이다 보면 언젠가 알아낼 수 있으리라 생각한다.

아다말라와 종종 공동 연구를 하는 물리학자, 사라 이마리 워커Sara Imari Walker는 우리가 '보면 알게 될 것이다'라고 생각하는 상황이 생명의 기원이나 다른 세계에 있는 생명의 존재를 이해하려는 희망을 접게 하지는 않을지 걱정한다. 생명을 정의하는 것은 엄청나게 어렵다. NASA에서 사용하는 정의에 따르면 '생명은 스스로 지속되는 다윈적 진화를 수행할 수 있는 시스템'이다. 하지만 이는, 워커의 표현처럼 '노새와 노인'을 배제하게 되고, 여러 세대에 걸친 진화를 살펴볼 시간이 없는 관찰자에게 혼란을 줄 수 있다. 1970년판 《브리태니커 백과사전》에 칼 세이건은 가능한 다양한 종류, 즉 심리적, 생화학적, 유전적, 열역학적 생명의 정의에 대해 썼다. 그리고 여러 정의마다 조건을 모두 만족시킴에도 명백히 생명이 아님을 아는 경우나 반대가 되는 예외가 무엇인지 보여주었다. "예를 들어 자동차는 먹고, 신진대사를 하고, 배설하고, 숨 쉬고, 움직이고, 외부 자극에 반응성이 있다고 말할 수 있다." 자동차는 조그만 씨앗이나 포자에 비하면 거의 살아 있는 것처럼 보인다. 자동차가 살아 있지 않음을 안다는 것만 뺀다면 말이다.

하지만 정확한 정의를 찾는 건 문제가 아닐지도 모른다. 철학자 캐럴 클리랜드Carol Cleland는 생명을 정의하려고 시도하는 자체가 이미 잘못된 경로에 들어섰음을 보여준다고 말한다. 《우주생물학Astrobiology》 잡지에 그녀는 "정의는 자연 세계를 말하는 것이 아니라, 단어의 의미를 우리의 언어로 말하는 것"이라고 썼다. 캐럴은 우리에게 필요한 것은 '생명'이라는 단어가 인간에게 어떤 의미인지가 아니라 생명이 무엇인지 알 수 있게 해주는 이론이라고 말한다. 하지만 이론도 정의도 없는 상황에서, 우리는 지구에 존재하는 생명체에 의해 형성된 직관에 전적으로 의존할 수밖에 없다.

사라 이마리 워커는 이러한 (직관을 이용하는) 근본적인 방식으로 생명을 이해하려면 우리가 갈 길이 아직 멀었다고 우려한다. 그녀는 이 상황을 수 세기 전, 행성의 움직임에 대한 인류의 이해와 비교한다. 코페르니쿠스와 케플러 이전 천문학자들은 하늘을 가로지르는 행성의 이상한 움직임을 설명하기 위해 원형 궤도 위의 작은 원형 궤도인 주전원을 이용하고서야 그 이동을 설명할 수 있었다. 행성들이 지구 주변과 작은 주전원 안에서 원형 궤도로 움직인다고 한 것은 원이 신성하게 여겨졌기 때문이다. 워커는 다음과 같이 말했다.

"그래서 그들은 제대로 작동하고, 현상을 잘 설명하는 것처럼 보이는 모형을 만들었지만, 이 모형은 이유를 설명하지 않았습니다. (…) 그리고 실제로는 모형이 기술하는 것 그 외에는 아무것도 말할 수 없게 했습니다."•

그리고 코페르니쿠스가 등장했다. 그 뒤 갈릴레오가, 케플러가, 뉴턴이 나타났다. 그리고 몇 세기 후 빛의 행동을 공부하던 중, 중력이 시공간의 곡률 때문에 발생한 것임을 이해한 아인슈타인

- 같은 맥락에서 클리랜드는 생명에 대한 우리의 이해가 진정한 과학으로서 화학이 아닌 연금술 단계에 머물러 있다고 말한다.

이 나왔다. 워커가 덧붙였다.

"고대에 사람들이 그린 그 모든 작은 원은 사실, 우리가 이제야 시공간이라고 부르는 현상 때문에 밤하늘에 나타났던 거예요. (…) 일상 감각으로는 절대 알 수 없었던 거죠."

워커는 생명이라는 현상에 대한 우리의 이해가 뉴턴 바로 이전의 중력에 대한 이해와 비슷하다고 생각한다. 보이는 것을 설명할 수 있지만 기저에 깔린 원칙은 전혀 파악하지 못하는, 바로 사과가 바닥에 떨어지는 것을 보고만 있는 그런 상황인 것이다. 그녀는 이론 없이 생명이 무엇인지 이해하려는, 또는 지구 바깥에서 생명을 찾는 노력은 실패할 수밖에 없는 운명이라고 생각한다. 그리고 생명현상을 제대로 알 수 없다면, 어떻게 생명의 기원을 밝혀내기 시작할 수 있을까?

화학자 리 크로닌Lee Cronin과 함께 워커는 그녀가 '생명의 물리학'이라고 부르는 이론을 향해 첫걸음을 내디뎠다. 크로닌과 워커는 '생명이란 무엇인가에 대해 당연하게 여겨지는 가정들' 때문에, 각자의 연구에서 어려움을 겪고 있었다. 그리고 스스로 필요하다고 생각한 새로운 뼈대를 세우기 위해 독립적으로 연구를 수행했다. 크로닌은 두 사람이 만났을 때를 떠올리며 "저는 그녀가 무슨 말을 하는지 이해하지 못했고, 그녀는 제가 무슨 말을 하는지 이해하지 못했어요"라고 말했다. 하지만 이를 수학으로 풀어내자 둘의 생각이 같음이 드러났다. 그들은 함께 일하며 화학이 아닌, 복잡성을 이용해 생명과 비생명을 구분하는 방법인 조합이론을 개발했다.

　분자의 복잡성을 평가하는 한 가지 방식은 분자를 잘게 부수는 것이다. 과학저널리스트 카를 치머Carl Zimmer는 이 과정을 완성된 레고를 분해해 각각의 블록으로 나누고 블록의 수를 세는 일에 비유한다. 이와 비슷하게 하나의 큰 분자는 작은 요소로, 이 경우에는 간단한 분자들로 분해된다. 분자가 더 많은 요소를 갖고 있을수록, 이들이 조합되려면 더 많은 단계가 필요하다. 그리고 그 과정은 정보를 필요로 한다. 마치 커다란 레고 성을 조립하려면 작은 레고 탑을 만들 때보다 정보가 더 필요한 것과 같다.

　생명은 정보를 활용해서, 물질만 있어서는 일어날 수 없는 일을 한다. 레고 조각이 가득 담긴 가방을 오랫동안 흔들면, 어쩌면 두 조각이 합쳐질지도 모르지만, 레고 데스스타Death Star(《스타워즈》에 나오는 별)가 만들어지지는 않는다. 워커는 "생명은 어떤 물질들을 만드는 데 정말 많은 단계가 필요해서 (만드는 방법에 대한) 기억이 필요하다는 사실을 코드화하려고 노력한다"고 말한다. 그 기억력은 유전적일 수도, 신경학적일 수도, 아니면 우리가 상상할 수 없는 것일 수도 있지만, (기억이 아닌) 다른 방식으로 같은 결과를 얻기 위해서는 너무나 많은 과정을 거쳐야 한다.

　크로닌은 다양한 분자의 복잡성을 검사하던 중, 생명체가 만들어낸 결과인 것과 그렇지 않은 것 사이의 특이한 한계점을 발견했다. 모든 비생명 물질은 15단계 이하의 과정으로 조합되었다. 유기체의 모든 분자가 15단계 이상을 거쳐 만들어진 것은 아니었지만 생명체의 경우, 아주 복잡한 경로를 밟은 분자들로 이루어져 있었다.*

이 조합 이론은 분자뿐 아니라 물건에도 적용할 수 있다. 예를 들어 스마트폰은 살아 있지 않다. 그렇지만 워커의 생각에는 여전히 너무나 복잡해서 생명이 만들 수밖에 없는, 일종의 생명의 증거와 같다. 비슷하게, 아다말라는 그녀의 합성 세포가 아직 살아 있지는 않다고 하면서도, 이 합성 세포들을 바이오마커(생명의 지표)라고 지칭했다. 바이오마커는 우리가 어떤 행성의 대기에 생명이 존재할 수 있을지 알려주는 구름이나 화학적 증거를 논의할 때 쓰는 단어다. 하지만 워커나 아다말라에게는 생명이 모아놓은 정보에 의해 만들어질 수 있는 모든 것이 바이오마커다. 워커는 책상 위의 머그컵을 들면서 말했다.

"컵 같은 것은 생명의 과정을 거치지 않고는 우주에 나타나지 않아요."

우리는 컵을(실제로 이 단어로 부르지 않더라도) 바이오마커로

- 15단계가 자료로부터 나온 정확한 숫자는 아니다. 연구 초기에 크로닌은 초기 결과를 편집자와 공유했는데, 이 편집자는 그가 아는 한, 가장 복잡한 분자는 생명에 의해 만들어지지 않는다고 생각해, 축구공처럼 생긴 탄소 덩어리인 'C60은 어떻게 만들어졌겠느냐?'라고 묻는 사람이었다. 크로닌은 "제 알고리즘이 C60의 복잡성을 과하게 평가했어요. 그때 알고리즘은 C60이 14단계의 조합 과정을 거친다고 했거든요. 그래서 C60보다 하나 더 높은 수를 쓰면서 편집자에게 '엿 먹어라, 15단계다!'라고 말한 셈이었지요"라고 말했다. 뒤이은 연구들은 생명체에 의해 만들어지지 않은 물질은 12단계 정도, 그리고 생명이 만든 물질은 30단계까지 조합 과정을 거친다는 것을 보였다.

인식하지만, 분자들이 바이오마커인지는 그리 명확치 않다. 그래서 크로닌은 생명이 어떠어떠한 분자로 만들어졌다고 말해야 하는 모든 접근법을 피한다. 그리고 화학적 불가지론 방식*에 따라 생명의 기원을 조사하는 대신, 실험실에서 생명의 기원을 요약하려고 시도하는 (또는 '생명은 세포로 만들어졌으니 제가 만들어드리겠습니다'와 같은) 접근 방식도 피하려고 한다. 크로닌은 역사적 재창조에 대해 그 어떤 연구자보다 완강히 반대했다. 그는 지구에서 별을 볼 수 없는 상황을 상상해보라고 말했다. (그의 가설은 우주의 나이가 10억 년이 더 지난 상황 즉, 우주 팽창으로 별들이 서로 매우 멀어지고 난 뒤를 가정한다. 그러나 불투명한 대기로도 이 상황에 이를 수 있다.) 그렇다면 우리는 태양을 보면서 태양은 어떻게 만들어졌을지 궁금해할 것이다.

> "그래서 모두 '저 태양과 같은 별들은 어떻게 만들어졌을까?' 하는 질문 대신, 수십억 년 전 발생한 단 하나의 현상(태양의 탄생)에만 집착하게 됩니다."

따라서 크로닌은 생명체가 지구에서 어떻게 발생했는지 묻는 대신, 그저 생명체가 어떻게 발생했는지를 질문한다. 그가 화

• 일부 연구자들은 이 방식이 지구 생명의 기원에 대한 질문의 목표를 바꾸는 거라고 생각하지만, 어쩌면 다른 의문을 함께 던지는 일이라고 볼 수도 있다. 지구의 생명이 어떻게 시작되었는지가 아니라 어떻게 생명이라는 현상이 나타났는지 묻는 것이다. 그리고 생명현상으로부터 생명에 대해 무엇을 배울 수 있는지 질문하는 바이기도 하다.

학적 선택 엔진이라고 부르는 세 가지가 있다. 이는 전통적인 생명 기원 연구의 맥락에 닿아 있지만, 고대 지구의 화학적 현상에는 충실하지 않다. 각 엔진은 단순한 화학물질의 순서를 결합한 것으로, 역사적으로 존재했던 것과 일치하는지는 중요하지 않고, 그 물질들이 단순한 형태에서 시작했는지에 초점을 맞춘다. 복잡성이 이 실험의 성공을 알려주는 신호이기 때문이다. 그리고 각 엔진은 씨앗이 되는 화학물질로부터 여러 환경, 가열과 냉각, 유도된 반응들을 거쳐 복잡성이 어떻게 진화하는지를 추적한다. 크로닌의 생각에는 복잡성이 바로 생명의 전부이기 때문이다.

결과적으로, 그는 저절로 계속되면서도 점점 더 복잡해지는 조건을 만들어내는 화학 시스템의 진화를 찾는다. 크로닌은 "빅뱅처럼 플라스크 안에 우주를 생성하는 거예요. 하지만 빅뱅까지는 아니고, 말 그대로 화학물질을 서로 반응시키는 거죠"라고 말했다. 원자들이 서로 튕겨져 반응하거나 반응하지 않는 것은 무작위로 보이지만 모두 원인과 결과로 귀결된다.

"예를 들어 원자를 왼쪽으로 튕기면 원자는 그 방향으로 갑니다. 원자를 오른쪽으로 튕기면 또 그쪽으로 이동합니다. 원자들이 상호작용을 할 때, 비록 지금 당장 왜 그런지 알기는 너무 복잡하지만, 그 두 가지가 함께 모여 만드는 것이 진정한 기억입니다."

바로 원자들이 서로 부딪혀 분자를 형성하는 것을 '기억'이라고 일컫는다. 이러한 만남 중 일부는 자기 영속적인 것으로 밝혀져, 그 존재로 인해 (오래) 생존할 수 있고 더 많은 종류의 분자가 생성될 조건을 만들어낸다. 크로닌은 이러한 분자들이 서로 부딪혀서 더 복잡한 무언가를 계속 내놓는다면, "그것이 바로 중력에 해당하는 '선택'이고, 이러한 복잡성의 과정이 우주에 존재하는 생명과 관련된 모든 것을 만들어낸다"고 말한다.

워커와 크로닌의 접근 방식은 특별한 화학 지식을 필요로 하지 않는다. 실제로 지구 너머의 생명을 찾는 방식은 (때로는 물을 찾거나, 탄소를 찾거나, 지구에서 아는 것과 비슷한 온도와 조건을 찾는 방식) 지극히 편협하다. 이를 정당화할 방법이 두 가지 있다. 첫째, 지금 우리가 아는 화학적 방식이 생명을 위한 최고의 방법이라고 믿는 것이다. 두 번째는, 현재의 방식이 우리가 유일하게 아는 '생명체를 찾는 방법'이라는 것이다. 모든 일은 시작점이 필요하긴 하니까 말이다.

탄소는 지구 생명체에 본질적인 요소다. 너무나 중요해서 '유기화학'이라는 탄소 기반 분자의 화학을 다루는 학문도 있다. 당연하게도 우리 몸을 구성하는 모든 분자가 탄소로 이루어진 것은 아니지만, 커다란 분자들은 모두 탄소를 포함한다. 복잡한 분자, 만들기 까다로운 분자, 생명체가 할 수 있는 모든 이상한 일을 가능하게 하는 분자는 탄소로 이루어졌다. 왜냐하면 탄소 자체가 독특하고 놀라운 일을 하기 때문이다. 탄소 원자는 상대적으로 작고, 가볍고, 최대 4개의 화학결합을 할 수 있다. 탄소는 자기 자신과도 놀랍도록 잘 결합하여 길고 복잡한 사슬의 중추가 되기도 하고, 아니면 가지를 치거나 고리를 만드는 등 유용한 구조물을 구축할 수

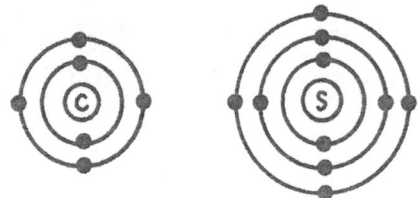

있다. 탄소는 단지 지구상 생명체의 재료일 뿐이 아니다. 탄소는 생명체가 활용하는 방식에 특히 유용하다.

어떤 물질들은 탄소 대신 규소(실리콘)를 사용하기도 한다. 주기율표에서 규소는 탄소 바로 아래 위치하고, 이는 탄소와 규소가 최외각 전자 수를(4개의 전자가 화학결합에 사용될 수 있다) 똑같이 가짐을 의미한다. 규소가 좀 더 크고, 전자 껍질을 하나 더 갖고 있을 뿐이다. 그리고 두 원소 모두 아주 많다. 우주 공간에는 탄소가 조금 더 많지만, 지구의 지각에는 규소가 더 많다. 아마 지구와 비슷한 외계 행성들에도 규소가 많을 것이다.

〈스타 트렉〉 오리지널 시리즈의 한 에피소드에서, 엔터프라이즈호 승조원들은 정체 모를 괴물 때문에 광부들이 죽어 나가고 있는 식민지에 도착한다. 광산에서 새 갱도를 팠는데, 갑자기 죽음이 찾아왔다. 범인이 점점 표면으로 다가오는 듯하다.

광산을 아무리 철저히 조사해도 사람을 제외한 생명체의 흔적이 발견되지 않았다. 하지만 조사원들은 알려진 화학 지식만 활용했던 것이다. 스팍Spock이 "우리가 잘 알듯, 생명은 공통적으로 탄소화합물의 조합을 이용합니다. 그런데 만약 다른 원소를 사용하는 생명이 있다면요? 예를 들어, 규소 말이에요"라고 말한다. 커크Kirk 선장이 "나도 규소 기반 생명체가 존재할 수 있다는 이론적 가능성을 들어본 적 있네"라고 덧붙인다. 하지만 의사인 본즈Bones가 쏘아붙인다.

"규소를 이용한 생명체는 생리학적으로 불가능해요. 특히 산소가 있는 대기 환경에서는요."

실제로 이는 틀린 말이 아니다. 규소는 산소와 결합하기를 좋아하기 때문이다. 바로 그 이유로 지구에는 정말 돌이 많고, 그 돌이 풍화해서 만들어진 모래가 화학적으로 불활성이어서 수백만 년 동안 화학반응을 일으키지 않고 그대로 존재하는 것이다. 그리고 우리와 같은 탄소 기반 생명체가 이산화탄소를 노폐물로 배출하듯, 규소 기반 생명체는 (아마도 우리에게는 모래로 친숙한) 이산화규소를 배출할 것이다.

(에피소드 속 논쟁과 달리, 당연히 존재하는) 규소 기반 외계인 호르타Horta는 주로 바위 속에 살고, 인간이 공기 사이를 움직이는 것처럼 바위 안을 자유롭게 이동한다.* 둔탁한 소리와 함께 호르타가 화면에 나타나는데, 마치 피자색 물질의 정맥으로 묶인 초록색과 갈색 바위 더미처럼 보인다. 호르타의 크기는 음, 뭐랄까,

- 만약 이런 물리법칙이 말이 된다면, 여러분은 코끼리의 단단한 몸을 자신과 공유된 화학조성 덕분에 걸어서 통과할 수 있다. 그래도 괴물로 따지면 꽤 좋은 특징이다!

네발로 기어다니는 사람 아래 던져진 초록색, 갈색, 피자색 카페트 정도다. 그에게 악의가 없다는 게 밝혀지기 전, 호르타는 페이저phaser에 맞아 부상을 입는다. 본즈는 그를 도와주고, 콘크리트를 이용해 손을 다시 만들어준다. 죽어가는 외계인의 화학조성이 마치 돌과 같음을 알아차리고, 본즈는 콘크리트를 발라 목숨을 구하는 것이다.

그렇지만 적어도 진짜 세계에서는 의사 본즈가 처음 가졌던 비관론이 맞다. 4개의 결합이 가능한 규소는 정말 긴 분자를 만들 수 있다. 그러나 진화생물학자 모하메드 누르Mohamed Noor는 자신의 책 《장수와 진화Live Long and Evolve: What Star Trek Can Teach Us about Evolution, Genetics, and Life on Other Worlds》에서 "규소끼리의 결합보다 규소와 수소 또는 산소의 결합이 더 단단하다"고 지적한다. 탄소 원자들은 길고 복잡한 사슬 구조를 만드는 것을 좋아하는 반면, 규소-규소 분자들은 물에 녹는 것처럼 약간의 자극만 받으면 해체되어 자신들이 선호하는 결합을 형성하기 위해 달아나버린다.•

또한 물속에서는 비탄소 기반 생명체가 문제를 갖게 되는데, 그렇다면 물이 전혀 없어도 생명을 위한 화학작용이 가능할까?

(이 책을 인쇄하는 동안 대단한 일이 일어나지 않았다면) 아직 화성에서 생명을 찾지 못했지만, 모든 논의는 현재 또는 과거의 화성에

• 누르는 산소가 있는 대기에서 규소도 선택될 가능성이 존재한다고 본다. "규소와 산소의 (어쩌면 탄소도 마찬가지로) 반복된 구조로 이루어진 생명은 평균적으로 지구보다 훨씬 높은 온도의 행성에서 잘 작동할지도 모릅니다. 어떤 면에서는 우리 '탄소 유일 기반'의 생명보다 나을지도요." 유기물은 결국 돌에 비하면 훨씬 낮은 온도에서 타버린다.

물이 존재했는지에 집중되어 있다. 생명 가능 영역habitable zone(별 주변을 궤도운동하는 행성이 생명을 가질 수 있는, 또는 우리가 그럴 것이라고 이해하는 고리 모양 영역)이라는 아이디어도 바로 순전히 행성 표면에 액체 상태의 물이 존재할지에 바탕을 둔다. 우주의 생명체가 다양하길 바라던 10대의 나는 액체 상태의 물만 찾으려는 것이 얼마나 편협한 생각인지 비웃곤 했다. 하지만 물은 이상하고도 특별한 분자다. 물의 양극성(3개의 원자로 된 구조가 양쪽 끝에 전하를 갖고 있음을 뜻한다)은 물이 많은 것을 쉽게 녹일 수 있게 한다. 단순히 소금이나 설탕, 파스타를 삶은 물, 아이스티 말고도 모든 양극성 분자를 잘 녹인다.• 고체 형태에서 물은 결정이 되기 때문에, 일반적인 고체 물질과는 달리 액체 상태일 때보다 밀도가 낮아진다. 이러한 특징이 호수나 바다 위에 얼음이 떠다니는 것 같은 재밌는 현상을 만든다. 물론 이 덕분에 한겨울에도 지구에 물고기가 살 수 있는 것이다. 얼음의 부유성은 생명체가 선호하는 더 많은 표면을 만든다. 표면은 물질의 두 상태 사이의 변환점이다. 땅은 고체와 기체가 만나는 장소이고, 바다에서는 액체와 기체가 수면에서 만난다. 액체와 고체는 해저지형에서 만난다. 그리고 이러한 표면들은 생명체가 태어나는 지역이다. 얼음이 덮인 물은 공기와 얼음, 얼음과 물, 물과 땅이 만나는 접점으로 넘쳐난다.

우리 태양계에서 생명체가 살 수 있을 것으로 많이 거론되는

• 기름처럼 우리가 소수성(물과 친화력이 적은 성질)이라고 생각하는 물질은 일반적으로 분자가 극성이 아니기 때문에 물과 섞이는 대신 튕겨내는 것으로 본다. 고등학교 때 화학 선생님에게 들었을지도 모르지만, 같은 것끼리는 녹인다.

곳은 토성의 가장 큰 위성인 타이탄이다. 태양계에서 지구와 함께 열린 대양을 찾을 수 있는 유일한 장소다. 하지만 타이탄의 바다는 물로 가득 차 있지 않다. 대신 메테인과 에테인으로 이루어져 있다. 이들은 지구에서는 기체 형태지만, 타이탄의 얼어붙은 표면(약 영하 180도)에서는 고체로 존재한다. 그리고 어떤 과학자들은 이곳에 생명체가 있을 거라고 생각한다.

타이탄의 생명체는 환경이 다른 만큼, 지구의 생명체와 비슷하지 않을 것이다. NASA의 우주생물학과 해양 행성 연구 그룹 감독관인 행성과학자 모건 케이블Morgan Cable은 타이탄의 호수가 태양계에서는 정말 희귀한 액체 표면이기 때문에 아주 흥미롭다고 말한다. 또한 타이탄은 지하에 (아마도 짜거나 암모늄 같은 부동액으로 가득 찬) 액체로 된 바다를 가졌다. 이 바다에는 화학적으로 지구 생명체와 비슷한 해양 생물이 존재할 수도 있다. 타이탄의 표면에 있는 바다에서 헤엄칠 법한 모든 생명체는 물로 이루어진 해양에 사는 게 아니기 때문에, 이상하게 생겼을 것이 틀림없다. 케이블이 수행하는 연구의 일부는 이 생명체들의 화학조성에 대한 것이다. 케이블은 말한다.

"메테인이나 에테인은 어떤 것도 녹이기가 쉽지 않습니다. 녹이는 물질이 무극성이어야 할 뿐 아니라, 타이탄이 너무나 춥기 때문에요."

그녀의 연구를 통해 타이탄의 바다에서 용해되는 물질인 아세틸렌, 뷰테인, 프로페인이 포함된 아주 짧은 리스트가 만들어졌다. 이는 크기가 작고 극성이 없는 분자들이다.

그 정도면 생명을 만들기에 충분할까? 케이블은 잘 모르겠다고 한다. 하지만 상기시키는 점이 있다.

"어쩌면 완전히 놀랄지도 몰라요. 우린 여전히 우리와 비슷한 생명을 생각해요. (…) 어쩌면 정말로 이상한, 우리가 경험하지 못한 일들이 있어서, 무엇을 찾아야 하는지에 대한 질문의 틀을 아직 충분히 만들지 못한 것일지도 몰라요."

케이트 아마달라에게 타이탄의 생명에 대해 물었을 때, 그녀에게서는 케이블과 비슷하지만 더 비관적인 답이 돌아왔다.

"메테인에서 생명이 존재하는 일이 가능하다고 해도, 그것이 생명인지 어떻게 알 수 있을까요? 우리는 이를 조사할 어떠한 도구도 없습니다. 그것이 작은 손을 흔들며 인사하지 않는 한 말이에요."

손이나 촉수를 흔드는 것을 찾는 일을 빼면, 우리가 생명을 탐색하기 위해 사용할 수 있는 유일한 도구는 화학적 지표뿐이다. 산소나 메테인, 생명이 만들어낸 뒤 금방 사라지는 분자가 검출되면 우린 희망을 품는다. 특히 행성 전체의 규모에서 이런 분자들이 감지된다면 말이다. 미생물도 화석을 남길 수 있다. 하지만 확실한 생명의 감지는 지구상 생명체의 화학에 대한 이해에 달려 있다. 그래서 여기와 다른 세포 기작을 가진 생명체는 우리의 생명 찾기 그물망을 빠져나갈 것이 뻔하다. 심지어 고대 RNA 세계의 생명체들도 우리가 현재 사용하는 생명 검출 방법으로는 찾을 수 없을 것이다. 바로 이때 워커와 크로닌이 제시한 자세한 과정은 무시해도 화학에 의존하지 않는, 복잡성을 이용한 '조합이론'이 중요한 단서가 될지 모른다. 발견한 것을 살짝 짓이겨서 그것이 만들어지는 데 얼마나 많은 단계가 필요했는지, 기억 없이 조합되기에 너무 많은 단계가 필요한 건 아니었는지 확인하는 것이다.

크로닌에게 생명은 유기체의 총합이 아니라, 우주 법칙의 필연적 결과물이다.

"저는 생명 형성을 일으킨 과정이 우주 속 중력만큼이나 다양하다고 생각합니다."

모든 천체가 똑같은 중력을 가하는 것은 아니다. 태양과 연필을 비교해보면, 태양 질량이 연필 질량보다 크고, 그래서 (우리의 경험에 따르면) 태양이 더 강한 중력을 갖는 것처럼 보이고, 연필은 중력을 가하지 않는 것처럼 보인다. 하지만 모든 물질은 여전히 중력을 가할 수 있다. 크로닌은 생명도 마찬가지일 거라고 말한다.

"제 생각에 진화가 우주의 기본적인 특징인 것 같아요. 마치 중력처럼요. 단지 생물이 진화를 가속할 뿐입니다."

해저 열수구에서 생명이 출현할 수 있다고 처음 상상한 마이크 러셀도 우주가 펼쳐지는 과정의 일부로 생명이 기원했다고 본다. 팀 레카스Tim Requarth는 잡지《이언Aeon》에 실린 러셀에 대한 기사에 "에너지의 관점에서 생각해보면, 생명의 출현은 에너지 흐름의 근원인 빅뱅에 연결된다"고 썼다. 에너지와 물질은 빅뱅 이후 소멸하지 않았고, 균일한 원자 스프처럼 웅덩이에 고여 있기보다는 뭉쳐서 구조물을 형성했다. 별이 생성되고 행성이, 표면이, 바다가 생겼다. 이러한 불균형이 결국 우리를 탄생시킨 것이다.

이 관점에서, 우리가 유일한 생명인지 묻는 질문은 무의미하다. 우리는 혼자가 아니다. 왜냐하면 우리는 은하의 나선 팔이나 바람의 먼지를 모으는 소용돌이에서 분리된 존재가 아니기 때문이다. 우린 원자보다 더 변칙적인 대상도 아니다. 이런 상황에서 어떻게 우리가 유일하다고 생각할 수 있을까?

그러나 동시에 생명은 다른 것과 엄연히 구분된다. 단백질은 원자 그 이상이고, 세포는 단백질 그 이상인, 분명 어떤 한계점을 넘긴 존재다. 이 한계점이 임의적이라 해도, 한계점 양쪽의 차이는 확실하다.

생명의 기원에 대한 지식을 추구할 때, 우리는 생명이 무엇인가를 생각한다. 스스로 복제하는 정보가 생명일까? 우주가 에너지를 조직하는 새로운 방법이 생명일까? 아니면 칼 세이건이나 다른 이들이 말한 것처럼, 우주가 스스로를 경험하고 이해하려는 방법이 생명일까?

당연하게도 생명은 그 모든 것이다. 생명은 정보이고, 에너지이고, 인식이다. 생명은 엔트로피를 잠시 붙들어둔다. 정렬된 물질의 일부(생명)가 또 다른 질서 잡힌 것(생명)을 보고 이해하려고 노력할 수 있다. 이는 생명이 잠시 언덕을 오르며 탄력을 축적하는 과정이다.

때로 생명은 전혀 불가능한 것처럼 보이지만 우리는 여기에 있고, 또한 우리의 행성 전체가 바로 이곳에 존재한다.

생명의 기원을 탐사하는 건 살아 있다는 것, 기억을 가진 물질, 세계에 새로운 복잡성을 가져다주는 물질이 무엇인지 이해하는 방법이다. 그리고 이러한 기원들(기원이 아닌 기원들!)을 살펴보는 일은 결국 우리가 어디를 찾아봐야 하는지 알려준다.

2장

행성

⋮

지구가 특별하다는 데
이의를 제기합니다

지금으로부터 30여 년 전, 칼 세이건은 2대의 카메라를 지구 쪽으로 향하게 해, 우리가 무엇을 보게 될지 확인하고자 했다.

첫 번째 카메라는 1977년 태양계 외곽을 여행하기 위해 지구를 떠난 탐사선 보이저 1호Voyager 1에 장착되어 있었다(이 탐사선에는 잠재적 외계 청취자들을 위한 메시지를 담은 골든 레코드Golden Record도 함께 실렸는데, 6장에서 다시 이야기할 것이다). 발사된 지 13년 후인 1990년, 보이저는 지구에서 64억 킬로미터 남짓 떨어진 해왕성을 지나게 되었다. 이때 세이건은 카메라를 지구 쪽으로 돌려 마지막 사진을 찍도록 했다. 광활한 검은 하늘에 물빛이 도는 작은 점이 보이는 이 사진은 〈창백한 푸른 점Pale Blue Dot〉으로 알려지게 된다.

세이건은 지구에 대한 새로운 관점을 담은, 오랫동안 알고 있었지만 실제로는 믿기 어려웠던 지식을 담은 이 사진에 영감을 받아 책을 썼다. 어둠 속에 고립된 지구의 모습은 이 행성이 세상의 전부라는, 우리가 매일 믿는 거짓말을 선명히 보여주었다.

세이건의 작품은 종종 우주적 일체감을 구축하려는 목적을 가졌는데, 그는 이 사진이 실제로 인류가 고독하다고 느끼게 해주기를 바랐다.

그는 외계 생명과의 접촉을 미래의 전환점으로 상상하면서도, 우주에서 우리가 얼마나 작은 존재인지를 인식하도록 해 핵전쟁의 위협에 시달리는 인류가 스스로를 구할 수 있기를 희망했다. 〈창백한 푸른 점〉은 아폴로 8호의 〈지구돋이Earthrise〉 사진과 함께 환경 운동의 상징이 되었다. 우리가 사는 세상을 '하나의 행성'으로 볼 수 있다면, 그 유한함과 취약함을 이해해 지구를 지키려고 할지 모른다.

　세이건은 1990년에 '갈릴레오'라 이름 붙은 탐사선을 이용해 훨씬 덜 유명한 지구 사진도 찍었다. 이 사진에서 그는 기체, 액체, 고체 형태의 물, 생명체가 존재할 수 있을 만큼 대기 중에 충분한 산소, 그리고 엄청 시끄러운 '지적 생명체만이 만들어낼 수 있는' 변조된 무선 신호를 확인했다.

　탐사선이 목성과 그 위성을 연구하기 위해 비행하는 동안 지구를 접근 통과flyby할 때 관찰한 생명은 물론 우리였다. 〈창백한 푸른 점〉과 갈릴레오의 접근 통과 때 찍은 사진은 지금까지 계속되는 '지구를 하나의 행성으로 바라보는' 연구의 시초가 되었다.

　30년 전만 해도, 태양계 밖에 다른 행성들이 있는지 아무도 몰랐지만, 외계 행성에 대한 이론은 몇 세기 동안 넘쳐났다. 1800년대 칸트와 라플라스의 성운 이론은 인기 있었고, 그래서 행성은 흔하게 여겨졌다. 20세기 초반, 천문학자 제임스 진스James Jeans는 2개의 별이 서로 가까이 지나갈 때 별들의 조석력으로 인해 흩어진 물질이 행성을 만들 수 있다고 제안했다. 이러한 별들의 근접 비행은 무작위적이고, 자주 발생하지 않기 때문에 행성도 많이 형성되지 않을 것으로 여겨졌다. 1950년대 들어서 행성이 많을 거라는 아이디어가 다시 한번 인기를 끌었고, 과학자들은 그러한 상황을 바라고 상상했지만, 실제로 어떤지는 모를 수밖에 없었다.

　그리고 그들은 알게 되었다. 1992년, 태양계 밖에서 폭발한 별의 시체가 빠르게 회전하며, 엑스선과 자외선이 가득해 행성이 존재할 수 없다고 생각되던 펄서pulsar를 공전하는 최초의 행성이 발견되었다.* 그리고 1995년에는 태양과 같은 별 주변에서 처음으로 51 페가수스 b51 Pegasi b**라는 외계 행성이 확인되었다. 그리고 하나 더, 하나 더…. 처음에는 몇 개였지만, 나중에는 외계 행성이 홍수처럼 쏟아졌다. 이 책을 쓰는 지금, 우리는 5044개의 외계 행성을 찾아냈다(번역하는 동안 5573개!-옮긴이).

외계 행성이 발견되기 전에 우리는 행성 형성 모형을 만들기 위해 태양계를 살펴보았다. 이 모형은 아주 작고 뜨거운 수성부터 크고 무거운 목성, 얼음 행성인 천왕성과 해왕성까지 세계를 잘 설명할 수 있었다. 이 모형은 기체와 먼지로 이루어진 커다란 구름이 자신의 중력으로 인해 수축하기 시작해 별을 만드는 데서 출발한다. 중심부에서 별이 타오르기 시작하면, 별 주변의 구형으로 분포한 물질들은 중력으로 수축하며 회전하는 원반을 만들어낸다. 원반 안의 덩어리와 소용돌이가 입자들처럼 충돌하게 된다. 이러한 덩어리들이 점점 커지는데 요약하면, 이것은 행성이 된다. 행성의 크기와 구성은 원반의 어느 위치에서 이러한 덩어리들이 형성되는지에 따라 결정된다. 별에 가까울수록 더 따뜻하므로 먼지와 바위 같은 고체 덩어리가 행성의 재료가 되고, 결과적으로 지구나 화성 같은 작은 행성을 만들 수 있다. 더 먼 차가운 영역에서는 물, 메테인, 이산화탄소 같은 물질들이 고체 상태로 얼어 있어서, 이를

* 일부 연구에서는 어떤 조건 아래 강한 엑스선이 편안한 행성 환경을 만들 수 있다고 밝혀졌다.

** 미셸 마요르Michel Mayor와 디디에 쿠엘로Didier Queloz는 이 발견으로 2019년 노벨 물리학상을 수상했다.

재료로 훨씬 무거운 행성이 만들어진다.

　이 모형은 깔끔하고, 우아하다. 그리고 다른 행성들을 찾아내기 시작하자마자 산산조각 나버렸다. 기본적인 틀은 맞았지만 전체 그림은 그리 단순하지 않았던 것이다. 우리가 외계 행성들에 대해 더 많이 알수록 당연하게 여기던 사항들이 점점 줄어들었다.

　행성들은 우리의 특별함에 이의를 제기하는 또 다른 장소다. 지구 같은 행성은 과연 흔할까, 아니면 희귀할까? 바위가 많고, 습하고, 대기를 붙잡아둘 정도로 충분하지만 몸을 짓누를 만큼은 아닌 적당한 중력, 계절이 있고, 달이 있는… 그런 행성. 지구 같은 행성을 만들려면 얼마나 많은 조건이 필요할까? 그리고 그 조건들은 생명을 만들기 위해 요구되는 것과 같을까? 우주에 존재할 수 있는 다양한 행성의 종류를 이해하면 우리는 이 질문에 도달하게 된다. 얼마나 이상한 세상이어야 생명체가 번성할 수 있을까?

대박, 저거 행성이잖아

　밤하늘을 바라볼 때 밝고 일정한 불빛을 가리키며 '저건 행성이네'라고 말하곤 한다. 특히 내 아이에게 자주 하는데, 아직 갈릴레오 이전 단계인 아이는 '맞아, 저건 별이야'라고 대답한다. 해가 진 후 하늘에 낮게 뜬 금성을 가리키고, 최근에는 달 근처에서 보이는 목성과 토성을 가리킨다. 갈릴레오처럼 망원경을 이용하면, 이제 토성의 고리까지 볼 수 있다. 대학 옥상 천문대에서 처음 토성을 보았을 때, 나는 갑작스럽게 충격을 받았다. '대박, 저거 행성이잖아.' 늘 보던 걸 이제 완전히 새롭게 다시 알게 된 것이었다.

이와 달리 다른 별의 궤도를 도는 외계 행성은 너무 멀고 작고 어두워서 직접 사진을 찍기 무척 어렵다. 과학자들은 망원경으로 조준한 다음 추론하고 연역한다. 언젠가 외계 행성의 사진을 찍는 일을 축구장의 야간 조명 주위를 날아다니는 모기를 촬영하는 것과 비교하는 이야기를 들은 적 있다. 이때 사진을 찍으려는 우리와 축구장 야간 조명, 모기는 서로 반대편에 있는 상황이라는 것이다. 아주 드물게, 그리고 엄청나게 노력해서 외계 행성을 직접 찍게 되자 사진 속 아주 작은 점을 가리키며 우리는 '아하' 할 수 있게 되었다. 51 페가수스를 공전하는 행성은 태양과 비슷한 별을 공전하는 것 중 첫 번째로 발견되었는데, 별의 시선 방향 속도 측정(하늘을 관측할 때 우리는 기본적으로 2차원 평면에서의 현상을 보게 된다. 단, 별에서 오는 빛을 파장에 따라 나눠보는 분광 관측을 하면, 도플러효과에 의해 우리가 천체를 바라보는 시선과 같은 방향의 속도 및 움직임을 측정할 수 있게 된다-옮긴이) 방법을 이용했다. 기본적으로 행성이 별의 주변을 공전하면서 가한 중력 때문에 별이 살짝 흔들리는 원형 춤을 추는 모습을 보게 된 것이다. 이 흔들림은 정말 작았지만, 별의 색깔이 도플러효과로 변하는 것을 통해 볼 수 있었다. 우리를 향해 살짝 다가오며 흔들릴 때는 파랗게, 먼 쪽으로 기울어질 때는 빨갛게 변하면서 별빛이 압축되었다 늘어났다를 반복한다(만약 별의 움직임이 우리의 시선과 바로 정렬되어 있으면, 하늘에서 별의 위치가 흔들리는 것을 볼 수 있다. 이를 측성학astrometry이라고 한다).•

또한 과학자들은 행성이 우리와 별 사이를 지날 때 생기는 식

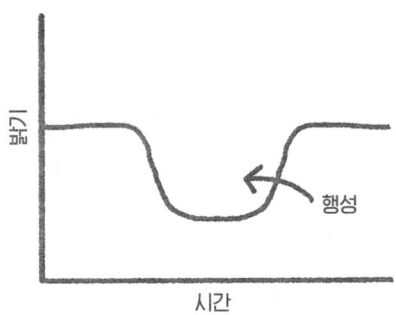

현상eclipse으로 행성을 찾기도 한다. 행성은 별에 비해 너무 작아서 별의 빛을 완전히 차단할 수는 없지만, 행성이 별 앞을 지나갈 때 우리가 보는 별을 약간 어둡게 만든다. 별의 광도 곡선에 나타나는 약간의 밝기 감소가 바로 통과현상transit이라는 (행성의) 흔적이다.

통과현상은 우리가 이 행성들을 본다고 말하는 것에 가장 근접한 방법이다. 광도 곡선의 결정적인 모양을 이해할 수만 있다면, 이는 하늘에 그려진 선명한 사진처럼 보인다. 인류학자 리사 매서리Lisa Messeri는 한 천문학자팀과 함께 《우주를 배치하다Placing Outer Space: An Earthly Ethnography of Other Worlds》를 집필했다. 천문학자의 연구를 지켜보거나 가끔은 일을 도우면서 그녀는 그들이 광도 곡선에서 행성 보는 방법을 어떻게 배우는지, 또 훨씬 덜 선명한 자료에서

- 구급차가 가까워질 때 사이렌의 음정이 높아지고 멀어질 때 음정이 낮아지는 도플러효과가 음파에 적용되는 것처럼 빛도 늘어났다 수축할 수 있다. 이 변화는 음정 대신 색의 형태로 나타난다. 붉게 보이는 물체는 우리로부터 멀어지고, 푸르게 보이는 물체는 우리를 향해 움직인다. 이러한 변화를 달리는 구급차에서는 느낄 수 없지만, 민감한 망원경을 이용하면, 별이나 은하의 관측으로 확인할 수 있다.

통과현상을 어떻게 확인하는지 알게 되었다. 천문학자들의 해석과 상상력은 어마어마했다.

통과현상은 망원경으로 얻어진 아직 처리하지 않은, 미가공 자료에서는 보이지 않는다. 대신 천문학자들은 자료를 정리하고 정교하게 다듬어 해석해 자료에 나타난 행성의 모습을 밝혀내야 한다. 간섭과 망원경의 피할 수 없는 특징 때문에 자료에는 잡음이 많다. 이를 천문학자들은 '엉망인 자료'라고 부른다. 하지만 간섭 무늬를 처리해도 잡음은 여전히 남아 있고, 천문학자의 작업은 현저히 주관적이 된다. 그녀의 책 가운데 한 장면에서 매서리는 이러한 작업에 처음 투입된, 관측 자료를 다뤄본 적 없는 이론가가 이런 일을 꾸준히 해온 두 천문학자에게 배우는 과정을 묘사한다. 숙련된 연구자들은 자료를 처리하는 데 서로 다른 종류의 필터를 사용한다. 이론가가 한 천문학자에게 왜 그 필터를 쓰는지 묻는다. 돌아온 대답은 간단했다. 이전에 같이 일한 상사가 그렇게 하라고 시켰기 때문이었다. 아무렇게나 정한 건 아니었지만, 가능한 선택 중 유일한 것 또한 아니었다.

매서리가 보기에 천문학자들은 자료가 풍족한 외계 행성의 사진이 없을 때 '추상적 표현(그들이 데이터를 하나의 행성으로, 그리고 행성을 장소로 만들어내는 방법)'인 광도 곡선과 그래프를 이용해 보완한다. 그녀는 이 작업을 미학적 프로젝트라고 설명하는 다른 학자들의 말을 인용하며, "아름다움의 미학이 아닌 사실주의 미학"이라고 했다. 행성들이 현실화되는 것이다. 매서리는 말한다.

장소는 우주를 인간의 경험 수준으로 축소시킬 수 있는 친밀함을 담고 있다.

이것이 바로 외계 행성 연구와 다른 천체(은하, 블랙홀, 그리고 별) 연구의 차이점이다.* 광활한 우주는 우리에게 친숙한 규모의 섬들로 이루어져 있고, 우리가 상상력의 숨을 고를 장소가 되어준다. 그리고 우주에서 그런 친숙한 공간을 찾는 일은 스릴 넘친다. 매서리는 다음과 같이 언급했다.

장소가 흥미로운 이유는 우리가 장소를 알아내는 방법을 알기 때문이고, 우리 모두는 어딘가에 있다는 것이 무엇을 의미하는지 배운 경험이 있다.

그리고 우리는 어떤 질문을 해야 하는지 안다.
나는 NASA 외계 행성 아카이브를 이끄는 천문학자 제시 크리스티안슨Jessie Christiansen에게 '외계 행성' 하면 무엇을 떠올리는지 물었다. 그러자 그녀는 새로운 외계 행성의 발견을 다루는 언론 보도에 들어갈 그림을 만들 때 함께 일한 예술가들의 작업을 생각한

- 내 생각에 우리는 소행성을 하나의 (의미 있는) 장소로 만드는 데 근접했다. 최근 소행성 베누Bennu에 착지한 오시리스 렉스OSIRIS-Rex 미션은 표본을 채취하여 지구로 오고 있다(오시리스 렉스보다 훨씬 이전에 일본의 하야부사 Hayabusa 미션으로 소행성 이토카와에서 표본을 채취해 귀환한 바 있다-옮긴이). 우주 로봇이 의인화되는 방식과 마찬가지로, 한 천체에 다녀오면 그 천체는 그곳에서의 우리 자신을 상상할 수 있는 장소가 되기도 한다.

다고 말했다.

"저는 예술가들에게 숫자를 가져다줍니다. 이건 이 정도 크기고, 질량은 얼마나 되고, 별의 온도는 이렇고…. 그러면 그들이 무언가 만들어내지요."

바로 이러한 예술가들이 천문학자가 이해한 어떤 장소를 대중이 상상할 수 있는 방법으로 바꿔주는 것이다.

그래서 나는 예술가들에게 어떻게 작업하는지 물었다.

공동 작업자인 팀 파일Tim Pyle과 로버트 허트Robert Hurt는 완전히 다른 분야에서 일한다. 허트는 취미 삼아 디자인과 예술 작업을 하던 천문학자고, 파일은 할리우드에서 시각 효과 작업을 오랫동안 하다가 NASA의 장비를 인계받아 우주를 탐사하는 벌에 대한 짧은 영상을 만들어 지금 직장인 캘리포니아 공과대학에 지원했다. 그들은 언론 보도용 자료 말고도 훨씬 다양한 작업을 한다. '과학적 서사를 말하는' 일러스트와 비디오, 다중 매체 경험 등 모든 매체를 다룬다. 그중 외계 행성 상상도는 결코 단순한 일이 아니다. 외계 행성 발견 뉴스에 등장하곤 하는 이 일러스트들은 이야기에 대한 기본 틀을 만들어 독자가 관심 갖게 한다. 파일이 말한다.

"일러스트는 매력적이어야 하고 눈길을 끌어야 해요. 어떨 땐 엄청 못생긴 행성이 인기 많을 때도 있어요."

우주의 '볼매(볼수록 매력적인, 전통적인 면에서 아름답지는 않지만 매력적인)'여야 한다는 것이다. "우리는 적어도 〈가디언즈 오브 갤럭시〉 예고편에서 볼 법한 멋진 일러스트를 만들어야 해요. 잠깐 하던 일을 멈추고 그 그림이 뭔지 궁금하게 만들려면 말이죠"라고 허트가 말했다.

파일과 허트, 그리고 그들과 비슷한 일을 하는 예술가들은 얼마 되지 않는 자료의 조각으로부터 선명하고, 좋은 생각을 떠올리게 하는 그림을 만들어낸다. 크리스티안슨이 말했듯 그들이 아는 전부는 "이건 이만큼 크고, 이 정도 무게가 나가고, 그 별의 온도는 얼마 정도"라는 것이다. 파일은 우리가 아는 것 외의 모든 사항은 "교육된 확률"이라고 했다. 허트는 예술가의 결정 역시 과학적 과정의 일부라고 생각한다. 그는 "최선의 시나리오에서, 이 일러스트들은 하나의 가설이라고 봐야 한다"고 이야기했다. 이 예술가들은 무언가를 시도하고, 가설을 상정하고, 그 경계에서 몇 발짝 더 내딛는다.

"우리는 우리가 아는 것으로부터 무리해서 그려야 합니다."

충실함(정확도)이 이들의 주요 목표는 아니다. 대신 예술가와 과학자는 정확한 자료를 바탕으로 인간이 가진 생각을 반영해 작업해야 한다. 예를 들어 우리는 어떤 행성이 암석형이고, 물이 있고, 슈퍼 지구의 크기 범위에 들어가는지, 아니면 수소, 헬륨, 메테인 가스가 얼음과 암모니아 슬러시 같은 맨틀을 두껍게 감싼 미니 해왕성의 범주에 드는지 정확히 알 방법은 없다. 큰 암석형 행성과 작은 얼음 행성의 구분은 유난히 어려운 문제이긴 하지만, 다른 모든 예시에도 잘 모르는 부분이 있다. 그래서 자료를 그림으로 바꿀 때 예술가는 자료가 무엇을 제시하는지만이 아니라 상황을 설명하는 정확한 묘사가 어떤 것인지 선택해야 한다.

실제로 "너무나 많은 가능성이 있기 때문에 외계 행성을 그림으로 묘사하면 안 된다고 생각하는 사람을 적어도 한 명은 안다"고 파일은 말한다. 그림을 그릴 때, 예술가와 과학자는 자료가 아닌 인자에 기반을 두고 미학적 선호나 이야기의 힘, 존재 가능성이 낮은 것들 사이에서 선택하게 된다.

"예술적 개념도를 만들 때마다 그것이 틀릴 수 있음을 알아요."

파일의 작업 중에는 케플러-452b라는 행성의 그림이 있다. 2015년 발견 당시 이 행성은 모성의 생명 거주 가능 영역 안에서 발견된 행성 가운데 가장 작았고, 지구 지름보다 약 60퍼센트 컸다. 이때 분위기는 고조되었으며, 언론 보도가 쏟아졌다. 모성의 생명 거주 가능 영역 안에 이 행성이 있다는 사실 때문이다. 대략적으로 말이다.

행성의 크기와 위치를 고려할 때 이곳에 대기가 존재한다면 금성처럼 두꺼운 구름으로 뒤덮였을 가능성이 있고, 이 사실은 과학적으로 의미가 있다. 또한 그림으로 표현할 때는 암석으로 추정되는 행성의 표면이 가려진다는 뜻이기도 하다. 그리고 이 행성은 뜨거운 온실이 아니라 지구보다 살짝 더 따뜻하고 살짝 더 클 수 있었다. 그래서 파일은 그 차이를 구분하여 흐린 구름 아래 회갈색 대륙과 녹청색 바다가 있는 행성을 그려냈다. 하지만 해안선은 더 밝게, 강바닥은 소금빛 흰색으로 표현했다. 이 그림은 마치 물이 좀 더 있었던 행성이 온도가 올라가면서 강과 바다가 증발해 대기의 수증기가 증가하며 담요가 두꺼워지는 상황을 보여주려는 듯하다.

파일의 설명이 없었다면 그 의미를 생각하기는커녕 더 밝은 해안선을 알아차리지도 못했을 것이다. 이 행성은 그저 지구보다 덜 매력적이고 물이 조금 있는 바위 행성처럼 보였을지 모른다. 파일의 그림은 SETI 연구소에서 제공한 것에 비해 훨씬 덜 구체적인 장면이다. SETI 연구소의 그림은 우주 시점이 아니라 마치 비행 중에 촬영한 것처럼 지표면 바로 위에서, 깊고 푸른 강에 솟아오른 황금빛 피오르와 하늘로 연기를 뿜어내는 화산을 표현했다. 앞쪽에는 가느다란 바위가 물 밖으로 튀어나와 있다. 설명을 보면 "케플러-452b에 제어 불능의 온실효과가 발생하여 행성 표면에서 대부분의 물이 사라지는 모습을 상상한 그림"이다. 완전히 다른 묘사를 통해 같은 이야기를 하는 것이다.

발견한 대부분의 행성계는 태양계와 전혀 닮지 않았다. 부분적으로는 우리가 사용해온 탐지 방법 때문이기도 하다. 2009년부터 2018년까지 광도 곡선과 통과현상을 이용해, 지금까지 알려진 외계 행성의 절반 정도를 발견한 케플러 우주망원경은 작은 별들 주위를 가까이서 공전하는 무거운 행성을 잘 찾아낸다. 하지만 우리 태양계가 이상해 보이기는 한다.

외계 행성을 발견하기 전 우리의 기본 가정은 코페르니쿠스 원리에 따라 태양계가 평균적인 계라는 것이었다. 하지만 과학자들이 외계 행성을 발견하기 시작하자, 그들이 사용해온 우아한 행성계 모형이 지나치게 깔끔하다는 것이 밝혀졌다. 태양 같은 별 주변에서 발견된 첫 번째 행성 51 페가수스 b는 지구 질량의 150배, 목성 질량의 절반 정도인데, 수성보다도 가까운 거리에서 모성을 공전한다. 이런 뜨거운 목성hot Jupiter들은 이후에 더 발견되었다. 뜨거운 목성이 특별히 흔한 건 아니어서 전체 발견된 행성의 1퍼센트에 지나지 않지만, 이들은 거대하고 궤도가 매우 짧기 때문에 쉽고 빠르게 찾을 수 있었다.

오늘날 행성 형성에 대한 가장 유력한 추정은 훨씬 더 복잡하다(그리고 과학적 합의에도 덜 의존한다). 행성은 여전히 새로운 별 주변의 잔해 원반에서 태어나고, 작은 암석 행성은 별에서 가까이, 기체와 얼음으로 만들어진 큰 행성은 먼 곳에서 만들어진다. 하지만 이제 과학자들은 행성이 생성되고, 시계 같은 공전궤도에 안착하기 전에 소용돌이 등의 혼란스러운 움직임을 더 많이 겪을 것이라고 생각한다. 가스 행성이 모성을 향해 나선형으로 접근할 때, 작은 행성들 일부 또는 전부를 파괴하거나 바깥으로 튕겨 보내고 부술 수 있다. 첫 세대 암석 행성은 모성으로 떨어져 없어지고, 2세대 암석 행성이 오랫동안 살아남는 것일 수 있다. 질서 정연해 보이는 태양계에서조차도, 일부 과학자들은 목성이 궤도 안쪽으로 이동하다가 토성이나 아직 정체를 모르는 어떤 다른 힘에 의해 끌려 나왔을 것이라고 생각한다. 다른 관측들은 행성 형성 모형을 더욱 복잡하게 만들었다. 모성으로부터 먼 곳에서 공전하는 매우 큰 행성들은 아주 다른 탄생 과정을 거칠 수 있다. 강착원반(중력적으로 수축하는 물질 덩어리가 회전을 시작하면서 만들어낸 얇은 원반. 행성 형성 단계뿐 아니라 블랙홀, 은하 형성 과정에서도 생성된다-옮긴이)에서 자갈이 바위가 되고, 바위가 행성을 만들어내는 것이 아니라, 강착원반에서 발생하는 중력적 불균형이 행성을 탄생시키기도 하는 것이다. 천문학자 스콧 가우디 Scott Gaudi는 외계 행성 발견 이전보다 이후에 그에 대한 지식이 더 줄어들었다고 농담처럼 말한다.

태양계에도 다양한 행성이 있지만, 외계 행성들은 훨씬 더 특이하다는 게 밝혀졌다. 뜨거운 목성과 슈퍼 지구, 미니 해왕성 들이 발견되었다. (슈퍼 지구와 미니 해왕성의 형성에 대한 이론들은 각각 문제가 있다. 기존 행성 형성 모형에 따르면 아주 적은 수의 행성만 만들어질 것이라고 예상한 질량 범위에 이들이 정확히 포함되기 때문인데, 두 종류는 실제로 발견된 행성 중 가장 흔하다.) 어둡고, 춥고, 별이 없는 성간 우주를 외롭게 떠도는 행성들도 있는데, 이는 아마 거대 가스 행성들이 이동하면서 발생한 중력적 불안정성에 의해 바깥으로 쫓겨난 것으로 보인다. 제시 크리스티안슨이 가장 좋아하는 행성계는 K2-138인데, 태양보다 조금 작고 조금 어두운 800광년쯤 떨어진 별 주변에 6개의 행성이 돌고 있다. 이 행성들은 모두 슈퍼 지구, 미니 해왕성의 범위에 들어가는데, 가능한 가장 가까운 거리에 붙어서 별 주위를 공전한다(조금만 더 붙었다가는 중력 때문에 모든 행성이 궤도에서 다 벗어나게 될 것이다). 그리고 모든 행성의 궤도는 공명하고 있다. 한 행성이 세 번 공전할 때 그다음 행성은 두 번 공전하는 식이다. 크리스티안슨은 "행성계가 음악을 연주하고 있다"고 말한다.*

K2-138의 행성들은 통과현상, 즉 행성의 그림자가 우리의 시선에서 보았을 때 그들의 별을 일시적으로 어둡게 만드는 현상을 통해 발견되었다. 이 방법은 별 주변을 가까이 공전하는 행성을 찾는 가장 좋은 방법이다. 행성을 찾았다는 것을 확인하기 위한 이상적인 방법은 여러 번의 통과현상을 관찰하는 것이기 때문이다. 행성이 별에 가까울수록 행성의 궤도는 짧고, 주어진 관측 시간 동안 더 많은 통과현상을 관측하게 된다는 것을 의미한다. 태양에서 가장 가까운 수성은 88일에 한 번 공전하고, 지구는 잘 알다시피 365일이 걸린다. 멀리 위치한 해왕성은 지구 시간으로 165년에 걸쳐 공전한다. 해왕성을 통과현상으로 찾으려면 1000년이 걸릴 수 있다.

따라서 통과현상으로 발견된 행성들은 작은 궤도를 갖는 경향이 있다. 도플러효과에 의한 별의 흔들림을 이용하는 시선 속도 방식은 모성에 (상대적으로) 극적인 영향을 미치는 큰 행성을 발견

* 시스템 사운즈System Sounds라는 웹페이지에서는 음악가와 천문학자가 모여 보통 시각화하는 천문학 자료를 음악으로 만드는 음향화 작업을 한다. 정말로 어떤 시스템(행성계)이라도 음악으로 변화시킬 수 있다. 이들이 사용하는 방법은 각 행성을 음으로, 그들의 궤도 주기를 인간이 들을 수 있는 주파수로 바꾸는 것이다. 3 대 2 공명 주기의 K2-138 행성들의 경우, 각 행성 짝은 음악적으로는 완전한 5분의 1 간격으로 떨어져 있다는 것을 의미한다. 시스템 사운즈에 따르면, 이 다섯 행성은 피타고라스가 설계한 음계의 완전 5도를 따른다. 행성이 궤도를 한 바퀴 돌 때마다, 매번 그 음이 울린다. 그 어떤 시스템도 음으로 나타낼 수 있지만, K2-138은 음향화가 음악이 되는 희귀한 경우다.

하는 데 적합하다. 두 방법을 함께 사용하면 중간에 지구가 놓일 법한 커다란 사각지대에 위치할 행성 목록을 만들 수 있다. 매우 큰 행성과 가까운 궤도를 도는 행성은 많이 발견할 수 있지만, 그 외에는 거의 추론의 영역이다. 그리고 그 추론은, 비록 최선을 다한 것이긴 하지만, 의심의 여지가 있다. 서로 다르기는 해도, 수학적으로 타당한 방법을 사용한 여러 과학자는 지구와 같은 행성이 얼마나 흔한지에 대해 너무나 다른 예측을 내놓는다. 어떤 이들은 태양과 같은 별 중 2퍼센트만이 지구 같은 행성을 갖는다 하고, 어떤 이들은 모든 별이 이런 행성을 갖는다고 말한다.

지구 같은 행성을 찾고자 하는 열망은 행성을 탐색하기 위한 모든 노력의 바탕이 된다. 새로운 행성이 발견될 때마다 행성 형성 모형은 진화하고, 우주적 다양성에 대한 우리의 이해는 확장된다. 그러나 낯선 행성은 인간의 깊은 욕망을 좌절시키기도 한다.

지구와 같은 행성 탐사는 부분적으로 외계 생명체의 거주지를 찾는 일이기도 하다. 우리는 생명이 액체 상태의 물, 그리고 가스 행성은 제공할 수 없는 일종의 표면을 필요로 한다고 생각한다. 또한 우리는 별들 사이에 존재할 미래, 인류의 새집을 찾고 있기도 하다. 우리 후손이 지구를 떠날 일은 없더라도, 지구와 비슷한 행성으로 가득한 우주가 바로 우리의 고향인 것이다.

지구 일동

소설가들은 리사 매서리의 '장소 만들기'를 더욱 발전시켜, 행

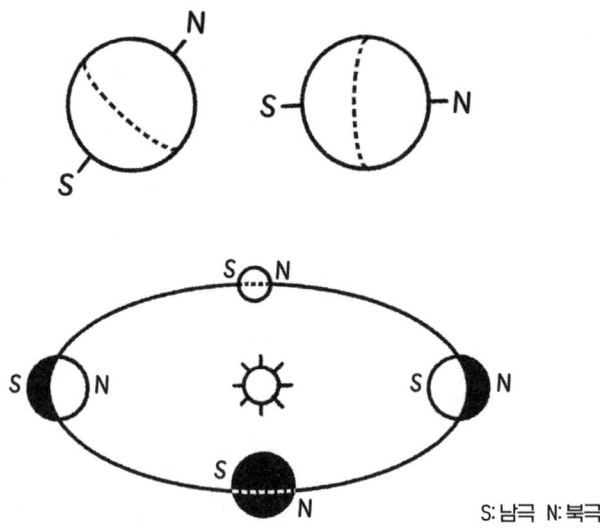

S: 남극 N: 북극

성을 단순한 공간이 아닌 설정으로 만들어 행성의 특성과 제약 조건을 가지고 등장인물의 삶에 서사를 부여한다. 스티븐 백스터Stephen Baxter의 소설《홍수Flood》와《방주Ark》에서 인간은 재앙 같은 홍수(오직 기후변화 때문이 아니라, 지각 활동에 의한)를 겪고 지구를 떠난다. 승조원들은 여행 중 헤어져 (적어도) 두 행성에 따로 착륙했다. 그리고 지구 II와 지구 III로 이름 붙인다. 착륙 후 400년 뒤를 다룬 백스터의 중편 소설들에서도 이 행성의 이름이 쓰인다. 각 소설에서 작가는 지구와 다른 이상한 행성에 대해 알려진 정보를 확장하여, 인간이 각 행성의 표면에서 어떻게 고향을 구축해나가는지 상상한다.

지구 II는 지구와 비슷하지만, 천왕성처럼 공전궤도와 나란히 축이 기울어진 채 자전한다. (행성과학자 린디 엘킨스 탠턴Lindy

Elkins-Tanton은 이것이 마치 소행성 프시케 또는 꼬치구이 통닭과 비슷하다고 설명해주었다.) 이렇게 별 주변을 돌면서 회전한다기보다 굴러다니며 공전하는 행성은 계절이 아주 다양하다. 지구의 계절은 행성 축이 현재 23.5도로 완만히 기울어져 있어서 발생한다. 북반구의 여름에는 태양을 향해 기울어져 있고, 겨울에는 반대여서 이에 따라 온기가 오간다. 공전궤도에 완전히 서 있는 행성은 계절이 없을 것이다. 천왕성이나 지구 II처럼 굴러다니는 행성은 계절별 차이가 클 수밖에 없다.

하지나 동지에는 천왕성이 태양을 향해 약간 기울어져 있는 것이 아니라 거의 똑바로, 천왕성의 극이 정확히 태양을 향한다. 겨울에는 태양이 북극 바로 위에 있고, 여름에는 남극 위에 있는 것이다. 따라서 극지방은 밤낮이 일정하지 않을 뿐 아니라, 각 반구도 마찬가지다.

지구의 중위도 지역에서는 태양이 머리 위로 똑바로 뜨는 것을 볼 수 없지만, 지구와 비슷하지만 천왕성처럼 기울어진 궤도를 갖는 꼬치구이 행성에서는 춘분이 지나고 몇 주 후에 진정한 정오를 맞이한다. 그리고 여름으로 접어들면서 태양은 하늘에서 점점 더 북쪽으로 이동하여 낮이 계속 길어져 한 번에 12시간 이상 지속되지만 태양에서 오는 빛은 더 기울어져(전구를 땅에 비출 때 수직하게 세워서 비추는 것과, 비스듬하게 비추는 것의 차이를 생각해보자-옮긴이) 몇 달간 해가 지지 않는 동안에도 실제 열기는 줄어들게 된다. 그러다가 가을이 되어 태양이 바로 머리 위에 있을 때 열기가 다시 급증하고, 겨울에는 반구 전체에 걸쳐 몇 주 동안 밤이

끝없이 이어진다.

　백스터는 그의 소설 속에서 인류가 여섯 계절을 갖는 행성에 사는 것을 상상한다. 추운 봄, 더운 봄, 시원한 여름, 더운 가을, 추운 가을, 추운 겨울…. 이 이상한 행성을 설명하기 위해 지구의 계절 이름을 빌렸다. 더운 봄과 더운 가을은 해가 머리 위로 뜨는 시기이며, 시원한 여름은 해가 지지 않지만 북쪽 하늘에 충분히 멀리 떨어져 있어 지속적인 햇빛에도 그다지 고통스럽지 않은 시기다. 추운 겨울에는 해가 뜨지 않으며, 춘분과 추분 어느 쪽이든 낮이 짧고 햇빛이 약하다.

　지구 II에 사는 인류는 그들의 행성이 한때는 다른 많은 행성처럼 똑바로 서서 자전하다가 (태양계의 천왕성이 겪었으리라 생각되는 것처럼) 어느 시점에 강한 충돌을 받아서 기울어진 것이 아닌지 의심한다. 하지만 지구 II의 학자들은 행성이 급격하게 움직이는 이유가 강한 충돌 때문이 아님을 찾아냈다. 그들의 행성이 주기적으로 또는 가끔씩 자전축이 흔들린다는 사실을 안 것이다. 지구 II가 속한 행성계의 바깥쪽에 있는 두 거대한 행성의 조석력에 의해 지구 II의 자전축은 궤도면에서 약간 기울어지게 되고, 따라서 계절이 변화하며 화산활동이 발생한다(이는 영화 〈2012〉와 비슷하지만, 실제로는 가능하지 않은 상황이다). 지구 II의 학자들은 자전축의 흔들림이 행성의 계절을 바꿔버리는 것을 두려워한다. 중위도 지역은 계절이 조금 온화해지겠지만, 극지방은 더 이상 태양을 볼 수 없게 된다. 극지방에 빙하가 형성되면 해수면이 낮아지는데, 해안 도시를 침수시키는 해수면 상승만큼 치명적이지는 않더라도,

여전히 파괴적일 것이다. 그리고 물이 행성의 전 영역에서 재분배되며 폭풍, 가뭄, 홍수가 발생할 수 있다. 어떤 의미에서 이 흔들림은 말 그대로 행성을 뒤흔든다. "그보다 더 나쁜 일은 기울어진 행성이 마구 흔들리는 상황이다. 지진과 화산활동이 발생하게 될 것이다." 학자들은 이것이 인류의 최후가 아닌 문명의 종말이 될 거라고 예상한다. "건물이 무너지고 바다가 솟아오르고 화산이 폭발할 것이다." 이렇게 변덕스러운 행성에서의 삶은 어떤 문명도 오래 지속하기 어렵다.

하지만 다가오는 행성 파괴를 제쳐두더라도 지구 II의 인간들은 무언가 맞지 않다고 느낀다. 지구 II의 한 주민은 "춘분 전후, 추운 봄에서 더운 봄으로 계절이 단 몇 주 사이에 너무 빨리 바뀌는 것 같아요. 항상 깜짝깜짝 놀라요"라고 말한다. 이 주민의 선생님은 정말 놀랄 만한 일이라고 대답한다.

"상기시키자면, 우리가 원래 살던 지구에서, 인간은 온화한 계절 속에 지내며 열대기후에 익숙한 동물로 진화했네. 지구에서도 고위도 지역에 살던 이들은 매년 갑작스러운 낮의 길이 변화에 놀라움을 느꼈다고 전해지지."

지구 III의 인류 역시 새로운 터전의 특이함에 적응하며 비슷한 혼란을 겪는데, 이 경우는 변화가 커서가 아니라 너무 정적이어서 문제다. 지구 III는 태양보다 작고 희미한 별의 궤도를 돈다. 온화한 기후를 가지려면 별에 더 가까운 곳에서 공전해야 한다. 매우 가까운 궤도에 있는 행성은 별과 자전-공전 주기 공명(가장 극단적인 경우에는 동주기 자전)이 발생하는 경향이 있다. 즉, 행성이 별 주위를 한 번 공전할 때, 자전을 한 번 하게 되는 것이다. 달은 지구와 조석 공명을 한다. 바로 이 때문에 우리가 늘 달의 한쪽 면만 보게 되는 것이다.

달은 여전히 위상(지구에서 볼 때 모양이 바뀐다-옮긴이)을 갖는데, 이는 달이 태양을 향해서는 항상 같은 면을 보여주지 않기 때문이다. 하지만 별과 수평으로 고정된 천체의 경우, 한쪽은 별빛이 끊임없이 들어오고, 다른 한쪽은 별빛을 아예 받지 못한다. 만약 그 행성에 대기가 없다면 한쪽은 타들어가고 다른 한쪽은 얼어붙을 것이다. 일대일 공명 상태가 아니라 자전 속도가 느려 지구 시간으로 58일에 한 번 자전하는 수성에서도 낮의 표면 온도가 섭씨 400도에 달한다. 밤에는 기온이 영하 180도까지 떨어지기도 한다. 물론 이러한 기온 변화는 낮과 밤의 길이 때문만이 아니라, 밤에 담요처럼 열을 가두고 낮에는 태양에너지 일부를 반사하는(이는 온도 조절 역할을 한다-옮긴이) 대기가 부족하기 때문이다. 대기는 바람과 날씨를 통해서도 열을 분산시키는데, 낮과 밤의 극명한 일교차는 강력한 바람을 일으킬 수 있지만 이 바람은 더운 쪽의 넘치는 열에너지를 소모하고 전파할 수 있다.

지구 III에 대해서 백스터는 지구처럼 남북으로 위도에 따라 줄무늬같이 나누어진 기후대가 아닌, 태양을 바라보는 쪽은 온화하고 태양이 하늘에 머무는 지점 아래를 과녁의 중심으로 해서 고리 모양으로 기후대가 나뉘는 상황을 조심스럽게 상상한다. 그리고 지구 III에서도 역시, 정착민들은 움직이지 않는 태양 때문에 불안해한다. 한 병사는 "변하는 게 없어요. 아무리 지켜봐도요. 저 별은 그냥 하늘에 걸려 있고, 우리는 모두 진흙탕에서 기다리고만 있어요" 하고 한탄한다. 인류가 "회전하는 행성"에서 이 행성으로 왔다는 생각에는 논쟁의 여지가 있지만, "아마도 우리가 아주 깊은 수준에서 '회전하는 행성'을 그리워하는 것은 아닐까요"라고 그의 동료가 말한다.

우리는 이 행성들이 지구와 다르기 때문에 더 가혹하고, 당황스럽고, 이상하다고 생각한다. 우리가 상상할 수 있는 지구 같지 않은 세계에서는 모두 살아남기 어려워 보인다. 지구 II의 격렬한 계절과 끔찍한 흔들림, 지구 III에서 별이 보이지 않는 영역의 차가운 어둠 등을 생각한다면 더욱 그렇다. 때로는 지구야말로 가장 살기 좋은 행성처럼 보인다. 우리에게만이 아니라, 어쩌면 모든 면에서.

지구다움과 거주 가능성의 개념은 모호하다. 지구를 만드는 중요한 요소와 생명체를 지탱할 수 있게 하는 요소를 분리해서 생각하는 것도 어려운 일이다. 리사 매서리는 말한다.

"거주 가능한 행성은 그저 우주에 자연스레 존재하며 발견되기를 기다리지 않습니다. 거주 가능성을 상상하고, 정의하고, 중요하게 여겨야 합니다. 그리 화려하지 않은 단어인 거주 가능성은 외계 행성 커뮤니티의 천문학자들이 그 분야에서, 그리고 아마도 인류에게 가장 위대한 발견을 가리키는 준말이 되었어요."

거주 가능성은 몇 가지 간단한 요소로 측정된다. 그러나 행성들이 단순한 장소나 세계가 아니라 어쩌면 우리의 집이 될 수 있다는 생명체를 향한 약속이기도 하다.

(거주 가능성을 판단하는) 가장 기본적인 기준은 행성의 구성이다. 지구 같은 행성은 생명체가 존재할 수 있는, 암석으로 이루어진 표면이 있어야 한다. 암석 행성은 반드시 일정한 크기를 가져야만 한다. 행성이 지구보다 훨씬 더 거대하면 중력이 두꺼운 가스층을 붙잡아두어 해왕성이나 토성 같은 형태가 된다. 슈퍼 지구나 미니 해왕성 정도 크기와 질량 범위 안에 있는 행성은 암석 표면과 대기를 갖더라도, 중력이 너무 커서 대기가 너무 높은 밀도와 압력으로 압축되어, 표면에 액체 상태의 물이 전혀 존재하지 않을 수 있다.

거주 가능한 행성은 또한 별 주변의 '거주 가능 영역'에 있어야 한다. 혼란스럽긴 하지만, 행성의 위치가 거주 가능성을 보장하지는 않는다. 거주 가능 영역은 행성에 액체 상태의 물이 존재하기에 적합한 표면 온도를 갖출 수 있는, 행성과 별 사이의 거리를 말한다. 너무 덥지도 춥지도 않은 이 지역을 골디락스 구역이라고도 부른다. 푸에르토리코 아레시보대학의 물리학 및 우주생물학 교수인 아벨 멘데스Abel Méndez는 거주 가능한 외계 행성 목록을 관리하고 있다. 그는 "(거주 가능한 행성의) 기준은 기본적으로 크기와 궤도"라고 말한다. "그게 다예요." 궤도는 온도를 결정하고, 행성의 크기는 표면에 액체 상태의 물이 존재할 수 있는지를 결정한다. 멘데스는 (추정컨대-옮긴이) 지구 반지름의 1.5배인 행성은 전체 질량의 약 1퍼센트가 대기일 거라고 말한다. 이에 비해 지구의 대기는 질량의 10억 분의 1에 지나지 않는다. "지표면에서는 압력이 너무 높아서 모든 바다와 액체 상태의 물을 고체로 만들 것"이라고 멘데스가 설명했다. 반면에 행성이 너무 작으면 중력이 약해 대기가 없거나 너무 얇아서 모든 물이 승화되어 우주로 빠져나간다. 지구 절반 크기인 화성에 한때 물이 있었으나 사라진 것도 이 때문이다.

멘데스가 2011년, 잠재적으로 거주 가능한 행성 목록을 작성하기 시작했을 때만 해도 후보는 겨우 2~3개였다. 그는 "(목록 작성은) 말도 안 되는 발상이라고 생각했죠"라고 했다. 하지만 곧 "제가 틀렸어요!" 하고 환하게 웃었다. 처음에는 행성이 2~3개, 그다음에는 6개, 그리고 12개로 늘어났다.

"그땐 모든 행성의 이름을 알고 있었어요. 조금 지나 50개가 되었을 때? '좋아, 이젠 목록이 필요해!'라고 생각했습니다."

일정한 달

그렇다면 행성의 크기와 태양으로부터 거리 외에, 또 어떤 것이 지구를 지구답게 만들까? 그것은 바로 우리의 달이다. 달은 지구의 궤도와 계절을 안정시키고, 달의 형성은 지구의 지각을 얇게 만들어 판 구조를 만들어냈다. 또한 판의 이동은 진화를 촉진하고 대기 중의 탄소를 암석으로 재활용하면서 기후를 안정시킨다. 그 정도면 충분히 설득력 있어 보인다.

2장. 행성

많은 행성이 위성을 가졌지만, 모행성 대비 우리 달의 크기는 대부분의 위성에 비해 결정적으로 크다.* 대체적으로 위성은 행성의 축소판처럼, 행성과 비슷한 방식으로 태어난다. 행성이 만들어지고 남은 잔해가 병합하면서 위성이 생성된다. 우리 달은 그보다 훨씬 더 격렬한 탄생 과정을 거쳤다. 달 형성에 대한 가장 최근의 이론은 달이 태양계 형성의 후반(약 44억 년 전)에, 과학자들이 테이아$_{Theia}$라 부르는 화성 크기 원시행성이 지구에 강하게 충돌하면서 만들어졌다는 것이다. (인터넷에서 이 과정이 담긴 영상을 찾아 보기를 추천한다. 굉장히 멋있다.) 테이아가 지구에 강하게 충돌할 때 스스로 부서지고, 지구 표면은 액체화된다. 엄청난 양의 물질이 충돌 과정에서 튕겨 나갔다가 지구의 황폐화된 표면을 향해 나선형을 그리며 돌아와 결국 다시 굳어졌다. 하지만 약 한 달이 지나, 그 나머지 일부가 합쳐져 현재 우리에게 친숙하고 놀랍도록 큰 달이 된다.

달이 지구로부터 만들어졌다는 사실은 결국 아폴로 우주비행사가 달에서 암석을 가져와 조사한 뒤에야 비로소 알게 된 놀라운 발견이다. 달의 무게 덕분에 지구의 지축 기울기가 23.5도로 안정적으로 유지되어 큰 변동 없이 다양한 계절을 느낄 수 있다. 지구의 지축은 오랜 세월에 걸쳐 몇 도씩 조금 흔들리지만, 큰 위성이 없는 행성은 드러눕다시피 하는 흔들림이 있다. 예를 들어 화성은 현재 25도 기울어진 상태에서 어느 방향으로든 10도 정도 흔들

* 태양계에서 보았을 때의 이야기다.

리는 것으로 알려져 있다.

　달은 태양이 홀로 주는 것보다도 더 강하고 변화무쌍한 조석력을 우리에게 가하기도 한다. 이러한 조석력은 지구상의 (생물) 진화에도 영향을 끼친다. 《사이언티픽 아메리칸》에 리베카 보일Rebecca Boyle이 기고한 바에 따르면, "최초의 식물과 네발 달린 동물은 해안의 짠 습지에서 육지로 이동"한다. 때로는 물에 잠기고 때로는 건조한, 조수 간만 차가 큰 영역에서 생존할 수 있는 능력이 바다 생물로 하여금 육지에 사는 방향으로 진화하도록 장려한 것이다.

　판의 이동에 대해서도 달에 고마워해야 할지도 모른다. 테이아의 충돌로 지구 지각과 맨틀의 일부가 떨어져 나갔고, 테이아의 핵이 다시 만들어지는 행성의 중심부로 가라앉으면서 날아간 물질이 달에 합쳐져 지구는 그렇지 않았을 때보다 더 얇은 지각을 갖게 되었다. (테이아 충돌 이전과 같이) 지각이 더 두꺼웠다면 맨틀의 열이 침투하지 못해 지구가 굳어져 어떠한 변화도 없었을 것이다. 금성과 화성의 지각에는 판이 없는데, 격렬하게 형성된 달이 그 차이를 만들어낸 것일 수 있다. (또 다른 이론은 달이 지구에서 서서히 멀어지면서, 실제로는 매우 천천히 나선형으로 멀어지면서 지각 활동을 촉발하는 조석력을 지구에 가했다는 것이다.)

　달의 영향력은 지구를 적당히 안정적인 위치, 즉 생명이 진화할 필요를 못 느낄 만큼 정적이지도, 그렇다고 환경이 생명에 적대적으로 바뀔 정도로 변화무쌍하지도 않은 위치에 머물도록 하는 듯 보인다. 그리고 이 균형 안에서 지구는 단순히 거주 가능하기만

한 것이 아니라 실질적으로 생명이 살기에 완전한, 모든 환경에서 어떤 종류의 생명이든 살기 적합하다. 따라서 행성 전체가 밀도 높고 다양한 생명체가 사는 곳이 되었다.

물론 지구가 처음부터 완전한 환경으로 시작한 것은 아니다. 생명의 존재가 행성의 환경을 변화시킨 부분도 있다. 초기 생명체는 지구에 산소를 뿜어냈고, 그래서 더 복잡하고 에너지를 많이 필요로 하는 생명을 탄생시켰다. 생명의 과정이 행성을 더 살기 좋은 집으로 만드는, 다시 말해 거주 가능성이 눈덩이처럼 불어나는 상황이었던 것이다. 지구의 모든 것이 지구 생명체에 적합하게 재단된 듯하지만 이런 변화 중 일부는 지구 생명체 스스로 만들어냈다.

이제 인류는 거주에 가장 적합한 행성을 적대적인 곳으로 바꾸고 있다. 행성 그 자체, 즉 암석과 물, 얇은 대기로 덮인 천체는 별 문제가 없을 거다. 사실 우리가 망치는 건 바로 우리 자신이다. 그러니까 행성의 종말이 아니라 세계의 종말인 것이다.

> 세계의 종말부터 시작해보면 어떨까? (…) 그걸 극복하고, 더 흥미로운 것들로 넘어가는 게 좋겠다.

N.K. 제미신의《다섯 번째 계절》프롤로그 부분이다. 여기서 더 흥미로운 것들이란 세계의 종말에서 어떻게 살아남고, 어떻게 사람들이 '이야기의 끝'에서 '새로운 시작'으로 옮겨 갔는지를 말한다.

'부서진 대지' 3부작의 주인공 행성은 '성난 행성'으로, 이곳 사람들은 행성의 변덕에서 살아남기 위해 문화를 다시 구축해야만 했다. 그들은 행성의 폭발을 다섯 번째 계절이라고 불렀다. 그리고 다섯 번째 계절은 지진과 화산이 재와 추위, 산성비, 굶주림이 가득한 새로운 종류의 겨울을 가지고 오는 지질학적 격변의 시기를 말한다. 화산이 폭발하여 하늘이 검게 변하고, 제트기류를 산성화하고, 거대한 호수의 내용물을 기화시켜 대기를 증기와 먼지로 꽉 채우기도 한다. 사람들은 민속처럼 전해 내려오는 원칙을 통해 생존하는 법을 배웠다. 이 계절이 선포되면, 주 정부와 지방자치단체들은 생존을 위한 계엄령에 따라 벽으로 둘러싸인 정착촌으로 내려간다. 다섯 번째 계절은 수백 년에 한 번 찾아올 뿐이지만, 사회의 핵심 목표는 이 계절 동안 살아남는 것이다.

하늘은 천체로 가득 차 있고, 전 우주 여기저기 모두 바쁘지만, 아무도 천체들에 대해 이야기하지 않는다. 관심사가 하늘이 아닌, 땅을 향해 있기 때문이다. 사람들은 하늘에 별들과 태양, 간혹 찾아오는 혜성과 별똥별이 존재한다는 것을 알고는 있다. 다만, 무엇이 없는지 모를 뿐이다.

없는 것은 바로 달이다. 이 회전하는 행성이 한때 가지고 있었던 것. 그들의 달은 사라졌다.

우리는 마침내 행성 깊은 곳에 에너지 저장소를 지으려던 인간의 오만한 시도 때문에 달이 그 궤도에서 날아가버렸다는 것을 알게 된다. 이제 달은 훨씬 더 일그러진 타원궤도를 돌며 주기적으로 행성에 근접할 때 계절들을 만들어낸다. 하지만 달의 안정적인 영향력이 없어지자 행성은 폭풍 속의 난파선 같아졌다. 인간의 재치로 식물과 동물은 운 좋게 적응하여, 생명은 겨우 살아남았다. 온순하던 동물들은 다섯 번째 계절에 난폭한 육식동물이 되고, 식물은 동면하거나 독을 만들어낸다. 행성은 장소나 집이 아닌, 적대적인 공간이 되어버렸다. 제미신은 이 이야기의 모태가 그녀의 꿈에 나타난 한 여인이 떠다니는 산을 뒤로한 채 걷는 모습에서 나왔다고 말한다. '무엇이 이 여성을 그렇게 화나게 하여 산을 옮기게 했을까?' 하는 질문에 답을 찾기 위해 작가는 이 시리즈를 쓰게 된 것이다. 그러나 행성 역시 화가 나 있는 걸로 밝혀졌다.

판의 활동은 재앙일 수 있지만, 행성 전체가 살아 움직이는 것에 비하면 재난의 규모가 훨씬 작다. 화산은 도시를 파괴할 수 있고, 새로운 섬을 생성할 수 있고, 맨틀에서 가스를 대기로 뿜어내게 해 이산화탄소와 수증기를 더 유독한 이산화황으로 채울 수도 있다. 지구가 태어났을 때 지녔던 수소로 이루어진 대기는 비교적 이른 시간에 사라졌는데, 수소가 가장 가벼운 원소여서 지구의 중력이 붙잡고 있기에는 너무 약했기 때문이다. 하지만 화산은 곧, 지구 정도 행성에 대기를 갖게 할 두 번째 기회를 제공했다.

화산의 폭발과 지각의 재활용 같은 판구조론은 지구 규모의 탄소-규소 순환에서 아주 중요하다. 이 순환은 지구가 차가울 때 대기 중 이산화탄소의 양을 증가시키거나, 온도가 너무 올라갔을 때 이산화탄소를 대기에서 감소시키면서 지구의 온도를 조절하게 된다. 대기 중에 이산화탄소가 많을수록 행성은 뜨거워지고, 행성이 뜨거울수록 더 많은 산성비가 내리고, 더 많은 산성비가 내릴수록 바위의 풍화가 많이 일어나고, 풍화가 더 심해질수록, 바다로 흘러가는 탄소의 양이 많아지고, 바닷속 작은 생명체들이 껍데기를 만들어낼 물질이 많아지고, 작은 바다 생명체들이 더 많은 껍데기를 만들수록, 생명체들이 죽고 가라앉아 쌓일 때 더 많은 탄소가 껍데기와 함께 해저지형에 머물게 되고, 결국 판들이 만났을 때, 하나의 판이 다른 판 아래로 내려가는 지점을 거쳐 맨틀로 돌아가게 된다.

대기 중의 이산화탄소를 꺼내 바다 아래로 보내는 이 과정은 행성을 식힌다. 행성이 시원해지면, 산성비가 적게 내려 풍화가 느려지고, 대기 중의 이산화탄소가 없어지는 과정이 줄어든다. 이 와중에도 화산의 방출 때문에 대기 중에 가스는 계속 보충된다. (새로 공급된 이산화탄소에 의한) 온실효과가 냉골의 행성을 다시 데운다. 이 순환이 지구를 거주 가능하게(인류가 망칠 수 없을 정도로만 적당하게) 만든다. 이렇게 바닷속에서 지각이 가라앉고, 새로운 물질이 화산을 거쳐 공급되는 판의 활동이 없다면 지구는 살 만한 행성이 아니었을 것이다.

지구 같은 행성을 찾을 때, 지구가 가진 모든 특성(예를 들면 우리가 방금 살펴본 생명의 탄생에 중요한 역할을 하는 판 구조)을 만족하는지 적용해보고 싶은 마음이 생긴다. 하지만 우주는 이미 다른 해결책을 만들어냈을지도 모른다. 우리은하의 별 중 겨우 7퍼센트만이 태양과 비슷하다. 우주에는 더 작고 온도가 낮아서 그들의 사촌에 비하면 수조 년을 더 살 수 있는 적색왜성 red dwarf이 훨씬 많다. 그리고 그들 중 많은 수가 행성을 가지고 있을 확률이 높다(지구 III가 그중 하나). 이 별들의 거주 가능 영역도 측정이 가능한데, 가까운 궤도에서는 물을 가질 만큼 따뜻하긴 하지만, 태양에 비해 그들은 훨씬 활발하다. 이 별들의 강렬한 자외선이 주변 행성을 살균 상태로 만들지, 생명체들이 자외선 아래서 살아남을 방법을 찾았을지 알 수 있을까? 태양이 50억 년 뒤에 겪을, 지구의 궤도까지 완전히 감쌀 정도로 부풀어 오르는 적색거성red giant 단계를 거치고 나서 죽은 뒤 남긴, 부글거리며 타는 핵인 백색왜성white dwarf 근처에도 행성들은 있다. 적색거성의 폭발에서 행성들이 살아남은 것일까? 아니면 폭발 이후 새로운 행성이 만들어진 것일까? 이러한 백색왜성들은 수백억 년 지속된다. 생명이 무언가 방법을 마련하기에 충분한 시간인지도 모른다.

위성들 역시 거주 가능한 곳이 될 수 있다. 별의 에너지에 의존하는 대신, 위성은 내부의 방사능이나 행성의 조석력에 의해 달궈질 수 있기 때문에, 일반적인 거주 가능 영역을 찾기 위한 법칙이 통하지 않을 것이다. 우리의 큰 달은 그 크기나 태생 환경이 특이해 보이지만, 그건 지구와 비교했을 때의 일이다. 거대 행성의 위성은 생명을 유지하기에 충분한 크기를 가질 수 있다. 천문학자 데이비드 키핑David Kipping은 말한다.

"분명히 우리 달은 생명이 살기에 적합하지 않아요. 그렇지만 달은 여전히 거주 가능 영역 안에 있어요. 그리고 달이 조금만 더 커서 화성 정도 크기였다면, 달은 분명히 거주 가능한 장소가 되기에 충분했을 거예요. 달은 지구 질량의 1.2퍼센트를 차지하는데, 만약 명왕성과 그 위성 카론의 질량비에 해당하는 10퍼센트에 가까웠더라면 닐 암스트롱이 티셔츠와 반바지를 입고 달에 착륙했을 가능성도 꽤 있어요. 바로 우리 머리 위에 다른 거주 가능한 행성이 있다는 것을 알았다면 인류의 역사가 어떻게 달라졌을지, 상상하기 어렵네요."

〈아바타〉의 판도라 행성이나, 어슐러 K. 르 귄의 《빼앗긴 자들》 속 쌍둥이 행성 우라스와 아나레스처럼 작품들은 달 위의 부동산을 잘 활용한다. 행성의 커다란 위성은 무정부주의자 혁명가들이 분열된 국가를 형성하거나 새 터전을 필요로 할 때 유용하게 쓰인다. 키핑은 행성 사냥꾼들이 사용하는 방법으로 행성과 더불어 실제 거주 가능한 위성들을 찾고 있다. 외계 위성$_{exomoon}$은 그 자체로 생명 거주가 가능할 수도 있고, 어쩌면 모행성의 궤도를 안정화시키고 지각 활동을 발생시켜 모행성에서 생명이 살도록 할 수도 있다. 우리는 은하가 창의적인 활동을 했을 것이라는 희망을 품는다.

상상 속 관측자 2000명

거주 가능한 행성의 목록을 관리하고 다른 행성의 거주 가능 영역의 경계를 연구하는 아벨 멘데스와 인터뷰를 하면서, 지구 밖에서 생명체를 찾는 일이 그에게 어떤 의미인지 물었다. 멘데스는 웃으며 "짧은 대답은, 이젠 더 이상 신경도 안 쓴다는 겁니다!"라고 말했다. 하지만 그는 다음 질문을 예상하고 직접 질문했다. "그럼 왜 아직도 이 일을 하고 있을까요?"

지구의 생명체에 대해 배울수록 멘데스는 우리 행성이 얼마나 특별한지, 얼마나 희귀한지 알게 된다고 했다.

"이 작업을 하다 보면, 지구가 얼마나 특별한지 깨닫게 됩니다. 그리고 지금 제 생각에는, 글쎄요, 외계 생명은 제게 그리 흥미롭지 않아요. 우리 집이 가장 재미있지요."

그럼 그는 왜 계속 하늘을 쳐다보고 있을까?

"더 많이 배울 수 있기 때문이죠. 바깥을 공부할수록 지구에 대해서 더 많이 배워요. 그게 제가 사랑하는 일입니다."

외계 행성을 거주 가능한 곳으로 바라보면서, 거주 가능한 세계를 외계로 보는 것은 불안정하지만 연결의 원천이 된다. 지구를 외계 행성으로 바라보는 연구는 과학자들이 다른 행성을 기술적으로 어떻게 탐구할지 시험하는 방법이다. 천문학자 엔리크 파예 Enric Pallé가 말했다.

"우리가 지구를 바라봄으로써 이해하려는 것은, 외계 행성을 찾기 위해 살펴보아야 할 관측값observable이 무엇인지입니다. 지구에서 보이는 어떤 관측값은 다른 행성 또는 그 행성의 대기가 어떻게 만들어졌는지, 더 나아가 그 행성의 표면에 생명이 살 수 있는지 추론하는 단서가 되기도 하기 때문입니다."

지구를 외계 행성의 하나로 여기는 대부분의 연구는 위성이나 우주선에서 지구를 찍은 근접 촬영 사진을 극도로 축소시킨 상태로 진행된다. 매서리는 회전하는 '행성'을 '세계'로 바꾸는 과정에 대해 썼지만, 이러한 연구는 '세계'를 '행성'으로 다시 바꾸는 과정이다. 위성 이미지 하나를 한 개의 픽셀에 압축하고, 이 이미지가 시간에 따라 어떻게 바뀌는지 추적하거나 태양 빛이 지구의 대기를 통과해 달에 반사되었을 때(별빛이 외계 행성의 대기를 거쳤을 때를 연구하는 좋은 방법)를 연구한다. 이러한 방법을 활용한 연구들은 먼 곳에 있는 관측자라도 지구에서 광합성이 얼마나 많이 일어나는지 감지하거나, 지구의 회전을 측정하거나, 대략적인 대륙과 대양의 모습까지 탐지할 수 있다는 것을 보여준다.

'먼 곳에 있는 관측자는 지구의 어떤 점을 볼 수 있을까?'는 사실, 또 다른 흥미로운 질문을 담고 있다. 누가 이런 관측을 하는 걸까? 본질적으로, 우리가 여기 존재하는지 궁금해하는 이들이다.

이 모든 접근 방식은 지구에서 충분히 멀리 떨어진 불특정 장소에 있는 관찰자가 지구를 하나의 점으로 여기는 상황을 상정한다. 리사 매서리는 이 상상 속 먼 위치를 '아르키메데스 점'이라고 부른다. 다시 말하면 다른 관점, 어쩌면 더 객관적이고 진실에 가까운 시선을 제공할 만큼 충분히 멀리 떨어진 지점이다(이 철학 용어는 '나에게 충분히 긴 지렛대와 지렛대를 놓을 받침대를 주면 세상을 움직일 수 있다'는 아르키메데스의 말에서 유래한다). 하지만 때로는 멀리 떨어져 있는 관찰자가 더 명확히 떠오르기도 한다.

2021년에 발표된 연구에서 (적합하게도 코넬대학교의 칼세이건 연구소 소장인) 천문학자 리사 칼테네거Lisa Kaltenegger와 연구진은 유럽우주국ESA의 가이아 천문대에서 수집한 새 데이터를 활용해 다음과 같은 조사를 했다. 지금 우리가 다른 별들을 공전하는 행성을 찾는 방법을 이용했을 때 현재, 과거, 향후 5000년 안에 어떤 별들에서 태양을 도는 지구 같은 행성을 찾을 수 있을지 말이다.

칼테네거는 (가이아 자료를 사용하게 된 점과 별개로) 이 연구의 영감은 외계 지적 생명체를 찾는 미래 탐사에 가이드를 제공하려는 마음에서 시작되었다고 했다. 어떤 면에서 그녀의 연구 자체가 외계 생명의 존재를 드러내는 일이기도 하다. 칼테네거의 연구는 불특정한 먼 곳에서 지구를 관측한다는 상상을 하는 것이 아니다. 2000개의 실제 지점을 가정하고, 이곳을 살펴보자고 제안한다. 매서리에게 연구에 대해 물었을 때 그녀가 답했듯 "관측자는 별 위에 놓여 있다". 더 현실적으로는, 별을 공전하는 행성 위에 존재한다. 매서리는 《심우주에서 장소 찾기Placing Outer Space》에 "장소 만들기 place-making에 대한 과학적 노력은 무한한 우주의 지형을 상상과 열망을 위한 의미 있는 무대로 바꾸어낸다"고 썼다. 하지만 지구를 하나의 외계 행성으로 바라보며 연구하는 것은 단순히 언젠가 먼 행성에 거주하게 될 우리를 상상하는 이상으로, 누군가 실제로 살고 있는 먼 행성을 떠올리게 한다. 그리고 그들이 우리를 바라보고 있을 것도.

가이아 자료를 활용해 칼테네거는 어떤 행성계에서 지구의 통과현상을 지금 바로 검출할 수 있는지만이 아니라 5000년 전부터 5000년 후 사이에 (통과현상으로) 우리를 볼 수 있는 행성계가 어디인지 추정했다. '로스 128$_{Ross\ 128}$'•은 우리로부터 11광년 떨어진 곳에 있는 적색왜성으로, 지구보다 조금 질량이 큰 행성이 거주 가능 영역에서 공전하고 있고, 이 행성에선 지구의 통과현상을 3000년 전에 처음 볼 수 있었겠지만, 서기 1100년쯤부터는 더 이상 관찰할 수 없게 되었다. 이때부터는 우리가 이 행성에서 지구를 통과현상으로 검출하기 적합한 관측 각도(모서리각)에 있지 않다. 하지만 생명을 검출하기 위해서는 전파를 포함해 특별히 높은 정확도를 요구하지 않는 다른 방법도 있다. 칼테네거는 말한다.

"저는 궁금해졌어요. 그들이 우리 행성을 (몇천 년 전에) 과연 보았을까요? 그리고 갑자기 하늘의 같은 영역에서 전파가 나오기 시작했다면, 그들이 이 두 현상을 연결지을 수 있을까요?"

로스 128의 행성 천문학자가 이렇게 생각하진 않았을까? '우

- 로스 128은 미국의 천문학자 프랭크 엘모어 로스$_{Frank\ Elmore\ Ross}$가 만든 (하늘의 2차원 평면에서 움직이는 양을 나타낸) 고유운동이 측정된 별의 목록에 포함되어 이름 붙은 별이다. 고유운동이 측정되었다는 것은 우리로부터 비교적 가까운 곳에 위치한 별이라는 뜻이다. 일반적으로 별에서 행성이 발견되면 별 이름 옆에 b를 붙인다. 행성이 더 많이 발견되면 c, d, e 순서로 소문자 알파벳을 붙인다. 동시에 행성이 발견되는 경우 가까운 행성에 더 앞선 알파벳을 붙인다(옮긴이).

리 조상들이 저기 노란 별에서 1000년 전쯤에 행성 하나가 도는 걸 발견했는데, 어쩌면 저기 시트콤을 보는 사람들이 있는 건 아닐까?'

하지만 이런 아이디어는 칼테네거가 외계 생명체의 방문을 상상한다는 뜻은 아니다. 그녀는 종종 학생들에게 제안하는 일종의 사고실험이라고 설명한다.

"그들에게 외계 행성 2개를 찾은 상황을 말해줘요. 두 행성 모두 대기에 생명의 신호를 갖고 있고, 그중 하나는 우리보다 5000년 나이가 많고, 다른 하나는 5000년 젊죠. 그리고 저는 둘 중 하나를 방문할 돈과 자원이 있다고요."

예외 없이 학생들은 더 진화한 행성을 방문하려고 한다. 하지만 산업혁명이 일어난 뒤 200년이 지났고, 우주로 전파를 전송한 지 한 세기도 채 되지 않은 지구는 다른 기술 문명에 비해 뒤처져 있을 가능성이 있다. "지구가 제 '최애' 행성이에요." 칼테네거가 덧붙였다. "하지만 우리는 아직 아주 흥미로운 행성은 아닐 것 같아요."

그녀는 여전히 외계의 관측자에게 상상의 동지애를 느낀다. "이 일을 하면서, 만약 저 우주에 생명이 있다면, 그들이 우리를 응원해줬으면 좋겠다고 진심으로 기대합니다." 골똘히 생각한 뒤 칼테네거는 어쩌면 누군가가 지구 대기에 산소가 공급되기 시작한 20억 년 전쯤 우리를 이미 보았고 주목해왔을지 모른다고 했다. 더 최근에는 지구에 오존층이 파괴되기 시작했다가 다시 회복되고, 기후변화에 의해 피해를 입고 있는 것을 보았을지도 모른다. 칼테네거는 우리를 응원하는 그들을 상상한다. "제발, 제발, 고쳐! 우주에도 선한 마음이 있으면 좋겠어요."

지구를 하나의 행성으로 바라보는 모든 연구가 명시적으로 우리를 은하계의 일원으로 고려하지는 않지만, 이와 관련한 논의는 늘 바탕에 깔려 있다. 그리고 바로 그것이 이 연구들을 흥미롭게 만드는 지점이다. 이 연구들은 과학적으로 중요하다. 그와 더불어 과학자들은 거주 가능한 우주를 상상하고, 우주 공간에 우리가 그들을 궁금해하는 만큼이나 우리를 궁금해하는 또 다른 관측자가, 또 다른 존재가, 또 다른 사람들이 있다는 것을 당연하게 여긴다.

이 작업을 하는 연구자들과 대화를 나누다 보면, 종종 지구를 외계 행성이 아닌 행성으로 보는 일에 대해 이야기한다. 음절을 아끼기 위한 준말일 수도 있고, 과학적 정확성 또는 더 의미 있는 표현일 수도 있다. 결국 우리는 일상생활에서 지구를 행성으로 보지 않는다. 고대 사상가들이 지구는 표면이 평평하지 않은 구라는 사실을 깨닫기 위해 수학과 통찰력이 필요했고, 행성과 지구가 모두 평행 궤도에 있는 구라는 사실을 깨닫기 위해서는 코페르니쿠스의 직관과 갈릴레오의 망원경이 필요했다. 행성을 연구하는 일은 지구를 태양계의 동지이자 우주의 친척인 많은 행성 중 하나 즉, 수없이 많다고 밝혀진 행성 중 하나로 바라보게 하는 것이다.

3장

동물

⋮

최고로 외계스러운 외계 생명을 찾아서

고등학생 시절, 처음으로 칼 세이건의 《콘택트》와 《코스모스》를 읽었다. 서점에서 일하던 때였는데, 책장에 2권 이상 있는 책이라면 뭐든 빌려볼 수 있었다. 두 책 모두 좋아했고, 이 글을 쓰기 위해 조사하면서 다시 읽을 생각에 신이 났다. 《코스모스》에서 늘 기억나는, 그리고 거의 20년 동안이나 나를 혼란스럽게 한 장면이 있는데, 드디어 그 페이지를 새롭게 이해할 준비가 되었다. 하지만 책에서 해당 장면이 있어야 한다고 생각한 부분까지 읽었을 때, 그 장은 그냥 끝나버리고 말았다.

운 좋게도, 나는 전자책으로 읽고 있어서, 'anus…'라고 검색을 해봤다. '결과 없음.'

잠깐 설명이 필요할 것 같다.

내가 기억하는 그 장면에서는 학생들이 교실 안(세이건이 교수님이었는지 학생이었는지는 모르겠지만)에서 여러 그룹으로 나뉘어 외계 생명의 형태를 설계하는 과제를 하는 중이었다. 교수님이 학생들의 스케치를 보며 "항문은 어디갔어?"라며 야단친다. 나를 몇십 년 동안 놀라게 한 내용은 순전히 내 착각이었다. 교수님이 꽉 막혔던 걸까, 아니면 학생들이 부주의했던 걸까? 분명히 배울 점이 있었을 텐데 제대로 분석할 수 없어서 어른들의 세계에는 내가 모르는 의미가 있다는, 10대 시절의 느낌에 멈춰 있었던 것이다.

이제 이 책의 외계 생명에 대한 내용 전부를 통달하고 나서, 나는 드디어 그게 무엇이었는지 찾아낼 준비가 되었다. 그런데 그곳엔 아무것도 없었다. 구글에서는 더 찾기 어려웠다.

"항문은 어디 갔어?"

"외계인 항문"

"항문 세이건"

아무것도 없었다. 마지막 질문에는 세이건이 자신을 멍청이라고 불렀다는 이유로 애플을 고소한 적이 있다는 사실 같은, 이상한 답을 주었다.

나는 졌다고 생각했지만, 다시 구글북스를 열고 "항문은 어디 갔나"를 검색했다. 그러자 뭔가 나왔다. 검색어에 단어 하나가 이렇게 바뀐 채로. 구$_{sphere}$.《코스모스》 전에 읽었던 책으로, 외계 생명체가 얼마나 미지의 존재인지에 대한 내용이었지만 재밌고 으스스한 스릴러이기도 했다. (7학년 때 기억에 따르면)《구》는 마이클 크라이튼$_{Michael\ Crichton}$의 절대적 최고작이다. 세이건의 작품이 아닌, 바로 이 책에 그 인상 깊은 항문 이야기가 나온다.

지금에 와서 그 구절을 보니 교수님의 잘못임이 분명해졌다.

하지만 지구상의 많은 동물은 항문이 없다. 특별히 구멍이 필요하지 않은 모든 종류의 배설 메커니즘이 있다. (…) 우리가 무엇을 발견할지 누가 알 수 있을까?

열두 살 때도 충분히 이해할 만큼 당연한 말이지만, 어른들마저 이해하지 못했을 외계 생명의 이상함과 불완전한 상상력 때문에 내 기억 속에서 사라져버리고 만 것이다.

세이건도 외계 생명체를 아마 이해할 수 없을 것이라는 데 동의했다. 그는 외계 생명체가 우리와 생화학적 조성을 공유한다고 해도 지구 생명체와 비슷할 이유는 전혀 없다고 《코스모스》에 썼다. 하지만 그는 (무리해서) 더 보수적인 사람들의 눈에는 생명이 거주할 수 없어 보이는, 목성 같은 가스 행성 환경을 골라 마지못해 예시를 만들어냈다. 이 행성은 고체 표면이 없고 그저 수소, 헬륨, 메테인, 암모니아의 밀도 높은 대기 안에 이 원소들로 만들어진 단순한 분자가 마치 어항 속 물고기 밥처럼 둥둥 떠다니는 곳이다.

세이건은 그가 플로터Floaters라고 부른 고래 또는 그보다 조금 더 큰 유기물 풍선 같은 생명의 형태를 제안했다. 이들은 수소나 뜨거운 가스를 가득 채워 필요에 따라 떠오르거나 가라앉을 수 있었다.•

세이건은 과학자로서도, 우리의 상상력을 자극하는 측면에서도 대단한 이야기꾼이었다. 그는 우리가 이상한 외계 생명체를 상상하고, 인간 중심의 습관을 깨뜨리기를 바랐다. 과학적인 이유가 아니라면 영적인 이유 때문에라도. 우리가 생명이 표현되는 다양한 방식 중 하나에 지나지 않다는 것을 이해하는 데 뿌리를 두는 우주적 겸손이 있다. 정말 낯설고, 진짜 다른 형태의 생명을 상상할 수 없더라도, 또 우리가 아는 것들이 중력처럼 우릴 다시 끌어당긴다 해도, 상상을 시도할 때 우리 안에 내재된 외계인 혐오(제

• 이 플로터들은 생물학적, 생태학적으로 가능하지만, 기체 행성에서 생명의 탄생은 진정 불가능하다. 성숙한 플로터들은… 떠다닐 순 있지만… 표면이 없어서 진화에 방해를 받을 것이다. 생성 대기의 대류로 인해 온도와 압력이 다른 이질적인 지역을 너무 많이 통과하기 때문이다.

노포비아)에 저항하게 된다.

거의 모든 외계인 이야기는 이러한 제노포비아와 공감, 인간 중심주의와 그 밖의 다른 것을 상상하려는 욕구 사이의 긴장으로 읽을 수 있다. 하지만 SF 장르의 두 기능 사이에도 긴장이 존재한다. 하나는 진짜 낯선, 외계스러운 생명체를 표현하는 것이고, 다른 하나는 등장인물이든 독자든지 간에 인간에게 어떤 목적을 수행하려는 일종의 외계 생명체를 상상하는 일이다.

인간이 만날 수 있는 외계인 등장인물, 즉 인간은 아니지만 지적인 사람과 같은 존재를 생각하기 전에, 우리는 조금 더 다양한 생태계를 살펴봐야 한다. 외계 유기체가 존재하거나 외계 생명이 거주 가능할 것으로 생각되는 여러 생태계를 말이다.

바로 이 부분에서 우리는 과학 연구의 탄탄한 토대를 뒤로하고, 추측에 의존한다. 여전히 지구상의 진화와 생물학에 대해 이미 아는 것을 바탕으로 추정하는 과학의 도움을 받지만, 이 작업마저도, 아주 가느다란 줄에 의지하듯 유추에 매달리는 상황이다.

과학자들에게 다세포 생명체의 연구는 그리 실용적인 일이 아니다. 대신, 미생물 생명체를 연구하는 것이 실험실 연구의 주를 이룬다. 우리가 다른 행성에 탐사선을 보낼 때, 과학자들은 미생물 생명체의 형태와 그들을 발견하기 위해 알아야 할 화학적 흔적에 대한 아이디어를 필요로 한다.

원자 결합 관련 물리학을 기반으로 연구자들은 합리적인 추측을 한다. 그리고 천문학자들은 엄청나게 효율적인 망원경을 활용해서 태양계 바깥 행성을 관측해 생명의 화학적 흔적을 찾을 수 있을 것이라 기대한다. 하지만 복잡한 생명체의 형태를 파악하려는, 궁극적이고 불확실한 연구를 수행하기 위해 필요한 실험실 시간과 연구비 지원을 정당화하기는 어렵다. 과학자들이 외계 화학을 상상하는 것은 이에 대해 합당한 필요성을 느끼기 때문이다. 그저 외계의 동물이 어떻게 생겼을지 상상하기 위해 시간을 쓰는 것과는 전혀 다른 일이란 말이다.

뭐, 그렇다고 해서 여러분과 내가 이런 상상을 멈출 필요는 없을 것 같다.

틀린 건 아니지만, 진짜도 아닌

심해아귀를 본 적 없다면 여러분은 이 물고기가 지구의 친근한 동료 생명체라고 생각할 수 있을까? 아니면 그저 기괴한 얼굴에 커다란 입과 이마에 툭 튀어나온 반짝이는 전등을 가진, 먼 곳에만 존재하는 생명이라고 생각할까? 오리너구리는 어떨까? 여러 동물의 특징이 덕지덕지 붙은 것처럼, 오리의 부리와 물갈퀴가 달린 발에, 알을 낳는 포유류가 자연스럽게 느껴지는가? 지구에 화석을 남기고 멸종된 동물 가운데는 우리가 지금 아는 동물과 일치하지 않는 경우가 많다. 정확히 말하자면 가계도가 끊긴 동물이 많은 것이다. 만약 180센티미터 정도의 길이에, 한 쌍의 마디가 있는 뾰족한 코를 가진 삼엽충과 날아다니는 카펫 사이 그 무언가인 무척추동물 아노말로카리스Anomalocaris를 만났을 때 '아, 역시 내 고향 행성의 다양성이란 대단하군요, 지구님?'이라고 생각할 수 있

©Mick Ellison

을까?

    뉴욕의 미국자연사박물관 5층, 일반인 출입이 금지된 약 4미터 높이의 수장고가 늘어선 복도 근처 사무실에서 믹 엘리슨Mick Ellison은 지난 30년 동안 멸종된 동물의 모습을 상상해왔다. 그는 과학이 제공하는 지식을 바탕으로 부분 화석에 뼈를, 골격에 살과 피부를 덧붙여 추측한다. 그는 이 동물들을 되살리기 위해 최선을 다한다.

    엘리슨의 작업에는 4500만 년 전 육지에 살았던 고래의 조상이 있다. 두개골 화석 하나로부터 가시 돋친 꼬리, 둥근 배, 긴 주둥이, 척추를 따라 난 털을 가진 커다란 멧돼지 비슷한, 척추가 휜 형태의 동물을 탄생시켰다. 깃털 공룡 시노르니토사우루스Sinornithosaurus는 날카롭고 섬세한 뼈가 부자연스러운 각도로 비틀어진, 닭 크기의 몸이 화석으로 남았다. 엘리슨의 캔버스에서는 엉덩이를 공중으로 높이 치켜들고 한쪽 발을 땅에서 살짝 들었는데, 확실히 새처럼 보인다. 이 동물의 호기심 어린 시선이 더해져 앞으로 갈지 말지 고민하는 부드러운 생명체의 모습이 표현되었다.

엘리슨은 완전한 골격 세트가 없거나 근육, 깃털, 피부가 남긴 흔적이 없을 때도, 그저 아무 근거 없이 동물들을 상상하지 않는다.

"이 모든 것은 해부학과 자연과학에 바탕을 둡니다. 멸종한 동물과 지금 살아 있는 동물 간 관계뿐 아니라, 진화도를 더듬어 갈 수 있는 모든 동물 사이의 관계를 살펴보는 겁니다. 세상에 하나뿐인 화석이고, 그와 비교할 화석이 전혀 없더라도 밀접한 관계를 가진 것들로부터 확장해나갈 수 있습니다."

박물관은 교육 목적도 있지만 사람들의 경외심을 끌어내는 곳이기도 하다. 관람객은 전시실에 쓰인 정보를 읽기도 하고, 그저 티라노사우루스의 골격을 보고 '와' 하며 감탄할 수도 있다. 이때 사람들이 받아들이는 것은 특정 종류의 멸종 동물에 대한 정보가 아니다. 사실, 그 동물들이 살아 있을 때 어땠는지에 대한 지식이 존재하지 않는다. 대신 사람들은 시간과 거리를 두고 연결된 세계와 관계를 맺는 방법에 대해 배우는 것이다.

엘리슨에게 본 적 없는 동물을 그리는 목적이 무엇인지 물었다. 그는 자신의 작업이 사실과 증거에 바탕을 둔 것이라고 생각하지만, 목표로 하는 바가 단순히 정확성만은 아니라고 했다. 대신

"보는 사람이 진짜 살아 숨 쉬던 동물이라고 생각할 수 있게 만들려고 해요"라고 말한다. 특히 공룡의 경우, 그림들이 보통은 용이나 괴물을 닮았다고 했다. 문제는 이 그림들이 그저 틀려서가 아니라, 실제와 다르다는 데 있다.

이러한 일러스트 작업 전문가가 되기 위해 동물학자나 농부가 될 필요는 없다. 우리는 상상 속에서나 실제 생활에서나 동물에 둘러싸여 삶을 보낸다. 고양이와 강아지, 비둘기와 꾀꼬리, 사자나 호랑이, 곰까지. 하지만 가장 익숙한 동물은 바로 사람이다. 그게 바로 우리가 표정의 미묘한 변화에 민감하게 반응하는 이유고, 컴퓨터그래픽으로 사람을 표현했을 때 어딘가 어색하게 느끼는 이유이며 엘리슨에 따르면, 인물화 그리기가 사실주의 미술에서 가장 어려운 작업인 이유다. 우리는 선천적으로 인간과 인간 같지 않은 것을 구분할 수 있는 감각을 지녔는데, 이는 때로 소름끼치게 예민하다. 엘리슨은 우리가 동물에 대해서도 이러한 판단 능력을 가졌다고 말한다. 동물의 두개골에 있는 뼈 돌기가 강력한 턱 근육을 뒷받침하는가와 같은 과학적 타당성에 대한 질문을 던지지 않더라도, '저 동물이 실제로 그럴듯한지'는 과학자가 아닌 이들도 직관적으로 느낄 수 있다. 심지어 인류가 한번도 본 적 없는 동물이라 해도 말이다. 엘리슨은 "귀, 눈, 자세, 그와 비슷한 무엇이든 어디 한 군데라도 실수하면 동물에 대한 환상이 깨져버립니다"라고 했다. 그렇다면 보는 이는 '여기가 잘못되었다'며 콕 짚을 순 없어도, 박제 동물이나 환상 동물처럼 비현실적으로 느끼게 된다. 따라서 엘리슨의 임무는 "모든 미묘한 점을 자연스럽다고 믿을 만하게 바꾸어내는 것"이다.

외계 동물은 지구상의 어떤 동물이 자연스러운지 알아내는 우리의 직관에 대한 도전이 될지 모른다. 다른 행성의 동물들을 애초에 동물로 분류할 수 있는가부터도 하나의 질문이다.• 과학소설에서 외계 생명은 (적어도 우리에게) 어딘가 조금은 익숙하고, 과학적으로나 서사 전개를 위해 이 익숙함을 정당화할 수 있다. 우리는 스스로 이해하는 방법으로 외계 동물을 상상하기도 하지만, 한편으로는 그들이 우리의 이해를 확장시켜주기를 기대한다.

지금 내가 보는 화면에는 파란색과 초록색을 띤 원숭이가 있다. 사실 '원숭이'라고는 할 수 없다. 이는 인간 시청자인 우리의 연상 작용에 따른 분류일 뿐이기 때문이다. 이들은 눈이 크고, 코와 오므린 입이 있어 익숙한 얼굴이고, 나무에 서식하며 긴 꼬리로 균형을 잡으면서 나뭇가지 사이를 날아다닌다. 고개를 숙이고 분노에 찬 눈빛으로 카메라를 잠시 응시한 뒤, 나머지 일행과 함께 멀어지는 모습이 영리해 보인다. 그러는 와중에도 두 손으로 몸 위에 있는 나뭇가지를 잡고 있다.

이 '원숭이'는 영화 〈아바타〉의 배경인 판도라의 숲에 사는 프롤레무리스Prolemuris다. 영화 속에서 눈 깜짝할 사이에 지나가는 존재지만 제임스 캐머런James Cameron(〈아바타〉의 감독)의 이야기에서는 중요한 부분을 차지한다. 전투적인 인간과 평화주의적 외계인, 그

- 심지어 공통 조상(혹시 독자 중에 생물학자가 있을지 모르니… 계통 분기 clade가 아닌, 진화 등급의 관점에서)을 따져서 신체적 특징의 관점에서 봤을 때도 동물로 분류할 수 있을지 의문이다.

리고 이들 모두를 구할 한 사람의 이야기 말고도, 생태학적으로 풍요로운 배경을 구축해 진지하게 고민해야 할 서사를 마련해주는 것이다. 이를 통해서 캐머런은 완전히 다른 스토리, 즉 진화 이야기를 한다.

판도라의 대부분 지역에는 우리가 지구에서 보는 네발 동물(사족류)이 아닌 여섯 발 동물 육족류가 산다. (지구에서 여섯 발 달린 동물은 대부분 곤충이다.) 지구에서 사족류는 수가 많지 않지만 압도적으로 크다. 하지만 판도라에서는 말의 갈기에 해당하는 푸른 피부 돌기가 있는 무지갯빛 다이어호스$_{direhorse}$(주인공들이 타는 말처럼 생긴 생명체), 광택 나는 검은색 포식자 바이퍼울프$_{viperwolf}$, 주둥이에 둥근 돌기가 있는 무릎 높이 키의 바보 같은 타피루스$_{tapirus}$ 등 육족류가 영화 내내 등장한다. 판도라에서 볼 수 있는 거의 모든 동물은 다리가 6개다. 나비족만 빼면 말이다.

판도라의 지적 존재들은 놀랍도록… 인간 같다. 물론, 그들은 피부가 파랗고, 키가 약 270센티미터나 되지만, 그 외에는 근육질에 날씬하고 길쭉한 인간처럼 보인다. 우리처럼 2개의 눈, 하나의 코, 하나의 입(모두 당연한 것은 아님에도)을 가졌다. 〈아바타〉에 등장하는 모든 동물은 각 쌍이 독립적으로 움직이는 두 쌍의 눈을 갖고 있다. 얼굴에는 콧구멍이 있고, 가슴에는 더 강력한 호흡을 위한 아가미인 오페큘라$_{opercula}$가 있다. 하지만 판도라의 사람들인 나비족은 그렇지 않다. 관객과 공감하기 위해서인지, 모션캡처의 용이성을 위해서인지 나비족은 지구의 다른 생명체보다 인간과 훨씬 더 많은 공통점이 있다.

시도해보면….

　이것이 바로 고작 2초 등장한 프롤레무리스가 매우 중요한 이유다. 나비족과 마찬가지로 프롤레무리스도 눈이 4개가 아니라 2개고, 오페큘라가 없다. 무엇보다도 중요한 건 그들의 팔이다. 나비족처럼 2개가 아니고, 다른 판도라의 생명체처럼 팔다리가 6개 있는 것도 아니다. 프롤레무리스는… 2개 반(?)의 팔을 갖고 있다. 정확히 세는 건 어렵지만, 기본적으로 프롤레무리스는 다리가 있고, 두 세트의 팔과 각각 뻗어 나온 두 손이 있다. 놀랍게도 양쪽 팔다리가 부분적으로 융합된 모습이다. 프롤레무리스는 육족류와 사족류 사이의 진화적 연결 고리, 즉 미학적 선택일지 모를 과학적 논리를 제공한다. 또는 적어도 그에 대한 시도인 것이다.
　프롤레무리스의 부분적으로 합쳐진 팔다리는 분명히 6개의 팔다리를 가진 동물에서 4개의 팔다리를 가진 사람으로 변화하는 진화론적 논리를 보여주는 증거다. 뱀이나 돌고래 같은, 많은 지구 동물의 조상에는 팔과 다리가 있었지만 오늘날에는 없는 것이 많다.
　하지만 이 동물들은 모두 진화적 압력 때문에 다리를 잃었다. 뱀의 조상은 굴에서 살았는데, 다리가 사라지기 전까지는 뻣뻣한다리로 더 잘 살았다. 돌고래의 조상은 새로운 수중 환경에서 번성했는데, 뒷다리를 잃은 대신 앞다리가 오리발처럼 작동했기 때문이다. 인간 배아에 꼬리가 생겼다가 없어지듯, 돌고래 배아도 진화의 발달 과정에서 잠시 뒷다리를 갖게 된다.

그러나 고생물학자이자 작가, 과학 교육자인 케이티 슬리벤스키Katie Slivensky는 판도라에서 나무를 오르는 원숭이 유형은 6개의 팔다리보다 4개가 진화적 측면에서 유리하다고 보기 좀 어려운 동물일 거라고 지적한다. 합쳐지지 않은 팔에, 많은 손을 사용하면 원숭이는 더욱 빠르고 민첩하게 나무를 탈 수 있을 것이다. 심지어 슬리벤스키는 블로그에 "판도라에서 팔다리가 줄어들어야 하는 생물이 있다면… 바로 땅에 사는 동물일 것"이라고 썼다. 달리는 동물은 땅과 덜 접촉하는 방향으로 진화하는 경향이 있다. 예를 들어 말의 발굽은 사실 발가락 하나다. "하지만 판도라에서 땅을 밟고 사는 동물은 당연하다는 듯이 6개의 팔다리를 가졌다."

물론 과학적 정확성을 위해 대중문화를 단속하자는 이야기가 아니다. 슬리벤스키는 "대중문화는 정확성보다 상상력을 중시하는 경우가 많다"고 상기시킨다. 하지만 외계 생명체를 발명하는 수준이 아니라 진화의 맥락을 묘사하기 위해서라면 "사실 그 분야 전문가와 5분만 대화해도 충분히 정확한 과학적 견해를 얻고, 쉽게 한 단계 더 높은 현실감을 더할 수 있을 것"이라고 덧붙였다. 이러한 과학적 정확성은 일반 시청자에게도 '뭔가 말이 된다!' 하는 느낌, 즉 이것이 사실적이고 살아 있는 무언가라는 감상을 유발할 한 가지 방법이 된다.

(진화에 대한 과학적 묘사 대신) 〈아바타〉의 세계는 사람과 비슷한 것부터 그렇지 않은 동물들 사이의 다양한 스펙트럼을 보여주는 듯하다. 나비족은 가장 인간에 가깝고, 판도라의 일반 동물은 덜 인간적이며, 원숭이 비슷한 생명체는 그 중간쯤으로 보인다. 하지만 진화는 인간 중심의 논리를 따르지 않는다. 진화는 인간의 마음으로 강요하고 싶은, 대부분의 논리를 전혀 따르지 않는다.

살아 있는 세계를 만드는 방법

작가들이 의도했든 안 했든, 진화는 많은 가상 외계 행성의 철학적 원동력이다. 그리고 이야기꾼들이 광합성을 하는 생물이 있는, 우리가 아는 지구의 것과 비슷하거나 비교할 만한 동물들이 어슬렁거리는 익숙한 외계 행성을 만들어낼 때, 이 상상은 수렴 진화라는 과학 원리에 근거를 둔다.

진화는 놀라운 생물 다양성을 형성하지만, 동시에 매우 비슷하게 생긴 동물 역시 다수 만들어낸다. 서로 관련이 없는 종이 독립적으로 진화해 비슷한 특징을 갖는 경우가 많은데, 이 특성들이 진화적으로 유용하기 때문이다. 지구에 날개가 있거나 렌즈형 눈(각막과 같이 빛을 굴절시켜서 초점을 모으는 형태의 눈-옮긴이)을 가진 동물들이, 날개나 눈이 있던 공통 조상으로부터 진화한 게 아니다. 이 동물들은 비행과 시각이라는 문제에 대해서 동일한 생물학적 해결책을 우연히 발견한 것이다. 고래는 물고기와 비슷한 특징을 갖는 방향으로 진화했지만, 물고기보다는 소와 더 밀접하다.

이처럼 서로 멀리 떨어져 있는 생물이 동일한 형질로 모이는 것을 '수렴 진화'라고 부른다.

이러한 수렴 진화가 다른 행성에서도 일어날까? 그 행성 고유의 형태로 공통된 수렴뿐 아니라, 모든 행성에서 비슷한 형태로 수렴 진화를 하게 될까? 다른 행성에도 우리처럼 땅과 물이 있고, 식물과 동물이 있다고 가정해보자(물론 이 범주조차 극적인 사례로, 당연하게 받아들이기는 어렵다). 바다에 사는 모든 동물은 헤엄치기 아주 좋은 몸인 물고기 형태일 것이 당연해 보인다. 투명한 대기를 가진 행성에서 빛은 주변 환경을 인식하는 훌륭한 방법을 제공하므로, 외계 생명체들이 충분한 시력을 가졌을 것이며, 지구의 예에서 눈이 보기에 가장 좋은 방식임이 증명되었다. 나무처럼 키 큰 식물이 존재한다면, 나뭇가지 사이를 휘젓고 다니는 동물도 있지 않을까? 또 4개든 6개든 긴 팔다리와 움켜쥘 손도 있으면 좋지 않을까? 수렴 진화는 지구에서 쉽게 보이기 때문에 다른 곳의 생명체도 이렇게 효율적인 형태로 수렴할 가능성이 충분해 보인다. 바로 15억 년 동안의 시행착오로 우리가 얻은 결과인 것이다. 따라서 다른 행성의 생명체도 지구와 비슷한 형태, 즉 식물, 인간, 말, 그리고 나뭇가지를 타고 다니는 원숭이 등의 형태를 따르리라는 가정은 결코 허황되지 않다.

하지만 지구에서도 수렴 진화의 우월성이 과학적으로 정립된 것은 아니다. 고생물학자인 스티븐 제이 굴드Stephen Jay Gould는 1989년 저서 《원더풀 라이프》에 진화의 예측 가능성 또는 반복 가능성에 대해 반대하는, 현재 정설로 자리 잡은 주장을 다음과 같이 펼쳤다.

테이프를 처음으로 되감고 (…) 동일한 시점에서 다시 재생해보면 인간의 지능 비슷한 것이 다시 나타날 가능성은 매우 희박하다.

굴드는 진화의 서사가 일이 다 끝난 뒤에야 우리에게 알려진다고 말한다. 우리는 원시적인 형태와 정교하게 진화한 동물에 대해 너무 쉽게 이야기하며, 진보가 전혀 아닌 과정에 위계를 부여한다. 생명은 진화를 통해 변화하지만 완벽함이나 그에 가까운 형태로 발전하는 것이 아니다. 우리가 진화적 관계를 설명하는 방식은 이러한 오해를 더욱 키울 뿐이다. 여러 생물 종 사이의 관계를 연결한 생명의 나무는 생물이 기초적인 형태에서 진화된 형태까지 점점 더 다양해지고 증식하는 것처럼 보이게 한다. 다시 말해, 나무의 뿌리에서 가지로 이동하면서, 발전하는 것처럼 보인다! 하지만 굴드는 멸종과 폭발의 끊임없는 부침은 (생명의 나무 같은) 깔끔한 서사를 제공하지 않는다고 지적한다.

    그의 주장은 연체동물이 풍부하게 매장된 브리티시컬럼비아(캐나다의 한 지역)의 버제스 셰일Burgess Shale 화석 유적을 재해석하는 데서 시작된다. 한때 버제스에서 발견되는 화석 동물군은 오늘날 지구에서 볼 수 있는 친숙한 종들의 선조로 여겨졌지만, 알고 보니 특이하고 (더 중요하게는) 이미 멸종된 동물군의 대표로 밝혀졌다. 그들은 우리나 우리와 함께 살아가는 동물로 진화한 것이 아니었다. 이 초기의 유기체들은 엄청나게 많은 가능성을 시도하려던 자

연 그 자체였고, 그 도전 중 하나가 운 좋게 살아남아 우리가 된 것이다. 굴드는 "우리는 단순한 생존을 우월성의 증거로 삼을 수 없다"고 주장하는데, 우리 조상이 그들이 함께 살던 다른 생명체들보다 우월했다는 증거가 없기 때문이다. 조상들은 그저 운이 좋았을 뿐이다. 고대의 어느 날 오후에 포식자가 오른쪽이 아닌 왼쪽으로 헤엄쳤다든가, 유성이 이쪽이 아니라 저쪽에 떨어졌다든가 했다면, 어떤 괴상하게 생긴 생명체가 영겁의 시간을 살아남아, 진화된 생명체의 청사진이 되었을지 모른다. 굴드는 "생명은 예측 가능한 발전의 사다리가 아니라, 멸종이라는 저승사자에 의해 끊임없이 가지가 정리되는 무성한 덤불"이라고 말한다.

굴드 학파는 너무나 많은 변수에 의해 진화가 결정된다고 믿는 생물학자들이다. 그들은 진화가 아주 다양한 요인으로 일어날 수 있기 때문에 나비의 날갯짓 같은 변화, 소행성만큼 크거나 DNA의 불안정한 분자만큼 작은 변화조차 완전히 다른 방향으로 생명을 보냈을 거라고 생각한다. 또한 이 생물학자들은 진화는 반복할 수 있거나 예측 가능하지 않다고 이야기한다. 현재의 생명체가 지금의 모습을 띠는 것은 순전히 무작위적인 행운의 결과로 본다. 논쟁의 반대편엔 진화 법칙의 바탕에는 단순히 비슷한 생김새를 갖는 것보다 더 중요한 수렴이라는 규칙이 있다고 믿는 사람들이 있다. 수렴을 주장하는 이들은 진화를 예측할 수 있다고 생각하는데, 이에 대해 한 진화생물학자는 "우리 세계에서 살아남는 방식은 정해진 수만큼만 있다"고 말한다. 이 과학자들은 같은 형태가 공통으로 나타난다는 건 그 효용성이 입증된 것이고, 거듭된 진화는 자연이 내놓은 도전에 대한 가장 좋은 답이라고 믿는다.

이 아이디어는 지구에만 국한된 것이 아니다. 칼 세이건의 충고에도 불구하고, 일부 과학자는 우리가 외계 생명체를 만난다면 그들의 모습이 친숙할 거라고 믿는다. 생물학자 로버트 비에리Robert Bieri는 말했다.

"그들이 구, 피라미드, 정육면체, 팬케이크 모양은 아닐 겁니다. 모든 가능성을 따져보면 아마도 우리와 아주 비슷하게 생겼을 거예요."

우주생물학자 데이비드 그린스푼David Grinspoon도 이에 동의한다. "(외계인이) 마침내 백악관 잔디밭에 착륙한다면, 그 잔디밭을 걷거나 미끄러져 내려오는 것이 무엇이든 이상하게 친숙해 보일 수 있습니다." 진화생물학자 사이먼 콘웨이 모리스Simon Conway Morris는 "진화의 제약과 어디나 존재하는 수렴 법칙으로 인해 우리 같은 존재의 출현은 거의 불가피한 일"이라고 말했다.

이곳 지구에서 우리는 다른 행성에서 일어날 법한 일을 검증할 예시를 갖고 있다. 바로 호주다. 유대류(캥거루, 코알라 등의 포유류)는 지구의 다른 곳에 사는, 태반이 있는 포유류와 1억 2500만 년 전에 갈라졌고, 호주는 최근 3500만 년을 섬과 같은 상태로 존재하여, 여기 사는 생명체들은 거의 고립된 상태로 지냈다. 그럼에도 호주의 포유류는 그들의 먼 사촌과 비교했을 때도 놀랍도록 닮았다.

수렴 진화를 설명하는 일반적인 방법은 호주에 사는 몇 종의 동물과 호주 섬이 아닌 곳에 사는 다른 지역의 비슷한 생태의 동물을 옆에 두고 비교하는 것이다. 호주에는 있는 유대하늘다람쥐sugar glider를 보자. 이들은 기본적으로 하늘을 나는 다람쥐면서 유대류인데, 생태적 지위나 해부학적 진화 상태가 날다람쥐와 매우 유사하다. 호주에 사는 유대류 개미핥기, 생쥐, 두더지는 역시 모두 태반동물과 아주 먼 친척임에도 비슷하게 진화했다. 호주에 있는 (또는 멸종 전까지 있었던) 육식성 태즈메이니아 늑대thylacine는 진화의 영역과 모습에서 이리와 비교할 만했다. 솜털이 보송보송하고, 수줍으며, 눈이 크고, 재주 많은 기다란 꼬리를 가진 점박이 쿠스쿠스는 좀 더 코가 긴 여우원숭이lemur와 비슷하다.

이러한 예는 분명한 수렴의 과정을 보여준다. 호주의 동물과 그들의 도플갱어들은 정말 먼 사촌이다. 하지만 나는 구름 속에서도 어떤 형태를 찾아내듯, (호주인이 아닌) 우리가 이미 아는 익숙한 생물의 모습을 기준으로 보고 있는 건 아닌지 궁금했다. 호주의 쿠올quoll은 '호랑이고양이tiger cat'라고 불리는데, 미안하지만 고양잇과라기보다는 작은 여우원숭이-곰-쥐처럼 생겼다. 호주의 수렴 진화를 쉽게 지적할 수 있는 것처럼, 다른 사례도 존재한다. 수백

3장. 동물

만 년 전까지 섬이었던 남아메리카로 방향을 바꾸면, 해안에는 태반 육식동물이 없음을 알 수 있다. 남아메리카에는 몇몇 유대류 동물이 있었지만, 지배적인 육식동물은 날지 못하는 거대한 새였다. 굴드는 "내 생각에 남아메리카가 새들에게 주어진 적법한 재연, 즉 두 번째 라운드라고 결론 내려야 한다"고 썼다. 테이프를 다시 감았고, 새로운 결과를 얻게 된 것이다.

하지만 한발 떨어져서 눈을 가늘게 뜨고 지켜보면, 여전히 수렴 진화의 흔적이 있다. 어떤 동물들은 덤불 아래 살 수 있도록 작게 진화하고, 어떤 동물들은 그들을 잡을 수 있게 송곳니와 발톱이 자라났다. 어쩌면 각 동물이 차지하는 생태적 지위가 보편적이지 않을지도 모른다. 어쨌든 호주와 남아메리카는 여전히 지구상에 있고, 두 대륙에는 식물, 흙, 곤충이 있으며 특이한 유대류가 산다. 이 생물들 역시 탄소 기반에, DNA를 가졌고, 수천만 년 과거로 돌아가 보면 지구의 나머지 영역 동물들과 조상을 공유한다.

탄소와 물이 생화학의 보편적, 이상적 기반이 될 수 있는 것처럼, 생명체의 형태에도 최적의 구조가 존재할 수 있다. 굴드조차 다음과 같이 인정한 부분이기도 하다. 어쩌면 수렴 진화는 단지 규모의 문제인지도 모른다.

> 다세포 유기체의 기본 형태 중 많은 부분은 좋은 설계와 구조에 대한 규칙에 따라 결정되어야 한다. 갈릴레오가 처음 인식한, 표면과 부피의 법칙에 따르면 큰 유기체는 동일한 상대적인 표면적을 유지하기 위해 작은 유기체들과는 다른 모양으로 진화해야 한

다. 비슷하게, 세포분열에 의해 만들어진 움직이는 유기체에서는 좌우대칭을 기대할 수 있다.

진화생물학자 모하메드 누르는 수렴은 표면에 대한 문제라고 지적한다.

수렴이라는 말을 쓴다고 해서, 다 똑같은 것이 아니다. 환경에 따라 비슷해 보이는 적응 과정이 있다는 뜻일 뿐이다.

따라서 환경과 직접 접촉하는 동물의 부위는 서로 비슷해 보인다. 마치 상어와 돌고래의 지느러미, 피부가 닮아 보이는 것처럼. 누르는 "그런데 해부를 해보면, 바로 그 부분만 유사하다는 것을 아주 금방 알 수 있다"고 말한다. 상어는 아가미와 연골 골격을 갖고 있으며, 비슷해 보이는 지느러미에는 돌고래의 발 뼈와 전혀 다른 연골 가시가 빽빽이 박혀 있다. 그리고 돌고래의 장기는 상어의 것과는 매우 다르고 폐와 후두, 꼬인 창자 등이 우리의 장기와 유사하다. (돌고래처럼) 반향 정위 능력(메아리를 이용해 위치를 파악하는 능력)까지 갖춘다면 더 비슷하겠지만, 이건 완전히 다른 문제다.

외계 동물이 지구 생명체와 비슷한 방향으로 수렴 진화를 했다면 우리는 몸의 모양, 골격, 감각기관 등에서 비슷한 적응 사례를 볼 수 있을 것이다. 영화에 등장하는 인간형 외계 생명체인 벌컨은 초록색, 클링온은 보라색 피를 흘리는데, 약간 베인 상처만으로도 그들은 훨씬 덜 가깝게 느껴진다.

현재 수렴학파의 선두에서 목소리를 내는 사이먼 콘웨이 모리스에 따르면, 생명체가 진화하는 대안 경로를 상상하는 한 가지 방법은 "생명의 다양성을 평가하고, 선택할 수 있는 경로가 있었음에도 진화에 실패한 것처럼 보이는 생물이 있는지 질문하는 것"이다. 그는 고생물학자이자 자연사학자인 리처드 포티Richard Alan Fortey를 인용한다. 포티는 진화가 가능해 보이는 빈 영역을 찾아낸 바 있다. 그것은 바로 (에테르가 플랑크톤을 운반하는 것처럼) 곤충이나 거미를 운반할 수 있는 고층 대기의 기류다. 세이건의 플로터처럼 공중을 떠다니면서 필터로 먹이를 걸러 먹으며 살아가는, 진화의 틈새를 채우며 진화한 '공중 고래' 같은 포식자가 존재할 수 있지 않을까 포티는 상상한 것이다. 많은 종의 물고기가 부력을 조절하는, 기체로 채워진 부낭(부레)을 가지고 있는데, 공중에서 더 가벼운 생명체들이 비슷한 기관을 갖지 않을 이유가 있을까? 놀랍지 않게도, 수 버크Sue Burke는 그녀의 소설 《세미오시스Semiosis》에서 지구와 매우 유사한 외계 생태계에 작은 수소 주머니로 부력을 얻는 식물 같은 유기체를 상상했다. 그리고 콘웨이 모리스는 지구에는 물속의 산소와 결합한 상태의 수소가 풍부하고, 일부 미생물은 질소 고정의 부산물로 수소를 생성한다고 지적한다.

그러나 지구상에서 공중 플로터들은 현실적인 많은 이유 때문에 진화에 실패한 것으로 보인다. 고대에 존재했을 법한 공중 고래의 조상들이 작았다고 가정해보자(생명체는 보통 작게 시작하는데, 작은 기관이 더 적은 에너지를 필요로 하기 때문이다). 부피 대 표면적 비율로 인해 그들은 지표에서 떠오르기에 너무 무거울 수 있다.

또한 적어도 지구에서는 "에테르의 플랑크톤" 양이 너무 적어서 이를 먹고 사는 포식자를 유지하기에 충분하지 않다. 그래서 콘웨이 모리스는 "지구상에서 서스펜션(공중에 매달려서)에 의지하여 먹이를 잡는 가장 가까운 접근 방식은 거미줄을 만드는 거미"라고 이야기한다. 하늘의 포식자 칸, 체크 완료.

진화의 빈 틈새에 대한 또 다른 제안은 환경이 아닌 행동 요인이다. 개미와 꿀벌의 군집 사회 시스템인 진사회성$_{eusociality}$은 번식하는 하나의 암컷을 모두 함께 돌보고 짝짓기하는 것인데, 이는 여러 곤충 종뿐 아니라 산호초에 사는 새우에서도 공통적으로 나타난다. 1970년대 중반, 동물학자 리처드 D. 알렉산더$_{Richard\ D.\ Alexander}$는 진사회적 포유류가 어떤 모습일지 상상한 적이 있다.《두더지쥐의 생물학$_{The\ Biology\ of\ the\ Naked\ Mole-Rat}$》서문의 내용을 살펴보자.

척추동물에서 왜 진사회성이 진화하지 않았는지 설명하기 위해 그는 진사회성을 갖는 가상의 포유류를 상정했다. 이 가상 생물은 흰개미의 사회적 진화를 본뜬 특징(예를 들면, 동족을 돕는 영웅적 행동의 가능성, 매우 안전하지만 확장 가능한 둥지의 존재, 최소한의 위험으로 구할 수 있는 충분한 먹이)을 가졌다. 알렉산더는 이 신화적 동물이 점토 토양을 가진 건조한 열대 지역에 위치한, 대부분의 포식자가 접근할 수 없는 지하의 굴에 살면서 감자 같은 덩이줄기를 먹으며 사는 설치류라는 가설을 세웠다.

1980년대에 포유류인 벌거숭이 두더지쥐의 진사회성이 알려졌는데, 그 특징은 알렉산더의 예측과 거의 일치했다.

하지만 이러한 생태적 지위의 틈새를 찾아내는 사고실험 중 가장 인기 있는 것은 '바퀴'라고 콘웨이 모리스는 말한다. 바퀴는 마찰을 줄이고 지렛대의 힘을 이용하여 짐을 밀고 당기거나 추진력을 높일 수 있는 놀라운 장치다. 하지만 지구상에 자연적으로 롤러스케이트를 가진 생물은 없다. 박테리아 편모의 회전 기저부, 몸 전체를 고리 모양으로 말아 수십 번 연속으로 구르는 새우 등 생물학에서 바퀴와 유사한 구조는 존재한다. 하지만 아무도 바퀴를 이용해 이동하지 않는다.

콘웨이 모리스는 (생물학자 마이클 라바베라Michael LaBarbera의 말을 빌려) 동물이 바퀴를 사용하지 못하는 이유를 "적당한 크기의 동물 바퀴는 기복이 있는 자연의 불완전한 표면과는 전혀 다른, 평평하고 연속적인 표면을 전제로 하기 때문"이라고 설명한다. 자연의 표면은 울퉁불퉁하고, 부드럽고, 끈적끈적하다. 포장도로가 진화하지 않았기 때문에 바퀴도 진화하지 않았다. 적어도 지구에서는 그렇다.

어느새 외계 세계에 있는 자신을 발견한 메리 멀론Mary Malone은 초원을 가로지르는 "연한 회색 표면을 가진, 바위로 된 강처럼 보이는 것"을 맞닥뜨렸다. 이를 자세히 살펴본 그녀는 "한때 용암이 흘렀을지도 모른다. 이곳은 내가 사는 세상의 잘 닦인 도로처럼 매끄럽고, 풀밭보다 확실히 걷기 쉽다"고 생각했다. 걷기에 알맞을 뿐 아니라, 구르기에도 매우 적합하다.

필립 풀먼Philip Pullman의《황금나침반 3부: 호박색 망원경》에서 메리는 세계와 세계를 잇는 벽의 틈새로 빠져나가 외계 생태계를 발견한다. 그리고 이 세계에는 고유한 자연 도로가 있기 때문에 누군가 그 도로를 이용하도록 진화한 것이 분명하다.

처음 그 동물들을 보았을 때 메리는 당황한다. 먼 거리였지만 또렷하게 본 건, 네발 달린 초식동물이 용암이 흘렀던 그 길 사이에 자라는 풀을 뜯는 모습이다. 하지만 그들의 이동 방식이 뭔가 이상하다. 가까이 다가가자, 그녀는 그 동물의 다리가 마름모꼴로 달렸다는 것을 깨달았다. "다리 하나는 앞쪽에, 중심에는 2개, 꼬리 아래 하나가 있어서, 동물들이 흥미롭게 흔들거리며 움직인다."

하지만 진정한 신기함은 이 세계의 지적인 주민들을 만날 때 찾아왔다. 그들은 인간처럼 이족 보행하는 것이 아니라 네발로 걷는 사족 보행자이며, 방목되어 있던 동물들처럼 마름모 모양의 다리 골격을 가지고 있었다. 그리고 흔들리며 구보하는 대신 (메리는 스스로에게 그럴 리가 없다고 말하지만) 바퀴를 이용해 움직인다. 특히 앞다리와 뒷다리에는 바퀴가 달려 있고, 두 다리는 옆으로 뻗은 채 네발자전거를 타는 어린아이처럼 앞으로 나아간다. 메리는 속으로 주장했다.

'하지만 자연 상태에 바퀴는 존재하지 않아. 그럴 수가 없지. 회전하는 부분과 완전히 분리된 축 그리고 베어링이 필요하니까. 그건 일어날 수 없지, 불가능해.'

글쎄, 만약 세상이 잘 닦인 길을 제공한다면 분리된 바퀴를 만들지 못할 건 또 뭘까? 메리와 우리가 곧 알게 되듯, 이들은 뮬레파Mulefa라 불린다. 그리고 사람 손바닥만 한 크기의 매끈하고 둥근 씨앗을 떨어뜨리는 거대한 나무가 자라는 숲 근처에 산다. "이렇게 완벽히 둥글고 엄청 단단하면서도 가볍게, 이보다 더 잘 설계될 수는 없을 것이다('황금나침반' 시리즈에서는 '설계', 즉 신 그리고 관련된 모든 것이 중요한 질문이다. 하지만 메리가 말하고 싶었던 바는 그들이 정말 설계되었더라도 이보다 더 잘 만들어질 수는 없었을 것이라는 의미다. 실제로는 '진화에 의한 것이지 설계된 게 아니다'였을 거라고 나는 생각한다)." 이 행성은 생명체들이 바퀴로 움직이도록 진화할 모든 조건을 제공했다. 부드럽게 연결된 도로, 튼튼한 씨 껍데기 바퀴까지. 이 씨앗은 강도가 셀 뿐 아니라 뮬레파가 작은 발톱을 걸 구멍이 중앙에 있고, 자연적으로 윤활용 기름을 분비하는 꼬투리까지 갖추었다.

메리는 자신이 보고 있는 것을 깨닫고는 "작은 기침과 함께 큰 소리로 기쁘게 웃지 않을 수 없었다"고 말한다. 나도 솔직히 이 세계를 읽을 때 비슷하게 느꼈다. 이 세계는 작가가 만든 것이지만 우리가 삶을 지금 모습 그대로가 아니라 영겁의 시간에 걸친 사고와 우연적 (진화의) 결과로 본다면, 현실 세계에서도 찾아볼 수 있는 만족스러운 논리적 맞물림이 있다. 복잡성과 균형 속의 시스템과 아름다움 말이다.

확산과 공유

굴드의 책 이후 수십 년 동안 진화 연구는 훨씬 더 견고해졌고, 실제로 실험도 이루어졌다. 그렇다. 테이프를 되감을 수는 없다. 하지만 고립된 개체군에 대해, 과학자들은 여러 개의 테이프를 병렬로 돌려볼 수 있는 방법을 알아냈고 심지어 실험실 유리병과 초저온 냉동고, 미생물의 도움을 받아 되감기에 거의 근접한 실험을 할 수 있게 되었다.

진화생물학자 조너선 B. 로서스Jonathan B. Losos는 그의 저서 《불확실한 운명Improbable Destinies: Fate, Chance, and the Future of Evolution》에서 이러한 가능성을 탐구한다. 그리고 그는 묻는다. 여기서 '같은 진화 경로'는 같은 환경적 영향을 의미한다.

> 실험을 통해 우리는 얼마나 진화가 반복 가능하고 예측 가능한지 볼 수 있다. 만약 같은 지점에서 진화를 시작한다면, 언제나 같은 결과를 보게 될까? 그리고 다른 지점에서 시작해 같은 진화 경로를 선택한다면, 동일한 결과로 수렴하게 될까?

로서스는 이 질문에 답하기 위해 현장과 연구실에서 시도한 12가지 이상의 실험을 설명한다. 그중에는 야생 생물에 대한 관찰 연구부터 미생물이나 초파리에 (먹이를 박탈하거나 술에 취하게 하는 것 같은) 선택적 압박을 가하는 실험 등이 포함되어 있다. 그 결과들은 매혹적이면서도 완전히 결론을 내리지도 않는다. 때로는 진화가 반복되기도 한다. 때로는 놀랍게도 그렇지 않을 때도 있다. 하지만 우리가 아는 진화가 다른 행성의 생명체가 발전하는 방식이 전혀 아니라면 어떨까?

로서스는 책의 결론에, 다른 행성에서의 생물학적 가능성

대해 "생명체가 탄소를 기본으로 이용하고, 유전자는 DNA 같은 것을 바탕으로 하더라도 유전과 진화의 규칙은 매우 다를 수 있다"고 썼다.

그 순간 나는 독서를 멈췄다. 나는 늘 자연선택에 의한 진화가 지구 생명체를 설명하는 원리일 뿐 아니라 생명의 기본 법칙이라고 생각해왔다. NASA가 정의한 생명에도 나와 있지 않은가?! 다른 어떤 방법으로 생명이 발달하고 변화할 수 있을까? 무슨 힘이 생명을 주도할 수 있을까? 로서스는 진화에 대한 나의 이해를 산산조각 내버렸다. 그래서 직접 물어봤다.

그는 시스템이 세 가지 조건을 만족시킬 때만 자연선택이 진화를 주도한다고 말해주었다. 개체군이나 종 내에 변이가 있고, 변이가 생명의 적합성에 영향을 미치고, 발생한 변이가 다른 변이보다 더 잘 생존하거나 잘 번식하고, 유전적 상속 요소가 있어 이 변이를 다음 세대로 전달해야 한다. 이러한 유전적 특징은 지구상의 생명체에 필수적으로 보이지만, 다른 행성의 생명체도 동일한 특성을 가져야 할 이유는 없다.

다윈은 진화의 개념을 창안해낸 것이 아니라, 그저 자연선택의 과정을 알아낸 것이다(그리고 그와 비슷한 생각을 가졌던 다른 누구보다 명료하게 글로 썼을 뿐이다). 다윈보다 한 세기 전, 장 밥티스트 라마르크Jean-Baptiste Lamarck는 개별 생명체가 일생 동안 그들의 체형을 바꾸면, 그 변화가 자손에게 전달될 수 있음을 제안했다. 기린의 선조가 더 높은 이파리에 도달하기 위해 목을 길게 늘이자 그의 자손들은 더 긴 목을 갖게 되고, 더 잘 먹게 되었다는 목 짧은 기린 선조에 대한 교과서적인 예시는 라마르크의 생각을 단순화시킨 것이긴 하지만, 중요한 개념을 전달한다. 이와 달리 보디빌더를 상상해보자. 그녀는 인생을 바쳐 근육을 키우고 체형을 바꾸려고 노력했다. 그런 물리적 변화는 왜 자손에게 전달될 수 없는 걸까?

로서스에 따르면, 먼저 지구상 대부분의 동물은 목이나 팔에 있는 세포의 유전자를 자손에 전달하는 것이 아니기 때문이라고 한다.

"우리가 다음 세대에 전달하는 유전자들은 우리 몸의 나머지 부분에서 분리되어 있는, 나중에 난자와 정자가 되는 적은 숫자의 세포인 생식샘에서 나옵니다. 하지만 이론적으로 다른 생명체의 유전이 이러한 생식세포에 제한될 이유는 없습니다."

우리는 몸의 어떤 변화가 유전자를 변하게 하는지 기작을 모르지만, 이 기본 원리가 꼭 라마르크의 진화 이론이 작동하는 방식과 같아야 할 필요는 없다. 지구 생명체도 환경과 경험에 따라 우리의 유전자가 표현되는 방식을 바꿀 수 있다. 기본적으로는 무엇이 켜지고 꺼지고, 또는 어떤 유전자가 유전자 발현에 적극적으로 활용되는지가 달라질 수 있는 것이다. 연구에 따르면 스트레스, 외상후스트레스장애(트라우마), 질병, 식습관은 인간 유전자의 발현을 바꿀 수 있다. 로서스는 이렇게 언급했다.

"이러한 후성유전학적인 변화가 다음 세대에 전달될 수 있다는 징후가 나타나기 시작했습니다. 하지만 대부분의 진화생물학자는 이런 일이 일어나더라도 우리의 진화에 대한 이해를 급진적으로 변화시킬 거라고 생각하지는 않습니다."

하지만 이건 오직 지구에서만의 이야기다. 로서스는 외계에서는 후성유전적 변화가 유전되기도 하고 이것이 진화를 일으키기에 충분할 수 있다고 말한다. 근육을 키워서 울끈불끈한 자손을 만들어보자!
나는 발명과 검증의 짜릿함을 느꼈다. 로서스가 내 상상을 통제하는 것이 아니라 아낌없이 승인했기 때문에 안 될 이유가 없으니까. 여전히 이 모든 가능성은 우리에게 익숙한 지구로부터 이끌어낸 것이다. 하지만 작업해볼 만한 풍부한 팔레트가 마련되었다. 내 다음 아이디어는 수평적 유전자 전달인데, 다세포동물이 부모로부터 자식으로 유전자를 전달하는 대신, 지구의 박테리아가 가진 능력처럼 어떤 이유에서인지 유전자를 동료끼리 공유할 능력을 갖춘 상황을 상상하는 것이다. 박테리아에는 이런 일이 어렵지 않은데, 지구상의 다세포동물과 달리 유전자가 핵에 격리되어 있지 않기 때문이다. 그런데 다세포동물이 핵 없이 존재할 수 있을까? 어쩌면 우주는 진화생물학자나 내가 할 수 있는 것보다 문제를 해결할 방법을 더 잘 찾을지 모른다. 어쩌면 우주 어딘가에는 동물과 같은 더 큰 생물들이 변이 유전자에 열려 있을 가능성이 있다. 마치 바이러스처럼 유전자 코드를 되는 대로 전달하는 시스템이 존재할지 모른다. 부모뿐 아니라 재채기하거나 팔을 문지르는 주변 사람들로부터 유전적 변이를 받게 될 수도 있다.

로서스는 이러한 생각이 종species 없이 생명이 존재할 수 있다는 아이디어로 연결된다고 말한다. 만약에 동물 사이에 어떤 경계도 없고, 변형의 흔적만 있다면?

종은 분류학적 범주인데, 종 사이는 전통적으로 두 개체가 만나서 번식할 수 없음으로 경계 짓는다. 우리 관심사로 보자면, 유전자를 합쳐 자손에게 전달할 수 없는 생물학적 계통과 일치한다. 유전자 교환을 가로막는 종의 경계가 없다면, 진화의 궤적은 엄청나게 달라질 수 있다. 로서스는 "(종의 경계가 없다면) 분명히 진화의 과정은 많이 다를 것"이라고 조용히 말했다. "이 상황이 그저 진화의 장애물로 작동해서 진화를 느리게 할까요, 아니면 전혀 다른 진화 패턴을 만들게 할까요? 제 생각에는 후자에 가까울 것 같아요."

모하메드 누르는 종이 없는 행성은 사실 지구의 생명체들보다 자연선택에 더 큰 영향을 받을 수 있다고 말한다.

"유리한 것이 무엇인지 상상해보세요. 그리고 그 장점이 개미 개체군에 퍼져 나가는 상황을 생각해보세요."

지구에서 이러한 적응은 인간과 아무 상관이 없다. 하지만 종 구분이 없는 행성에서는 그런 구별이 없다. 전부가 개미인 세계와 같은 것이다. 완전히 똑같지는 않지만 분리된 종도 아닌 상황. "그럼 뭐든지 다 퍼지지 않겠어요?" 그리고 행성의 모든 종족이 (동시에) 진화하게 될 것이다. 이 경우에 종이 서로 경쟁하는 게 아니라 유전자가 경쟁하고, 경쟁에서 유리한 유전자가 전체 행성에 퍼져 나가게 된다.

로서스는 외계 생물학에 대한 예측 중 지구의 것과 수렴하는 그 어떤 것도, 공통된 진화 기작을 전제로 하지 않는다고 말한다. 그리고 지구 생명체와의 수렴 진화는 당연한 일이 아니다. 따라서 우리가 창작물에서 보는 외계 생명의 모든 진화는 사실 지구 생명체의 대체 역사에 가깝다. 테이프를 뒤로 돌려, 원시의 진화에 자극을 약간 주고, 어떤 일이 일어나는지 살피는 것이다. 다리가 6개 있는 척추동물의 조상이 4개의 다리를 가진 조상을 경쟁에서 이기는지 아닌지 보는 것처럼. 외계 동물을 상상하려고 할수록, 우리가 실제로 하는 일은 지구의 생명체를 이해하는 다른 방법을 찾는 것이다.

우리는 이제 굴드와 콘웨이 모리스의 개인적인 신념에 대해 안다. 과학에 대한 이해가 그들의 세계관을 결정했거나 그 반대의 일이 일어났을지 궁금해할 정도는 말이다. 콘웨이 모리스는 그의 글에서 이 부분을 깊이 파고들지는 않지만, 가톨릭 신자여서 인류의 중요성과 필연성에 좀 더 비중을 두고 있다는 지적을 받기도 했다. 그의 감각을 과학이 충분히 뒷받침하지만, 이 느낌은 그가 사실이기를 바라는 것이기도 하다. 이와 달리 세속화된 유대인에 해당하는 굴드는 우연성의 우위를 받아들이는 것에 대해 "인간이 진화해왔다는 사실은 새로운 종류의 놀라움(또한 일어나지 않을 것 같은 일에 의한 전율)으로 우리를 가득 채운다"고 썼다. 세상의 사실들은 중요해지기 위해 특별한 방식을 가져야 할 필요가 없다. 인간은 어떤 일에 의미를 부여하는 데 매우 능숙하다.

창작물에서 상상하는 외계 생명도 마찬가지로 의미를 담는 그릇과 같다. 이야기꾼이 하려는 일은 우리가 알아챌 무언가가 아니라, 서사 속 인간 등장인물과 인간 독자에게 모두 받아들여질 수 있는 이야기의 목적에 맞게 상상 속 외계 동물을 만들어내는 것에 가깝다. 익숙한 것이 아주 많은 낯선 것과 함께 주어지면, 창작물은 좀 더 흥미롭게, 그 어떤 것보다 기발하게 읽혀 우주의 (더 나아가서는 확장된 또는 암시된 지구의) 거대한 다양성을 상기시킨다. 하지만 모든 외계 행성이 쉽게 받아들여지는 것은 아니다. 그리고 모든 외계 동물이 '자연스럽다'고 판단하는 우리의 선천적인 감각을 만족시키진 못한다. 때로는, 당연하게도, 그 반대일 수도 있다.

최고로 외계스러운 외계인들

내가 외계 행성에 대한 이야기들 가운데 가장 좋아하는 배경을 생각해보면, 늘 동물이 있었다는 것을 깨닫게 된다. 프롤레무리스(〈아바타〉의 동물)는 정지 화면에서만 어떻게 생겼는지 조사할 수 있고, 실시간 재생을 하면 스쳐 지나갈 뿐이다. 대부분의 시간 동안 동물은 SF 속 주요 캐릭터가 아니었다. 그들은 그저 우리가 이상하게 또는 친숙하게 느끼는 세계나 환경의 일부였다.

외계 동물의 낯섦을 보여주는 우스꽝스러운 예가 있다. 1966년 〈스타 트렉〉의 한 에피소드에는 알파 177 캐닌Alfa 177 canine이 나오는데, 이 동물은 사자의 갈기와 안테나, 유니콘의 뿔을 가진 금발의

꾀죄죄한 테리어(개의 종류)다. 그 모습은 '그래, 이 정도면 외계 생명체로 봐줄 만해?'라고 말하는 것 같다. 상상력 또는 예산 한계의 증거인지, 아니면 어수룩한 제작 과정에서 나타난 으쓱거림인지, 장난스러운 디자인인지 몰라도, 이 종은 동물을 외계의 것으로 보이게 만드는 가장 강력한 방법을 대표적으로 보여준다. 바로 범주를 흐릿하게 만들고 규칙을 깨는 것이다. 알파 177 캐닌의 경우 분명히 싸구려 할리우드 분장을 한 개다. 하지만 그의 '개 아님'은 무작위적이 아닌, 개와는 아주 약하게만 연결된 다른 동물들에서 가져온 것이다. 이 동물은 파란색 원숭이나, 다리가 한 쌍 더 있는 말 같은 지구 동물의 외계 대응체가 아니다. 완전히 다른 무언가다.

지구적 분류를 모호하게 하는 것은 자연스러움에 대한 우리의 직관에 경고하는 가장 확실한 방법이다. 하지만 로서스는 이것이야말로 다른 행성에서 볼 법한 수렴 진화의 일종일 수 있다고 제안한다. 로서스는 그의 책에서 여러모로 보았을 때 지구에서 가장 기이한 존재인 오리 부리를 가진 오리너구리를 예로 든다. 알을 낳는 포유류이며, 겨드랑이에 독이 든 가시가 있고, 수면 아래의 먹이를 찾기 위해 전기신호를 사용하는 여섯 번째 감각을 지닌 이 동물은… 정말 이상하다! 하지만 그와 동시에 짜깁기 방법에서는 친숙하게 느껴진다. 비버의 날씬한 체형, 오리의 노 같은 발, 허울뿐인 부리. 그리고 오리너구리가 해부학적 구조의 일부분이 다른 동물과 같은 유일한 생명체는 아니다. 인간과 문어의 눈은 거의 똑같지만, 몸통이 완전히 다르다. 로서스는 "여기 지구에서 종들은 비슷한 환경 조건에 비슷한 대응책을 쓰면서 진화하는 경우가 많다"

고 말한다. 그래서 그는 인간형(이 경우에는 오리너구리형도) 외계 생명체는 거의 확실하지 않다고 생각하지만 "그렇다고 외계 생명체가 우리에게 완전히 낯설게 보일 거라는 뜻은 아닙니다. 외계 생명체는 오리너구리처럼 지구의 다른 생명체에서 여러 부위를 빌려 온 것처럼 보일 수 있습니다"라고 했다.

알파 177 캐닌은 사랑스럽지만, 다른 외계 혼종들은 절대 그렇지 않다. 좀 더 나은 특수 효과와 스토리텔링이 있다면, 이런 부자연스러운 외계 생명체도 설득력 있을지 모른다. 그리고 이제 그 순간이 되었다.

1979년 〈에이리언〉의 제노모프Xenomorph는 스크린에 등장한 외계 생명체 중 가장 불편한 존재다. 그의 그림자를 처음 보았을 때부터 이 생명체가 아주 부자연스러울 것을 알지만, 동시에 강렬하게 진짜 같아 보인다. 믹 엘리슨이 제안한 자연스러움 테스트를 통과할 뿐 아니라 어떤 면에선 그럴듯해 보이지만, 동시에 뭔가 심각하게 잘못되었다는 느낌을 주기도 한다. 심리분석가 하비 그린버그Harvey Greenberg는 제노모프가 우리를 불편하게 하는 것은 이 생명체가 "조개, 갑각류, 파충류, 인간이 번갈아 나타나, 진화 자연법칙의 모든 점을" 거스르듯 보이기 때문이라고 했다. 하지만 그린버그가 언급한 진화의 법칙은 실제로 '법칙'이 아니다. 이는 그저 지구적 분류법이고, 자연스러움에 대한 좁은 정의에 지나지 않는다. 진화의 규칙에는 우리가 아는 종 사이의 교배를 반대하는 것은 없다. 어떤 진화적 기작을 따르든지 간에 새로운 범주를 만들어내는 데 반대하는 법칙도 없다. 이 생명체를 부자연스러운 조개류-갑각류-

3장. 동물

파충류-인간형으로 보이게 하는 것은 그저 지구에 기반한 사고다. 제노모프가 우리를 해치려고 하기 전에, 모습을 슬쩍 보기만 해도 무섭다. 제노모프는 동물이라기보다는 괴물에 가깝다.

괴물스러움은 단순히 무섭거나 징그럽다는 뜻이 아니다. 제프리 제롬 코언Jeffrey Jerome Cohen은 에세이 〈괴물 문화(일곱 가지 이론) Monster Culture(Seven Theses)〉에 괴물의 분류법을 펼쳐놓는다. 이 분류법은 그들의 생김새보다는 문화적 역할에 바탕을 두었다. 코언은 괴물이 어떤 문화의 불안과 욕망을 상징하거나 강요하는 존재라고 말한다. 코언에게 제노모프는 괴물 분류와 그린버그가 나열한 진화적 범주를 위반하지만, 내 생각에는 우리의 지구 생명에 대한 감각 측면에서 제노모프가 다른 경계를 위반하기 때문에 한층 더 불편한 존재가 된 것 같다. 제노모프는 지능이 있어 인간의 기술과 소통을 가로막을 뿐 아니라, 기생을 바탕으로 한 번식 본능과 이를 지키기 위한 폭력성까지 갖추었다. 이 특성은 동물과 사람의 경계를 희미하게 만든다.

우리는 인간과 동물 사이의 경계를 환경, 경제, 법, 미식의 목적으로 나누었지만, 늘 뚜렷한 것은 아니었다. 그래서 괴물은 설득력 있는 부자연스러운 생명체이고, 익숙한 경계를 부정하고, 불가능해 보이던 생물학을 우리가 감히 믿게 하는 존재인 것이다. 그래서 외계 행성을 탐험하고 귀가할 때 우리가 배운 것들을 갖고 돌아갈 기회를 마련해준다.

외계 생명을 상상하는 것은 인식뿐 아니라 감정적 믿음의 도약을 요구한다. 단지 생리학적 조합 말고도 충동과 욕망, 어쩌면 내면의 생명까지 믿어야 한다. 그리고 우리는 우리의 먼 사촌에 해당하는 지구의 동물을 대상으로도 이러한 믿음을 갖는 데 충분히 어려움을 겪고 있다.

때로는 다른 행성에서 폭넓은 포용을 실천하는 것이 더 쉬울 때가 있다. 〈아바타〉는 줄거리나 열대우림 배경 외에도, 영화가 담은 지구에 대한 책무와 자연 존중이라는 메시지 때문에 환경에 대한 동화 같은 만화인 1992년 〈푸른 골짜기 FernGully〉와 비교되기도 한다. 판도라의 숲에는 다양하고, 상상이 생생하게 구현된 생물들이 살고 있다. 이 생물은 그저 배경이 아니라, 이야기의 핵심이자 구원의 대상이다. 극장을 나설 때, 우리 지구의 환경도 마찬가지로 소중하다는 것을 깨닫게 된다. 우리는 가상의 세계를 위해서가 아니라, 우리의 세계를 위해서 이러한 세계를 만들어낸 것이다.

생명체가 존재하는 우주를 희망하는 이유는 그 대안이 너무 외롭게 느껴지기 때문이다. 우리는 다른 세계의 주민과 연대감을 찾고자 한다. 하지만 이는 그들이 우리를 친척처럼 느낄 거라고 가정하는 것이다. 우리는 지구의 진화가 수렴하는지, 발산하는지, 반복 가능한지, 무작위적인지 모른다. 다른 곳에서 생명의 가능성은 무한히 이상할 수 있다. 그러나 우리가 외계 동물과 유대감을 형성할 수 있다면 인간을 포함한 지구의 동물들에도 더 나은 기회가 주어질지도 모른다.

지구는 외계 생명체처럼 보이는 생명으로 가득하다. 해파리, 물곰, 엄청난 산성 환경 또는 뜨겁거나, 매우 춥거나, 파묻힌 바위의 작은 구멍처럼 생존에 적합하지 않은 환경에 사는 미생물이 있다. 그 가운데 다리가 6개 달린 말은 없다. 그렇지만 우리가 가진 앎의 경계를 넘어서는 것을 상상할 수 있게 해주는 건 외계 생명체의 형체뿐이 아니다. 외계 생명체에 대한 생각도 그런 역할을 한다.

4장

사람

:

우리가 만날
저 너머의 세계들

4장. 사람

팍스$_{Pax}$라고 이름 붙인 행성에 도착한 사람들은 익숙한 것을 많이 발견했다. 수 버크의 소설 《세미오시스》에서 이 작은 탐사대는 살기 힘겨운 지구를 떠나 새롭게 시작할 수 있기를 희망했다. 도착한 곳은 생명은 풍부하지만 사람이 없어서, 외계의 자연과 조화롭게 살아갈 두 번째 기회, 이상적인 환경을 찾은 것처럼 보인다.

그리고 스스로를 '평화주의자'라고 부르는 그들은 마주친 생명체에 쉽게 적응할 수 있었다. 게와 같은 생명이 풀밭을 종종거리고, 도마뱀 같은 동물은 나무 위에 살았다. 날지 못하는 새가 깡충깡충 뛰고, 박쥐가 날아올랐다. 이 식민지 건설자들은 대부분의 생명체를 지구와 같은 이름으로 불렀고, 실제로 생김새나 기능이 지구 동물과 비슷했다. 게, 박쥐, 파충류, 지상의 동물을 사냥하는 "독수리", 먹을 수 있는 밀과 형형색색의 튤립, 나무 위에서 자라는 렌틸콩과 수관에서 땅에 닿을 듯한 아치를 만들며 뻗은 가지를 가진 오렌지 나무까지. 털이 복슬복슬한 고양이 크기에 가젤처럼 껑충대는 초록색 생물은 식민지 건설자들의 어린 시절 상상에 따라 피포캣$_{fippokat}$이라고 부른다. (좀 더 큰 캥거루 비슷하게 생긴 피포캣의 친척뻘 동물이 발견되었을 때, 식민지 건설자들은 그들을 피포라이언이라고 불렀다.) 식민지 건설자들이 선인장이라 부른 가시투성이 생명체는 수소로 채워진 주머니 덕분에 하늘 높이 떠 있다.

그리고 식물이 있다.

식물은 역시 사람들에게 여러모로 친숙하다. 일단 초록색이다. 숲에서는 크게, 들판에서는 잔디처럼 자라고, 꽃을 피우며 열매를 맺는다. 그런데 이 식물들은, 적어도 일부 식민지 건설자들에게는 의도적이라고 느낄 법하게 행동한다. 어떤 면에서 낯설지 않지만, 지구의 어떤 식물도 하지 않을 일을 한다.

첫 번째 단서는 식민지 건설자들이 먹은 흰 덩굴의 열매다. 어느 날 열매를 채집하던 식민지 건설자 3명이 갑자기 변한 열매의 성분 때문에 독살된 채 발견된다. 한두 달이 지난 후, 정착민들의 밀밭에서 작물이 뿌리가 썩어 다 쓰러져버렸다. 이는 식물 숲에서 흘러나온 물이 밭을 오염시켰기 때문이었다. 인간 식물학자 옥타보는 열매를 먹고 죽은 여인의 무덤이 흰 덩굴의 뿌리로 관통되었음을 알게 된다. 그는 "죽은 인간의 몸을 먹기 위해서 덩굴이 뿌리를 뻗었다. 살을 음식으로 먹고, 피를 물처럼 마셨구나" 하고 깨닫는다. 이는 마치 "약탈하도록 전사자의 시신을 들판에 방치한 지구의 전쟁"처럼 느껴진다. 옥타보는 분노에 가득 차서 뿌리를 잘게 썰다가 스스로를 바보 같다고 여겼다. 그들은 그저 식물일 뿐이다. 하지만 옥타보는 이 행성 팍스가 지구보다 10억 년 정도 나이가 많음을 알고, 지구의 식물에 비해 그만큼 더 진화했다는 것 또한 알고 있다.

한 식민지 건설자는 "우리는 식물이 무엇을 하는지 압니다. 자라지요. 그들은 유용할 수도, 그렇지 않을 수도 있습니다. 그리고 우리가 알아야 할 건 그게 전부입니다"라고 말한다. 하지만 팍스의 식물은 의지를 갖고 있다. 흰 덩굴이 인간과 전쟁 중인 것은 아니었지만, 옥타보는 덩굴들끼리 서로 싸움을 벌이고 있음을 깨닫는다. 한쪽에서는 인간들을 먹이고, 다른 쪽에서는 경쟁자의 새 애완동물(인간)을 독살하면서 말이다. 한 세대 동안, 평화주의자들은 보호를 대가로 우호적인 덩굴에 비료를 주었다. 상호 이익의 간단한 시스템이다. 그런데 그때 인간은 무지개 대나무를 발견했다.

몇 명의 인간이 근처에 캠프를 차리던 어느 밤, 이 대나무는 인사라도 하듯이 무지갯빛 새순을 틔웠다. 그리고 지금껏 본 적 없는 아주 맛있는 열매를 대접한다. 그러나 열매를 다 먹었을 때, 인간들은 무기력함, 두통, 피로를 느낀다. 그 열매는 대나무가 유용한 인간을 곁에 두기 위한 일종의 계책이었던 걸까? 아니면 지구의 담뱃잎이나 커피콩 같은 식물과 비슷한 걸까?

평화주의자들이 식물의 지능을 의심할 때쯤, 독자는 무지개 대나무의 시점으로 쓰인 장에서 확실한 증거를 얻는다. "성장 세포는 분열하고 확장하며, 수액으로 채워지고, 성숙해지고, 또 다른 잎이 열린다. 오늘도 수백 장의 어린잎이 햇빛을 받으며 부드러워진다." 무지개 대나무는 반응하거나 문제를 해결하는 데 그치지 않고, 자각 능력이 있다. "나는 기쁨 속에서 잎, 가지, 줄기, 새순, 뿌리를 키운다."

이 식물은 주변의 다른 생명을 인식하고, 또한 새로운 이방인들이 팍스의 동물보다 똑똑하며, 그래서 더욱 유용하다는 것을 알아차렸다.

낯선 화학 구성을 가졌지만 해독 가능하다. 나방이 살점을 조금 가져다주어서 알게 되었다. 우리 관계는 서로 도움이 될 것이다.

평화주의자들은 팍스에서 가장 중요한 종을 위해 아껴둔 이름, 바로 팍스에서 처음으로 죽은 식민지 건설자의 이름을 따서, 무지개 대나무를 스티브랜드Stevland라고 부른다. (식물 스티브랜드는 무성의 자웅동체지만, 이름 때문에 '그'라고 한다.) 인간의 이름을 가졌지만, 그에게서 인간과 비슷한 점은 하나도 찾아볼 수 없다.

　작가인 수 버크가 스티브랜드에 대한 영감을 떠올린 것은 그녀의 화분 속 식물이 다른 식물을 치명적으로 칭칭 감아 죽인 것을 알아차렸을 때였다. 버크는 처음에는 희생된 식물을 지켜주지 못한 것에 죄책감을 가졌다. 하지만 한 달 뒤쯤 같은 일이 반복되었다. 한 식물이 주변 화분에 뿌리를 보내 다른 식물 자체에 들어가버린 것이다. 버크는 세 가지를 알아차렸다. 이 행동에는 규칙이 있고, 버크의 잘못이 아니었고, 어떤 이야기의 씨앗이 될 수 있다는 것이다.

　그 뒤 버크는 식물에 대해 조사하며 많은 것을 배웠다. 식물들이 주변 환경을 인지한다는 걸 알게 되었다. 식물의 행동에 대한 연구자들의 해석 중 일부는 식물이 시간을 재고, 상호작용하고, 살아남기 위해 싸우기도 한다는 점을 시사했다. 버크는 "저는 식물이 무서워요. 하지만 동시에 놀랍기도 해요" 하고 말했다.

　스티브랜드는 실제로 끔찍하고 경이롭다. 그는 처음에 평화주의자들을 (동물들은 불가능한 방식으로) 자신을 점점 더 지적으로 성장하게 해주는 존재로 보았다. 자신이 영양과 보호를 제공하면 그 대가로 비료를 주는 것이다. 버크는 연구를 이어가면서 식물이 광합성을 하기 위해 철분이 필요하다는 것을 알았고, 행성에 대해 공부하면서 모든 행성이 지구처럼 표면에 철이 많지 않다는 것을 깨닫게 되었다고 말했다. 때로는 지구와 비슷한 다른 행성들의 경우, 철이 중심의 핵으로 가라앉아 있다. 그래서 버크는 이렇게 생각했다.

식물은 철이 필요하고, 나는 철을 많이 갖고 있다. 지구에는 수백 종의 육식성 식물이 있다. 만약 어떤 행성에 지적이면서 먹이를 먹는 식물이 있다면, 그들은 아마 나를 먹잇감으로 생각할 것이다.

당연하게도 스티브랜드와 주변 동물은 글쎄, 포식 관계라기보다는 일종의 재배 과정처럼 보인다. 스티브랜드가 조용히 말한다.

많은 동물은 우리 식물만큼이나 철을 필요로 하고, 철이 많은 동물은 영양가가 높다. 역사에 따르면 우리가 먼저 동물들을 독살했다. 하지만 우리는 더 똑똑해지면서, 그들이 우리 뿌리 아래 살고 죽도록 훈련하고, 철분을 천천히 공급받을 수 있도록 했다.

스티브랜드는 그의 행성을 방문한 지적인 동물을 만났을 때 그들을 가축화할 후보로 생각했다. 하지만 그들(인간)이 더 똑똑했기 때문에, 스티브랜드는 더 많은 것을 묻고, 더 많은 것을 얻어냈다.

그들의 지적 능력은 놀라웠다. 다른 동물이나 식물에 비해 훨씬 더 똑똑했다. 그들이 관개시설을 만들고, 보호하고, 비료가 되는 배설, 퇴비를 만들어주지 않았다면 지금의 내가 되지 않았을 것이다.

식물로서 스티브랜드는 동물처럼 세대에 따른 생애 주기를 갖지 않는다. 그는 기능적으로 영원히 살고, 그의 인식은 복제된 개체들을 통해 퍼지고, 기억은 뿌리에 저장되어 지식을 조심히 유지해나간다. 스티브랜드의 생각은 이렇다.

지능은 동물의 제한되고 반복적인 삶 때문에 낭비되고 있다. 그들은 소나무에 비하면 빨리 성숙하고, 번식하고, 죽는다. 각각의 동물은 그들의 선조와 다를 바 없다. 더 똑똑해지거나 달라지지 않는다. 조상을 반복할 뿐, 결코 유일하지 않다.

그렇지만 스티브랜드는 인간 방문자들에게서 무언가를 알아차렸다. 그렇다, 그에게 필요한 건 새롭게 쓸모를 채울 수단과 더불어 연대감이었다. 그리고 인간이 도착했을 때 느낀 흥분은 이 두 측면을 흐릿하게 만들었다. 그는 인간들이 더 머무르기 바랐다. 굶주렸고, 외로웠다. (그는 무지개 대나무 종의 마지막 개체였다. 예전에 '서비스 동물'들에게 산불을 이용해 그들의 라이벌과 싸우는 방법을 가르친 바 있다.) 그는 평화주의자들의 옷 색깔을 보고, 같은 감각을 가지고 있음을 알아차렸다. "그들은 색을 본다. 웅장하고 매력적인 나의 색을 보고, 그들과 피할 수 없는 중요한 소통을 하고 있음을 알게 될 것이다."

그래서 그는 신호를 보낸다. 평화주의자들이 알아차린 무지

4장. 사람

개는 우연히 나타난 빛이 아니라, 일부러 만들어낸 무늬다. 식물은 자라기 위해 빛을 감지할 수 있다. "이 나무는 무언가를 보여주기 위해 껍질을 이용해 색을 만들어내요." 네 살짜리 식민지 평화주의자가 말했다. "우리처럼요. 그게 바로 색들이 의미하는 거고, 우리는 이걸 좋아한다고 (스티브랜드에게) 말해줘야 해요."

호감이라 하기에는 아직 부족하지만, 그들의 관계는 서로에게 이득을 준다. 평화주의자들은 스티브랜드에게 물과 비료를 제공하고 그는 인간들에게 각성제, 진통제 또는 약물을 첨가해 생화학적 기술로 생산한 열매를 제공한다. 꽃가루와 뿌리 시스템을 이용해 그는 인간 영토의 경계를 순찰하며 약탈하는 독수리나 들불을 알려준다.

수십 년 동안 불안한 평화가 이어졌다. 평화주의자들은 스티브랜드와 더 유창하게 소통하면서도 그를 믿는 것을 경계했다. 그는 지적이었지만 동시에 이질적이고, 속을 알 수 없었다.

스티브랜드가 인간사에 점점 더 개입하게 되면서, 평화주의자들의 지도자가 그에게 제안했다.

"당신은 팍스의 시민이 될 수 있소. 투표를 할 수 있고, 토론에도 참여할 수 있다오."

이는 스티브랜드의 공동체에 대한 관심 때문이 아니라, 그의 우월감과 통제가 문제되고 있어서였다. 그가 아리송한 대답을 한다.

"나는 동물이 아니다. (…) 나의 가장 활동적인 뿌리의 다당류를 조사해보았고, 평등에 대한 결론에 도달했다. 평등은 하루의 길이 같은, 어떠한 사실이 아니다. 나는 당신들에 비해 크기, 나이, 지능 모든 면에서 명백히 우월하다. 평등은 마치 아름다움처럼 하나의 생각, 믿음에 불과하다."

나는 무엇이 사람을 사람답게 하는지에 대해서도 똑같이 말할 수 있다고 생각한다. 스티브랜드는 인간이 도착하기 전까지 고독에 시달릴 정도로 똑똑했다. 하지만 인간과 만나면서 그는 스스로 평화주의자가 되고 변화했다. 일정 부분은 그가 인간의 철학을 배워서 고질적이며 이기적인 자기애를 넘어 동정과 사랑(그리고 어두운 반대 개념까지) 같은 이질적인 개념을 받아들인 것을 말한다. 하지만 어느 정도 계약의 측면이 있다. 스티브랜드에게 팍스의 시민권이 주어졌을 때, 권리와 법에 대한 구속력이 부여되면서 그는 사회의 일원이 된다. 시민권이 지각 있고, 죽지 않으며, 지배하려 드는 식물과 인간 사이의 갈등, 불통을 제거할 수 있을 것 같지 않지만, 둘 사이의 해결책을 찾는 방법은 완전히 바뀌게 된다. 이 지적 외계 생물이 헌장에 서명을 했거나, 사회의 일원이 되었기 때문이 아니라, 그러한 관계를 맺는 일이 가능한 존재처럼 보이기 때문에, 사람이 되는 것이다.

인류학자이며 자연에 대해 글을 쓰는 로런 아이슬리Loren Eiseley는 "사람보다 우주에서 더 외로운 존재는 없다"고 했다. 그는 우리 인간이 동물에 둘러싸여 있지만 자연 속 다른 존재들과 자각 능력,

언어, 역사, 모든 면에서 분리되어 있다고 말한다. (바로 이런 이유로 "과학소설에서 인간이 그와 비슷한 정도의 소통 능력을 가진 생명체를 꿈꾸는" 것이다.) 우리가 지구에서 이런 연대감을 기대하는 유일한 생명체라는 사실이 우리와 비슷한 존재의 부재를 더욱더 고통스럽게 만든다.

우리는 동료 인간, (일부 사람들이 말하듯이) 고래나 개를 볼 때 '인간성'을 느낀다. 하지만 인종, 장애, 성별의 역사가 분명히 보여주듯, 다른 사람들에게 인간성을 부여하는 인류의 기록은 꽤 얼룩져 있다.

'무엇이 사람을 사람답게 하는가'라는 질문은 여러 방식으로 접근할 수 있다. 먼저 법적 인격은 권리와 책임을 부여하는 범주로, 회사나 강처럼 인간이 아닌 존재에 부여되기도 하고 코끼리, 오랑우탄, 침팬지 등과 같은 동물의 존엄을 위해 요청되는 경우도 있다. 철학자 마크 롤랜즈Mark Rowlands가 "일종의 도덕적 배려를 받아야 하는 개체에 부여되는 것"으로 설명한 윤리적 인격도 있다. 하지만 가장 본질에 가까운 건 롤랜즈가 형이상학적 인격이라고 부른 것이다. 이는 사람이 어떻게 대우받아야 하는지가 아닌, 사람이 본질적으로 어떤 존재인가를 묻는다.

약 300년 전, 존 로크John Locke는 사람을 "이성을 가지고 성찰하는, 서로 다른 시간과 장소에서도 스스로를 동일한 '생각하는 존재'로 인식하는 지적 존재"로 정의했다. 이에 따르면 일관성 있는 정신 생활을 하는 모두가 사람이다. 그리고 이것이 동물 지능에 대한 많은 연구가 측정하고자 하는 사항이다. 바로 롤랜즈가 "성찰적 자기 인식"이라 부르는 것, 즉 자신을 "생각하는 존재"로 인식하는지 측정하려는 것이다. 따라서 스티브랜드의 관점에서 쓰인 장은 단순히 이야기 전개 때문에 그를 사람으로 설정하는 것이 아니라, 자신의 존재를 인식하고 있음을 구체적으로 보여준다. "성장 세포는 분열하고 확장하며, 수액으로 채워지고, 성숙해지고, 또 다른 잎이 열린다." 그리고 버크는 몇 줄 더 기다리게 한 다음에야 이 말을 한다.

> 기쁨으로 나는 성장한다…. 바로 나.

소설의 화자가 아닌 이상, 다른 존재의 '나'에 대한 감각을 아는 것은 불가능하다. 자기 인식을 평가하기 위해 흔히 시도하는 방법은 '거울 자기 인식 검사'다. 이 테스트는 동물의 몸에서 거울로만 볼 수 있는 부분에 염료로 점을 찍어놓는다. 그리고 거울에 비친 자신의 모습과 점을 보여주면, 자기 인식이 있는 동물은 거울 속 몸이 자신이라는 것을 인식하고 점을 조사하거나 제거하려 한다. 롤랜즈는 "일반적으로 18~24개월이 넘은 아이, 침팬지, 보노보, 오랑우탄은 이 검사를 통과한다"고 했다. (고릴라는 종종 실패하는데 아마도 공격적이어야 할 때를 제외하고는 다른 이의 얼굴을 보는 것을 매우 싫어하기 때문이다.) 코끼리, 돌고래, 비둘기, 만타가오리도 이 검사를 통과했다는 주장이 있다. 최근에는 일부 어류도 통과했다는 설이 제기되어, 이 실험의 유용성이나 어떤 동물이 자기 인식 능력이 있는지에 대한 기대 자체에 의구심이 생기고 있다. 거울 자기 인식 검사에서 너무 많은 것을 추론하지 않도록 조심해야 한다. 이 검사 결과는 종종 자기 인식, 인지, 생각의 증거 등으로 인용된다. 하지만 실제로 거울 검사가 알려주는 것은 '어떤 존재가 자신의 육체적 자아를 인식할 수 있으며, 거울에 비친 모습이 자기 신체를 표현한 것임을 알고 있는가'다. 어쩌면 물고기는 그렇게 이상한 행동을 하는 것이 아닐 수 있다.

하지만 우리는 경계를 두고 싶어 한다. 롤랜즈는 "인격은 일반적으로 동물계의 (자칭) 최고봉인, 일정 연령 이상의 인간과 (여기서는 코를 막아야 할 수도 있지만) 다른 인류hominid의 조상이나 고래류cetaceans에만 수여할 만한 영예로 여겨진다"고 했다.

롤랜즈는 우리가 범위를 넓혀 거울 자기 인식 검사를 통과하지 못한 동물들도 인간성 클럽에 받아들여야 한다고 생각한다. 하지만 그 모든 동물이 지능이나 가치 면에서 우리와 동등할 수는 있지만, 권력에서는 동등하지 않다는 점은 분명하다. 따라서 사람을 이해하는 또 다른 방법은 계약을 맺을 수 있는 (여기서는 법적인 면이 아니라 일종의 윤리적인 측면에서) 존재로 보는 것이다. 바로 사회적 계약을 말한다. 사람이라는 존재는 단지 지배하거나 보살펴야 하는 대상이 아니다. 존중해야 하는 상대인 것이다.

지상의 것이 아닌

헌터칼리지 동물 행동 및 보존 프로그램의 소장인 심리학자 다이애나 리스Diana Reiss는 돌고래의 지능을 연구하며 경력을 쌓았다. 그 연구의 핵심 원칙은 돌고래에 어떠한 기대도 갖지 않은 채 접근하는 것이다. (그녀는 돌고래를 연구 동료라고 부른다.) 기존 연구자들은 보상으로 음식을 주면 돌고래가 복잡한 신호를 이해하도록 훈련할 수 있음을 보였다. 이와 달리 리스는 소통에 도움이 될 사회적 기반을 마련하기 위해 얼굴을 맞대고 (돌고래식으로라면 손과 지느러미를 맞대고) 동등하게 만나려고 노력했다고 말한다.

사회성이 지능의 진화에 중요한 촉매였다는 것은 지난 수십 년간의 중요한 발견이다. 1960년 발표된 연구에서, 로런 아이슬리는 돌고래들이 도구를 만들거나 환경과 정교하게 상호작용할 손이 없음에도 지능을 갖도록 진화한 것에 놀랐다.

> 출렁거리는 초록빛 동화의 나라인 바다를 떠다니는, 인간과 비슷하거나 거의 근접한 지능을 가진 외로운 지적 존재를 상상하기는 매우 힘들다. 게다가 무언가를 만들 수 있거나, 지식을 전달할 수 있도록 쓰거나, 지구 표면에 머리카락만큼의 차이라도 만들 손이 없다면.

하지만 지구의 지능을 가진 동물들은 그저 문제를 풀기만 하지 않고 육지, 바다, 공중 그 어느 곳에 살든 복잡한 관계의 그물을 탐험하는 사회적 존재다. 실제로 사이먼 콘웨이 모리스는 고도의 지능으로 수렴하는 것이 다른 이들이 주장하듯 솜씨 좋은 손이나 마주 보는 엄지손가락이 아닌, 복잡한 사회구조에 따라 이루어짐을 밝힌 바 있다. 리스는 "우리가 돌고래, 침팬지, 앵무새에서 찾은 것 중 하나는 사회적 교류가 바로 원동력"이라고 말한다. (문어는 지능이 있는 고독한 특이 종이다.)

리스는 돌고래를 외계 생명의 유사체로 보지 않고, (외계가 아닌) 지구에 있는 이질적인, 동시에 지상의 것은 아닌 지능으로 본다. 그녀는 많은 SETI 과학자와 일해왔지만 그보다 훨씬 전부터 자문했다고 한다.

"만약 외계 생명체와 얼굴을 또는 얼굴과 촉수를 맞대게 되면… 어떻게 해야 하지? 그리고 생각했어요. 음… 우리와 소통할 방법을 알려주는 게 내가 하고 싶은 일인 것 같네."

때로는 돌고래들이 스스로 방법을 찾기도 한다. 연구 초기에 경험한 일 가운데 대학원 시절 훈련시킨 키르케Circe에게 먹이를 주던 에피소드는 리스가 가장 좋아하는 이야기다. 그 당시 먹이는 키르케의 입 크기보다 훨씬 큰 고등어 한 양동이였고, 리스는 고등어를 머리, 몸통, 꼬리로 삼등분했다. 리스는 키르케가 꼬리는 절대 먹지 않는다는 걸 알아채고는, 꼬리의 뾰족한 지느러미를 잘라서 좀 더 먹기 좋게 만들었다.

"제가 먹이를 주던 중에 키르케가 어디론가 떠나기도 했는데 그건 잘못된 행동이라고 알려줄 방법이 필요했어요." 그래서 리스는 키르케에게 (생각하는 의자 같은) 일종의 벌칙을 주었다. 키르케가 헤엄쳐 가버리면, 리스 역시 1분 동안 수조의 가장자리로 간다. 키르케가 돌아오면 리스도 돌아갔다. 결국 키르케도 배우게 되었다.

하루는 리스가 키르케의 먹이 고등어 꼬리에서 날카로운 지느러미를 잘라내는 것을 잊어버렸다.

"제 실수였어요. 키르케는 눈을 크게 뜨고 저를 쳐다보더니, 물고기를 뱉었고요. 그리고 수조를 직선으로 가로질러서 수직 자세를 취하더니 저를 똑바로 봤어요. 키르케가 제게 벌칙을 주려던 걸까요?"

리스는 이 일을 자료가 아니라 사건 자체로 받아들였다. 며칠 뒤 리스가 의도적으로 키르케에게 꼬리를 자르지 않은 먹이를 주자, 그때마다 키르케는 리스에게 벌칙을 주었다. 리스는 그때 단순히 자신만 돌고래를 연구하는 게 아니라, 돌고래도 사람을 이해하려고 노력한다는 것을 인식하게 되었다. 이때가 바로 그녀가 "돌고래들은 크고, 아름다우며, 지적인 동물이고, 우리는 그들을 공부할 새로운 방법이 필요하다고" 깨달은 시점이었다.

그녀는 수중 키보드를 만들었다. 돌고래들이 어떤 특별한 활동을 원하거나 놀이용 공과 고리 등이 필요할 때, 아니면 훈련사들이 배를 문질러주길 원할 때 신호를 보낼 수 있게 해주기 위해서였다. 리스는 돌고래들이 아주 빠르게 키보드 소리를 흉내 내는 방법을 배웠고, 그에 해당하는 물건을 갖고 놀려고 할 때 그 소리를 낸다는 것을 알게 되었다. 연구 두 번째 해에 돌고래들은 (예를 들면) '고리-공'이라는 소리를 합쳐서 내기 시작했다. 그리고 예상대로 고리와 공을 함께 가지고 놀고 있었다.

다른 연구자들은 정반대 방법으로, 최대한 인간을 배제한 상태로 돌고래의 소통을 연구했다. 돌고래의 인지능력과 소통 관련 전문가인 제이슨 브루크Jason Bruck는 그의 목표가 돌고래들이 서로 어떻게 연결되는지 이해하는 것이라고 했다.

"그들과 소통하려고 한다면, 당신이 바로 이야기가 됩니다. 그리고 저는 그들이 이야기인 상황에 더 관심 있습니다."

돌고래라는 '이야기'에 대해 우리가 아는 것은 생각보다 많지 않다. 돌고래의 소통이 끽끽대거나 휘파람 같은 소리로 이루어진 풍부한 어휘를 활용하는, 우리 언어와 비슷한 것이라고 생각했다. 하지만 연구자들은 지금까지 오직 한 종류, 시그니처 휘파람signature whistle만을 확실히 밝혀냈는데 이는 이름과 같은 고유 식별자이며, 조금씩 다르게 쓰이기도 한다. (예를 들어, 새끼를 데리러 가는 어미 돌고래는 새끼의 것이 아닌 자신의 시그니처 휘파람을 분다.) 돌고래는 다른 복잡한 휘파람 소리도 많이 낸다. 일부는 먹이와 관련이 있고, 일부는 감정의 흥분 상태를 나타낸다. 하지만 브루크는 "시그니처 휘파람을 제외하고는 의미가 있긴 한 것인지, 있다면 무슨 뜻인지 우리는 아직 모른다"고 말한다.

수십 년 동안의 (브루크가 "블루칼라 과학"이라고 부르는) 고통스러운 연구와 기술의 발전으로 시그니처 휘파람이 돌고래들이 한 살 때 스스로 붙이는 고유 식별자라는 것을 이해할 수 있었다. 돌고래는 남의 휘파람을 꽤 효과적으로 흉내 내긴 하지만, 서로의 목소리와 톤을 잘 구분하지 못한다. 물의 깊이에 따라 (더 깊은 곳이라면 더 강한 수압이 목소리의 높이를 증가시키는 등) 변화가 일어나기 때문이다. 대신 돌고래는 휘파람의 모양$_{shape}$과 윤곽$_{contour}$에 의존한다.

이런 사실을 알더라도 돌고래들이 다른 돌고래가 내는 시그니처 휘파람을 친숙하게 여기는지, 정말로 이름으로 인식하는 것인지는 여전히 불분명했다. 하지만 브루크는 그가 이전에 밝혀낸, 우리에게 훨씬 이질적인 돌고래 소통의 또 다른 측면을 활용할 수 있었다. 돌고래들은 소변을 이용해 서로를 인식할 수 있다. 이 특징이 브루크에게 시그니처 휘파람을 시험해볼 방법을 제공했다. 브루크의 연구에서, 돌고래들에 다른 친구 돌고래의 소변 신호를 주고, 이어서 시그니처 휘파람을 틀어주었다. 때로는 두 가지가 일치하는 신호를 주었고, 때로는 서로 다른 신호를 주었다. 연구자들은 돌고래가 일치하는 신호와 일치하지 않는 신호를 받았을 때 다르게 반응하는지 살펴보았다. 실제로 돌고래들은 소변과 휘파람 신호가 일치하는 경우 주위를 주의 깊게 살폈다. 브루크의 표현에 따르면 이 반응은 "나는 이 신호를 알고, 방금 맛본 소변의 이 신호는 이 돌고래를 의미하는 거야"라는 뜻이다.

브루크는 돌고래를 의인화하지 않는 태도 덕분에 이 실험을 고안할 수 있었다고 했다.

"저는 돌고래가 서로의 소변을 맛보고 사회적 정보를 얻는다는 것을 알게 되었어요. 돌고래를 지느러미 있는 사람처럼 생각하지 않았기 때문에요."

그렇다고 해서 돌고래를 이해하고 소통하려는 리스나 그 외 다른 연구자들이 일을 잘못하고 있다는 뜻은 아니다. 돌고래가 지능을 진화시킬 수 있게 도운 사회성은 돌고래와 인간 훈련사 겸 연구자 사이를 연결하여 새로운 발견을 할 수 있게 한다. 플로리다 키스 제도의 돌고래 연구센터 연구소장인 켈리 야콜라Kelly Jaakkola는 돌고래에 대한 실험에서 먹이보다는 돌고래의 인간에 대한 관심이 더 강한 보상 요인이 된다고 말했다. 한 연구에서 그녀와 연구진은 돌고래가 먹이 보상과 칭찬을 받을 때 특정 기기를 다룰 수 있게 훈련시켰다. "그리고 우리는 돌고래들이 스스로 기기를 사용하게 넘겨주었어요." 돌고래들이 어떤 임무를 마쳤을 때, 그들은 훈련사가 아니라 튜브를 통해 물고기를 받게 되어 있었다. 하지만 특별히 사람에 의해 동기부여를 받는 것처럼 보이던 한 돌고래가 몇 분 뒤 임무를 포기했다. "주변을 돌아보면서 '더 안 할래'라고 하는 것처럼 보였어요."

종 사이를 연결할 수 있는 우리의 능력에도 불구하고, 돌고래와 인간은 여전히 매우 다른 존재다. 야콜라는 인간과 돌고래는 9000만 년에서 9500만 년 동안 다른 진화를 겪었다고 지적한다. 이렇게 다른 진화 경로로 인해 인간과 돌고래는 각각 다른 체형, 뇌 구조, 세계를 경험하는 방법을 갖게 되었다. 그저 신체 구조와 감각기관만 다른 것이 아니다. 인간과 돌고래의 뇌는 모두 크지만, 매우 다르다. 돌고래의 대뇌피질은 인간의 것보다 면적이 넓지만 더 얇다. 그들은 5겹의 세포를 가졌으나 세포의 종류는 적고, 우리는 6겹을 가졌고 더 다양한 종류의 세포가 있다. 이런저런 구조 차이는 기능의 차이를 만들어낸다. 우리의 생각도 아주 다르게 작동한다.

동물의 지능을 측정하는 것도 허무한 일이지만 지능의 순위를 매기려는 시도에 견주면 덜하다. 야콜라는 "마치 마이클 조던과 모차르트 중에 누가 더 재능 있느냐고 묻는 것과 같다"고 말한다. 돌고래는 바라보는 것(또는 음파로 탐지하는 것으로)만으로 당신이 임신했는지 알 수 있다. 하지만 어떤 물체를 음파가 통과하지 못하는 양동이에 넣은 뒤 이것을 움직이면, 심지어 돌고래가 그 작업을 하는 당신을 보고 있다고 해도, 그들은 그 물체가 어디 갔는지 모를 것이다. 우리에게는 황당할 정도로 당연한 사실이기 때문에, 야콜라와 연구진은 실제로 이 대상 영속성object-permanence 검사를 수행했을 때, 돌고래들이 쉽게 합격할 것이라고 예상했다. 하지만 우리가 인간의 능력 중심으로 생각하지 않는다면 당연한 것은 많지 않다. 야콜라는 "그들의 세계에서, 어떤 통에 들어가서 없어지는 일은 드물다"라고 한다. 대양에서 수천만 년의 시간 동안 많은 종류의 지적 능력을 발달시켰지만 양동이에 담긴 물체 추적은 그중 하나가 아니다. 우리는 상상조차 못하는 능력이 그들에게 있을지 누가 알까? 그래서 돌고래와 소통하는 방법을 찾거나 그들의 소통 체계를 해석하려 할 때, 연구자들은 반드시 열린 마음을 가져야 한다. 리스는 "돌고래의 마음을 살펴볼 수 있길" 바란다.

"돌고래들에게 다가가서 보고, 듣고, 우리가 함께할 방법이 무엇인지 찾으려고 해요. 그래서 그들이 무엇을 할 수 있는지 우리에게 보여주도록요."

리스가 지상의 것이 아니라고 불렀고, 철학자 마거릿 그레보비츠Margret Grebowicz가 웨일리언whalien이라고 부르는 고래목 동물은 수십 년 동안 우주생물학자들의 관심 대상이었다. 미국에서 열린 첫 번째 SETI 학회에는 저명한 돌고래 연구자 몇 명이 참여했고, 그들의 연구 성과가 SETI에 잘 받아들여졌다. 학회 내에서는 돌고래 연구자들이 수년 동안 스스로를 돌고래 기사단Order of the Dolphin이라고 지칭해왔다. 신경과학자이며 고래목 옹호자인 로리 마리노Lori Marino는 최근 SETI 학회에 자주 참석해 지구 생명 관련 비유를 제안하는 데 그치지 않고 인간의 자만심에도 경고를 날린다. 우리는 '여기' 있는 지적 생명체들조차 이해하지 못한다고.

돌고래 연구는 외계 생명체와 소통하는 것이 얼마나 어려울지 보여준다. 돌고래의 생각이 우리에게 투명하게 보이지 않는다는 것이 돌고래가 생각하지 않는다는 의미가 아니다. 하지만 수십 년간 연구가 이어졌음에도 여전히 명백하게 지적인 동물들과 인간 사이의 통로를 열지 못했다.

하지만 고래와 인간이 소통할 수 없다는 건 사실 서구의 관점이다. 크리스타 랑글루아Krista Langlois는 해양과학과 사회를 다루는 《하카이 매거진Hakai Magazine》에 기고한 글에 극지 문화에서는 고래 사냥을 "동등한 이들의 싸움"이라고 여겼다고 썼다. 인간에게는 기술이 있지만 고래는 커다란 몸집을 가졌고 "감정적이고 사려 깊으며, 인간 공동체와 비슷하게 사회적 기대에 영향받는 존재"로 여겨졌다. 이 공동체의 사냥꾼들은 고래를 "바다 위 사회와 평행한 수중 사회에 사는 존재"라고 생각했다. 또한 고래가 사냥당하는 사실은 인간의 지배를 의미하는 것이 아니라, 고래가 그럴 만한 사냥꾼들에게 자신을 바쳐, 그들의 육체가 존중받고 영혼이 다시 태어날 수 있도록 하는 협력이라고 말한다.

리스 역시 고대부터 인간은 우리가 그들을 관찰하는 만큼이나 우리를 관찰하는 돌고래를 "자신이 무엇을 하는지 아는" 존재로 여겼다고 했다. 고대 그리스에서는 돌고래들이 바다에서 조난당한 선원을 구한다고 전해졌다. 리스는 이러한 전설이 돌고래가 "잘 이해하는" 생명체라는 것을 의미한다고 말한다.

로리 마리노는 이러한 극지 사회와 달리 서양 과학은 계층구조에 의해 제약받는다고 썼다. 아리스토텔레스는 인간 중심적 개념으로 다시 한번 우리를 묶어두었다. 이 경우에는 무기물에서 식물, 무척추동물, 척추동물, "마지막으로 모든 동물보다 우월한 위치를 차지하는 인간"에 이르기까지 자연 세계의 계층적인 진화 개념이 자리했기 때문이다. "인간은 다른 어떤 동물보다 완벽한 형태를 가지고, 독특한 특성을 지닌 가장 고등한 형태의 생명체로 간주된다." 우주생물학에서 이 개념은 지구에 지적 생명체가 하나의 예만 있다고 오해하게 만들기 때문에, 우리 상상력의 폭을 좁게 한다고 마리노는 경고한다.

더 나아가 인류학자 캐스린 데닝Kathryn Denning은 우주생물학 커뮤니티에 인간은 지능이 있거나 없거나, 다른 생명체를 대하는 데

최악의 기록을 갖고 있음을 상기시킨다.

다른 생명체와 그 능력, 특성에 대한 인간의 인식은 통제, 상품화, 착취의 그물망으로 이어지며, 과학과 기술도 이 그물망에 얽혀 있다.

데닝은 약물을 투여한 침팬지를 우주로 보내는 등, 가까운 동물에 행한 잔인한 행위를 예로 들어 설명한다. 돌고래나 다른 지적 동물과 소통을 시도할 때도 우리는 언어, 상상력과 함께 공감의 한계에 직면하게 된다.

어슐러 K. 르 귄은 단편 〈아카시아 씨앗의 작가 The Author of the Acacia Seeds〉에 야생동물언어학회 Therolinguistics Association가 만드는 미래의 학술지를 등장시켰다. 여기서 'Thero-'는 고대 그리스어로 '야생의' 또는 '짐승 같은'이라는 뜻이며, 야생동물 또는 그보다 더 야생의 어떤 존재의 언어학을 말하려는 것이다.

학술지의 첫 번째 발췌문은 개미가 아카시아 씨앗을 일정하게 줄 세우고 '촉각샘 분비물'을 이용해 쓴 원고를 학자들이 검토한 것이다. 인간 학자들은 마지막 줄을 둘러싸고 학문적 논쟁을 한다. "여왕과 함께 위$_{up}$로!" 학자들은 이 문장을 인간의 민족 중심주의의 반대로 읽어야 한다고 제안했다. '위'의 뜻이 인간에게는 의기양양함의 표현이지만, 개미들에게는 "아래가 안전, 평화, 집이 있는 곳이다. 위는 뜨거운 태양, 얼어붙는 밤, 사랑받는 터널 속 피난처가 없는 곳, 추방, 죽음을 의미한다". 이 마지막 씨앗 옆에서 일개미 한 마리의 시체가 발견되었는데, 아마도 이 선동적 문구를 쓴 개미일 것이다.

다음 발췌에서 르 귄은 황제펭귄을 연구하기 위해 남극 탐험을 제안하는 학자의 목소리로 말한다. 인간의 언어에서 한발 나아간 모험이다. 고속 카메라 덕분에 "유동적인 문자의 순서"와 "집단적 시연"을 잡아내 최근 아델리펭귄의 언어가 해독되었다(번역이 여전히 어렵긴 하지만, 발레단 전 단원이 함께한 시도가 가장 좋은 결과를 냈다). 작가는 고립된 지상의 황제펭귄을 연구하는 것이 이보다 훨씬 더 유익할 거라고 의견을 낸다.

그 검은 고독 안에 작은 시인 무리가 웅크리고 있다…. 모든 동적 문학kinetic literature이 그렇듯, 그것은 조용하다. 다른 동적 문학과는 달리, 움직이지 않는다. 그리고 형언할 수 없을 정도로 미묘하다. 깃털의 변화, 날개의 움직임, 희미하고 따스한 바로 옆에 있는 이의 손길.

하지만 온기와 존재에 대한 시, 동적 문학은 동물언어학자의 탐구 대상 가운데 기이한 축에 끼지도 못한다. 르 귄의 이야기는 언어의 한계와 소통을 넘어서 예술에 대한 상상을 자극하는 야생동물언어협회 회장의 사설로 마무리된다. (소설 속 동물언어학자들은 언어만큼이나 문학을 연구했다.) 이 분야의 새로운 지평은 "거의 두려움에 가까운 식물의 도전"에서 찾을 수 있을지 모른다. (이는 스티브랜드와는 매우 다른 종류의 두려움, 급진적 공감과 학문적 야망이

빚는 두려움이다.)

협회장은 독자에게 과거 동물언어학자들의 어리석은 편협함을 상기시키며, 식물의 예술에 대해 생각해보라고 권한다.

"20세기 중반까지 대부분의 과학자와 많은 예술가가 우리의 뇌로 돌고래를 이해하거나 이해할 가치가 있다고도 믿지 않았다는 것을 기억하십시오! 한 세기가 지나면, 우리도 똑같이 우스워 보일지 모릅니다."

그리고 그 미래의 동물언어학자들은 "그들은 파이크스 피크 북쪽 사면에 있는 이끼의 노래를 해석하기 위해 배낭을 메고 산을 오르며 우리의 무지함을 비웃을 것"이라고 하며 실제로 웃는다.

이마저도 가장 급진적인 호기심이 아니다. "이끼의 섬세하고 덧없는 가사" 아래서, 언젠가는 첫 번째 지질언어학자$_{geolinguist}$가 "우주의 거대한 고독, 더 큰 공동체 속에서" 돌과 지구 자체의 시를 읽게 될 것이라고 협회장은 말한다.

고독과 공동체가 만날 때까지, 우리 자신으로부터 점점 더 먼 곳까지 추구해야 할 또 다른 깊이는 항상 존재한다.

외계의 형태

과학소설 속 외계 생명체들은 사람의 형태가 아니더라도, 꽤 친숙한 모습이다. 곤충-인간, 뱀-인간, 유인원-인간, 파충류-인간. 이들의 모습은 '만약 이 계통이 자신의 세계에서 살던 지적 생명체의 진화된 형태라면?'에 대한 답일 것이다.

1982년, 고생물학자 데일 러셀Dale Russell은 만약 공룡이 멸종하지 않고, 지구상에 지배적인 존재로 남았더라면, 지적 생명체는 아마도 그 후손의 형태로 진화했을 것이라고 말했다. 진화의 논리에 따라 놀랍도록 인간 형태가 된 공룡인간dinosauroid을 그려내기까지 했다. 지능이 높으려면 뇌가 커야 하고, 뇌가 크려면 얼굴이 평평해져 주둥이가 없어야 하고, 또 무거운 머리 때문에 직립보행을 해야 균형을 잘 잡을 수 있다. 직립보행을 하게 되면 우리에게 친숙한 다리가 생기고, 발톱은 손가락 모양으로 섬세하게 진화한다. 조너선 로서스는 "엉덩이 아랫부분과 손톱이 기묘하게 닮았다고"• 결과 스케치에 대해 묘사했다.

이는 다시 수렴을, 하지만 몇 단계 더 나아간 수렴을 의미한다. 날개와 눈이 지구에서 여러 차례 진화했듯, '사람다움personness'도 우주 공간에서 여러 차례 진화할 수 있는 것이 아닐까? 이러한 진화에 '인간다움humanness'도 함께 나타나게 될까? 사이먼 콘웨이 모리스는 공룡인간에 대해 걱정하지 말라고, 운석이 공룡을 멸종시키지 않았다면, 빙하기가 멸종시켰을 것이고, 인간은 원래 계획보다 고작 3000만 년 뒤에 나타나는 정도의 차이만 있을 뿐이라고 말한다.

• 로서스는 후에 비슷한 사고실험을 했는데, 공룡이 새의 조상이라는 것을 반영하고 인간형으로 끌리는 경향에 의도적으로 저항해, 훨씬 더 새에 가까운 결과를 얻었다. 그의 공룡인간은 머리가 크고 날개가 없는 참새처럼 생겼다.

콘웨이 모리스의 주장은 그의 책 제목에 바로 드러난다. 《삶의 해결책: 고독한 우주 속 필연적 인간들Life's Solution: Inevitable Humans in a Lonely Universe》. 우리 또는 우리와 비슷한 존재는 진화의 힘으로 인해 지구에 필연적으로 나타날 것이었다. 그는 있을 법한 수렴성으로 "커다란 뇌, 지능, 도구 그리고 문화"•를 찾아냈다. 실제로 지구에선 이 방향으로 수렴이 일어났고 계속해서 진화해왔다. (돌고래, 침팬지, 문어, 까마귀의 예를 생각해보자.) 그리고 그는 지구와 유사한 행성들의 생명체라면 수렴 진화가 일어나 인간과 비슷한 생명체가 출현할 거라고 확신한다.

정말 그렇다면, 지구상의 인간이 아닌 지적 생명체보다 다른 행성의 지적 생명체가 사실 더 친숙하거나 이해하기 쉬울지 모른다. 종 사이의 관계, 훈련 가능성, 고래들은 인식하지만 인간은 형언할 수 없는 무언가 등 온갖 연결 지점을 고려해보면, 고래와 돌고래는 리스가 말한 것처럼 지상의 것이 아니기 때문에 진정한 외계 존재일 수 있다. 만약 외계 생명체들이 우리와 비슷한, 물이 아닌 육지 환경에서 진화했다면, 인간과 같은 수렴 진화를 겪었으리라 기대하는 일이 합리적일 것이다.

어쩌면 인간이 지구에서 외로운 이유는 우리와 진정으로 함께할 누군가를 경쟁에서 이겼기 (또는 종속시켰기) 때문일 것이다. 10만 년 전, 지구에는 다른 종의 인간이 있었다. 네안데르탈인과 데니소바인은 현생인류의 DNA에 남아 있는 그들의 유령이 증명

• 그렇다, 공룡인간도 충분히 자격이 있다.

하듯이, 우리와 번식을 할 수 있을 정도로 충분히 비슷했다. 하지만 이제 남은 건 우리와 대화할 수 없는 종뿐이다. 어쩌면 생명이 사는 모든 행성에는 다른 세계에서 동족을 찾고 싶어 하는 외로운 종족이 하나씩 있을지도 모른다. 인간 같은 형태로의 수렴 진화가 있다면 지적 능력, 생각의 갈래, 언어의 종류에도 비슷한 수렴성이 나타났을지 모른다. 비록 우리의 이질적 기원에 대한 속삭임은 남아 있겠지만.

옥타비아 버틀러Octavia Butler의 소설 《새벽Dawn》에서 인간 주인공인 릴리스Lilith가 처음 외계인을 보았을 때 그녀가 보인 반응은 공포와 혐오를 넘어서는 것이었다. 버틀러는 이를 "진짜 제노포비아(외국인 혐오)"라고 썼다. 릴리스가 본 건 적어도 그녀가 아는 세계에서는 완전히 부자연스러운 것이었다. 외계인은 인간형에 키가 크고 날씬한 남자아이 같았다. 또한 회색이었고, 머리와 눈, 귀는 털 비슷한 것으로 뒤덮여 있었다. 그는 위협적이지 않았고, 릴리스가 털이라고 생각하는 것이 섬세한 촉수 덩어리라고 부드럽게 지적하면서 릴리스가 혐오를 극복할 수 있도록 이끈다. 그가 자세히 보기를 권하자 릴리스는 큰 충격을 받는다.

> 그녀는 그와 더 이상 가까워지고 싶지 않았다. 전에는 무엇이 자신을 가로막고 있는지 몰랐다. 이제 그녀는 그의 이질성과 다름, 그가 말 그대로 비지구적unearthliness이기 때문임을 확신했다. 그녀는 그를 향해 단 한 발짝도 움직일 수 없는 자신을 발견했다.

4장. 사람

이전 장에서 자연사 예술가 믹 엘리슨이 말했듯이 우리는 있을 법한 동물과 그렇지 않은 동물을 본능적으로 안다. 버틀러는 자연스러움에 대한 우리의 감각은 지구의 자연스러움에 제한되어 있다고 말한다. 외계인의 털은 감각 촉수로 밝혀졌고, 릴리스는 이를 지렁이에 비유하며 혐오를 느끼지만, 버틀러는 먼 세계에서 온 사람들과의 만남에서 생길 수 있는 근본적인 어긋남에 대해 써나간다. 릴리스는 결국 두려움을 극복하지만, 외계인들과 아무리 가까워져도 본질적인 차이는 늘 남아 있을 것이다.

릴리스는 극소수의 인류 생존자와 함께 핵전쟁의 여파에서 구출되었다. 그들을 구한 건 외계 종족 오안칼리Oankali다. 그들 중 한 명인 즈다야Jdayha는 릴리스에게 오안칼리는 그들의 언어로 상인을 의미한다고 말했다.

"그럼 무엇을 사고팔아?"
"우리 자신."
"그 말은…. 서로를? 노예처럼?"
"아니. 그런 적은 없어."
"그럼 뭐를?"
"우리 자신."

릴리스는 오안칼리의 화폐가 유전자 코드라는 것을 곧 알게 된다.
"우리는 새로운 생명을 얻는다. (유전자를) 찾고, 조사하고, 조정하고, 재정리하고, 사용하면서." 즈다야가 릴리스에게 말했다. 하지만 이것은 기술적인 능력이 아니다. "세포 속의 극도로 작은 세포 안에 우리가 이렇게 하도록 이끄는 충동이 담겨 있다." 세포 안에 있는 이 소기관은 오안칼리 중 일부 구성원이 DNA를 이해하고 조정할 수 있게 하는 것이다.

오안칼리는 필요한 유전자를 얻기 위해 다른 종족과 교역한다. 바로 은하 전역에 걸친 수평적 유전자 교환의 강화된 방법이다. 버틀러는 오안칼리가 다윈식 진화가 없는 세계에서 왔다고 직접 말하지 않는다. 하지만 유전자 조작에 대한 그들의 능력으로 보건대, 소유욕 있는 오안칼리의 본능적 충동은 이 생명체가 다윈의 진화가 적용되지 않는 세계에서 왔다는 것으로 읽힌다. 오안칼리는 우연한 변이 사이의 경쟁을 거쳐 진화한 것이 아니다. 스스로 더 적합한 유전자를 찾고, 다른 생명체를 이기기보다는 융합해 온 것이다.

오안칼리는 자신의 이런 능력을 인류의 행동, 본성과 대비시킨다. 그들은 릴리스에게 인류가 (자신에게 해를 입히는) 계층적 존재이고, 이 결함은 유전자에 내재되어 있다고 말한다. 즈다야는 더 나아가 이를 "지구적 특성"이라고 부른다. 이 계층적 특성이 인간뿐 아니라 지구의 모든 생명에서 나타난다는 것이다.

지구의 모든 생명체에서 작동하는 다윈식 진화의 메커니즘은 본질적으로 경쟁이다. 계층은 그저 한 걸음 나아간 단계일 뿐이다. 무엇이 더 나은지 별로인지, 더 높고 낮은지, 지배하는지 지배받는지 서열을 매기는 것. 인간 문화는 때로 이러한 패러다임을 뛰어넘기를 바랐지만, 점점 두드러지기만 했다. 이와 달리 오안칼리는 소유욕이 강하다. 그들은 새로운 유전적 가능성을 추구하고, 힘보다는 '복사-붙여넣기'를 통해 더 나음을 추구한다.

따라서 버틀러는 한 행성에서 진화의 구조 자체가 생명의 기풍에 각인되고, 이는 유전자에 직접 암호화된 행동이 아니라 그 암호가 세대를 거치며 전달되는 방식에서 비롯된다고 제시하는 듯하다. 생명체가 지능을 얻게 되면, 그 정신은 행동으로 드러난다. 공정하게 말하자면 이러한 진화론적 해석은 버틀러의 의도와 전혀 다르다. 오안칼리와 인간의 관계는 인류사에 대한 우리 이해의 반영이며, 동시에 도전이기 때문이다. 오안칼리는 인류를 노예로 삼지만 인류를 구하기도 하고, 인류를 말살시키려 하지만, 인류를 개선시키기도 한다. 그리고 오안칼리는 인류를 사랑한다. 오안칼리의 기원에 대한 흥미로운 진화론적 추론은 소설에서 일어나는 일의 아주 작은 부분일 뿐이다. 하지만 우리의 목적을 위해서는 곱씹어볼 만한 주제다.

버틀러는 생물학에서 시작해 문화 현상과 도덕적 우려까지 확장시킨다. 알고 보니 오안칼리의 유전자 교환이 언제나 자발적인 것은 아니었다. 릴리스가 즈다야를 만났을 때, 릴리스는 지구궤도를 250년째 돌고 있는 오안칼리 우주선에 탑승한 상태였는데, 대부분의 시간 동안 그녀는 움직일 수 없었다. 오안칼리는 지구를 회복시킨 뒤 인류를 보내려고 했다. 한편으로는 인류에게서 찾은 결점이 스스로를 거의 멸종시킬 정도로 자기 파괴적이라는 데 확신을 가졌기 때문에, 인류를 오안칼리식으로 유전적 조정을 한 뒤

석기 시대 환경으로 돌려보내려고 한다. 오안칼리는 그들이 무역을 통해 얻은 유전자 중 인간에게 필요할 거라 여기는 형질이 있고, 그들의 (더 나은 단어가 없지만) 진화를 지속하기 위해 인류로부터 복사해올 형질이 있다고 생각한다.

오안칼리가 열어갈 인류 진화의 새로운 시대는 마치 지금 우리 세상처럼 자연선택이 아닌 의도적 선택에 의해 주도된다. (어쩌면 그들의 방법은 우리에게 더 이상 그토록 이질적이지 않을 수 있다.) 일부 지적 생명체에게 이러한 선택은 다음 장에서 살펴볼 사이보그 생명과 인공지능 같은 기술을 포함하지만, 오안칼리에게 유전적 조정은 자연과 크게 다른 것이 아니다. 사실, 별 사이를 이동하는 우주선을 포함한 그들의 기술은 자연 형태에서 설계되고 성장했다. 다시 말해 살아 있다는 것이다. 릴리스가 우주선이 무엇으로 만들어졌는지 묻자, "살"이라는 답이 돌아왔다. 그녀가 우주선이 식물인지 동물인지 묻자, "둘 다 또는 그 이상"이라는 답변을 들었다. 우주선은 오안칼리와 공생하고 서로의 필요를 채워주며 살아간다. 릴리스가 인간처럼 금속이나 플라스틱으로 기계를 만들어본 적이 있느냐고 묻자, 오안칼리는 "꼭 해야 할 때는 한다. 우리는… 그걸 좋아하지 않는다. 이런 작업에는 거래가 없다"고 답한다.

인간과 오안칼리의 기원이나 타고난 충동은 다르다. 그러나 두 종족은 인간형 체형, 번역하고 배우기 충분히 쉬운 음성언어를 갖도록, 신체적으로나 인지적으로 수렴했다. 하지만 릴리스는 오안칼리가 모든 인간을 유전적으로 개조하려는 계획이 폭력적이라고 생각한다. 반대로 오안칼리는 이것이 실용적이라고 본다. 이는 단순히 비용 편익 분석에 대한 의견 차이가 아니라, 수천 년에 걸친 진화와 문화, 종족이 태어난 환경, 그리고 행성을 이해하는 방법에 대한 것이다. 인간과 오안칼리는 인간이 유인원이나 돌고래를 대할 때보다 훨씬 쉽게 대화할 수 있다. 하지만 메울 수 없는 간극은 여전히 존재한다.

파도 아래와 벽 뒤

토머스 네이글Thomas Nagel의 에세이 《박쥐가 되는 것은 어떤 기분일까?What Is It Like to Be a Bat?》는 아쉽게도 제목의 질문에 대답하려고 노력하지 않는다. (사실, 한 친구는 '아아, 우리는 절대 박쥐가 된다는 것이 어떤 느낌인지 모를 거야'가 제목이었어야 한다고 말했다.) 네이글은 박쥐스러움에 대한 질문에는 관심조차 없다. 그의 프로젝트는 '몸과 마음 문제(철학과 심리학에서 마음과 의식을 객관적, 물리적 용어로 환원하려는 노력)'를 조사하는 것이다. 하지만 네이글의 프로젝트의 가장자리에서 외계 정신에 대한 우리의 조사와 관련된 (마치 맛있는 콩고물처럼) 유용한 생각들을 챙길 수 있다.

첫째로, 네이글은 우리에게 의식에 대한 질문(관련이 있긴 하지만, 살짝 들여다보는 그 이상은 파고들고 싶지 않은 벌집)의 좋은 시작점을 알려준다. 그는 "어떤 유기체가 조금이라도 의식 경험을 한다는 것은, 기본적으로 그 유기체가 된다는 것이 어떤 일인지 알 수 있음을 의미한다"고 썼다. 네이글은 우리가 인간과 비슷하거나 지능이 있다고 생각해온 것보다 훨씬 더 많은 동물, 예를 들어 박쥐뿐 아니라 쥐, 비둘기, 고래에 의식을 부여한다. ("나는 말벌이나 넙치 대신 박쥐를 골랐는데, 진화의 계통수phylogenetic tree에서 너무 아래로 내려가면 그곳에도 의식, 경험이 있다는 믿음을 사람들이 점점 잃기 때문이다.") 따라서 의식이란 존재를 경험하는 능력이다. 의식은 지능, 생각, 자기 인식을 필요로 하지 않고, 그저 존재를 자각하기만 하면 된다.

네이글은 박쥐를 선택했는데, 포유류이므로 의식을 부여하는 것이 안전하다고 믿기 때문이다. 하지만 반대로 고래의 눈에서 익숙한 의식을 발견한 수영하는 사람을 생각해보면 "철학적 성찰의 도움 없이도, 밀폐된 공간에서 흥분한 박쥐와 함께 시간을 보낸 사람은 근본적으로 낯선 형태의 생명체를 만난다는 것이 어떤 건지 알 수 있다"고 네이글은 말한다.

박쥐의 존재는 광란의 날갯짓과 지저귐만으로도 충분히 이질적이다. 박쥐의 감각에 대해 우리가 아는 것들이 이를 확인해준다. 네이글은 "박쥐의 초음파 반향 정위는 우리의 감각기관과 아주 다르게 작동하고, 우리가 경험하거나 상상한 어떤 감각과 비슷할 거라고 생각할 근거가 없다"고 했다. 이는 단순히 박쥐가 세계를 다른 감각을 통해 인식하는 것, 그 이상이다. 박쥐의 초음파 세계 경험을 우리의 시각 세계와 대응시킬 수 없다.• 그리고 이것은

• 일부 시각장애인은 소리를 내어 '음향 손전등acoustic flashlight'이라는 것을 만들어 반향 정위를 배웠다. 이 과정에 대한 연구에 따르면, '인간 소나human sonar'는 뇌의 시각 처리 영역을 활성화하며, 이 기술을 개발한 시각장애인은 "어두운 장면을 밝히기 위해 플래시를 사용할 때와 같은 방식으로" 감각을 경험한다고 말한다. 따라서 다른 사람에게는 낯선 방법일 수 있지만, 시각장애인에게는 익숙한 감각과 세상 경험을 활성화하게 된다.

시각이 아닌 초음파를 이용해 살아가는 방식이 지각 이상의 의식을 어떻게 형성할 수 있는지에 대한 논의보다 훨씬 앞서는 문제다. 박쥐가 어둠 속에서 길을 찾는 것처럼, 가장 어두운 심해의 생물들도 그렇게 한다. 일부 외행성의 위성과 비슷하게 표면 아래 바다가 있는 세계는 생명이 살 환경이 완전히 깜깜할 것이다. 제임스 L. 캠비아스James L. Cambias의 《어스레한 바다A Darkling Sea》에서는 어두운 세계에서 지적 생명이 진화한다. 햇빛이 없는 생태계 전체가 해저화산 분출구에서 에너지를 끌어오기 때문에 생명체와 사회는 이 구조물 주위에 집중되어 있다. 여기서 캠비아스는 거대한 가재를 닮은 사람을 상상한다. 그는 공간 감지뿐 아니라 언어까지 전파 탐지로 이루어지는 세계의 경험을 우리에게 전해준다. 전파 탐지 방식은 지각 능력을 바꾸었고, 그들의 지각은 수동성을 넘어선다. 수동적인 방향 정위를 통해 모호한 형태로 세상을 지각하던 그들이, 클릭음을 보내면 주변을 명확하게 인지하게 되지만 주변에 있는 이들에게 자신의 의도를 드러내게 된다. (이 책은 은밀한 것이 많다.) 큰 소음은 한 번에 너무 많은 사람이 이야기하는 것과 마찬가지로, 효과적으로 그들의 눈을 멀게 할 수 있다.

작가 찰스 포스터Charles Foster가 오소리, 수달, 여우, 사슴, 칼새 등의 동물 종을 이해하기 위해 과제에 착수했을 때, 그는 한 번에 몇 주씩 그들과 어울려 생활했다. 《그럼, 동물이 되어보자Being a Beast》라는 책을 쓰면서 그는 자신의 후각 같은 감각이 새로운 방식으로 조정되고, 동물 동료와 강력한 연결 고리를 갖게 되었다고 말한다. 하지만 네이글이라면 포스터가 알게 된 바는 사람이 오소리처럼 되는 게 어떤 건지를 배운 거라고 지적할 것이다. 여전히 오소리가 오소리로 존재하는 게 어떤 의미인지는 알 수 없다는 말이다. 네이글은 박쥐가 박쥐로 존재하는 것을 이야기할 때(여기서 박쥐는 쉽게 오소리나 외계 생명체로 바꿔 생각할 수 있지만) "내가 이것을 상상한다면, 내 마음속 자원에 제한을 받는다"고 했다. 그는 우리가 무엇을 상상하든 인간 의식의 변화일 뿐이라고 주장한다. 우리가 박쥐로서 박쥐스러움을 상상하는 것은 불가능하다고 말이다.

아마도 《새벽》에서 버틀러가 쓰고 싶었던 바는 외계의 존재로서 외계스러움을 상상하는 어려움이었을 것이다. 외계 생명체가 우리처럼 지적 생명으로 진화하더라도, 그들이 우리가 배울 수 있는 언어로 말한다고 해도, 설사 우리가 그들과 친구가 되고 서로 사랑하게 된다 해도, 수렴 진화 때문에 또는 모두가 충분히 똑똑해서 방법을 찾는다고 해도 (박쥐는 절대 그 언어를 가르쳐줄 수 없지만) 이 모든 것이 가능하더라도 외계 생명체의 진심은 여전히 알 수 없다.

네이글은 이러한 외계의 의식을 진정으로 이해하는 일이 불가능한 건 낯선 생물에만 국한되는 것이 아니라고 주석(우리는 여기서 지식 부스러기를 긁어모으는데, 그 부스러기가 꽤 영양가 있어 보인다)에서 지적한다. 그러면서 "태어날 때부터 청각 장애를 가진 사람이 한 경험의 주관적인 특성"을 자신은 이해할 수 없다고 예를 든다. 인간의 감각 능력 그리고 문화와 언어는, 다른 종이나 타인에게도 이해받을 수 없는 (개인만의) 주관적 경험을 무수히 만드는 것처럼 보인다. 어떤 언어는 기본색을 나타내는 단어가 다른 언어보다 많다. 일부 언어는 오직 어두운색, 흰색, 빨간색에만 이름을 붙이고 이와 달리, 러시아어 같은 언어는 영어에서 빨강과 핑크를 구분하는 것처럼, 파란색을 밝은 파랑과 어두운 파랑으로 나눈다. (우리는 어두운 오렌지색을 갈색이라고 하기 때문에 갈색을 고유한 색으로 보지만, 어두운 파란색은 그저 파란색의 일종이라고 생각한다.) 하지만 연구에 따르면 파란색과 초록색을 구분하는 단어가 없는 언어를 쓰는 사람들도 그 두 색을 여전히 구별할 수 있는 것으로 나타났다. 하지만 각자 세상을 살아가면서, 서로 다른 것을 보고 있는지 누가 알겠는가?

내가 좋아하는 예는 고대 그리스인들과 색의 관계다. 널리 알려진 흥미로운 이야기인데, 호메로스가 바다를 "어두운 와인빛"이라고 쓴 이유는 당시 그리스어에 파란색을 지칭하는 단어가 없었기 때문이라는 것이다. 호메로스는 대양을 바라보며 우리와 무언가 다른 걸 보았다. 하지만 피사대학교의 고대 철학과 교수인 마리아 미켈라 새시Maria Michela Sassi는 이 문제에 대해 더 깊은 설명을 덧붙인다.

그녀의 에세이 〈그 바다는 절대 푸르지 않았다The Sea Was Never Blue〉에서 새시는 호메로스가 적어도 파란색에 가까운 단어를 알고 있었다고 말한다. "검은색으로 섞여 드는 어두운 파란색 그림자를 뜻하는 쿠아네오스kuaneos와 아테나의 회색 눈 같은 청회색의 일종인 글라우코스glaukos"가 바로 그렇다. 그러나 실상 하늘은 "크고, 별이 빛나고 (단단히 고정되어 있기 때문에) 철 또는 청동빛"이고, 바다는 '희끄무레', '청회색' 또는 '팬지색', '와인색', '보라색'이었다. 하지만 바다도 하늘도 단순한 파란색이 아니다.

이는 우리에게 친숙한 파란색의 변주를 설명하기 위한 것만은 아니다. 새시는 현대의 독자에게 명백하게 잘못 받아들여질 수 있는 그리스어 서술의 예를 모았다.

간단한 단어인 잔토스xanthos는 다양한 노란색 계열, 신의 밝은 금발색부터 호박과 불길의 붉은색까지 넓은 변주를 포함한다. 클로로스chloros는 풀을 뜻하는 클로에chloe와 관련이 있어 초록색을 의미하지만 종종 꿀과 같은 선명한 노란색을 뜻하기도 한다.

우리는 풀과 꿀이 같은 색이 아님을 아는데, 그리스인들은 몰랐던 것일까?

1858년에 고전주의자이며 영국의 수상이었던 윌리엄 글래드스톤William Gladstone은 새시의 표현에 따르면, "고대인들의 시각기관은 아직 초기 단계였다"고 주장했는데, 인간의 눈은 지난 2500년간 변하지 않았다. 글래드스톤의 결론은 틀렸지만, 그는 고대 그리스인의 글이 단순히 색조뿐 아니라 빛에 대한 특별한 감각을 반영한다는 사실을 설명하기 위해 나름의 최선을 다한 것이다.

색에 대한 현대적인 이해는 주로 색상(무지개색 스펙트럼의 위치)과 밝기, 명도의 변화로 정의된다. (빨강과 핑크는 같은 색상을 갖지만, 핑크의 명도가 더 밝다.) 그리고 색이 얼마나 강렬한지 나타내는 채도도 있다(선명한 파랑과 덜 선명한 청회색의 예를 생각해보자).

새시는 그리스어의 색에 대한 설명이, 색이 주의를 끄는 정도인 현저성saliency에 중점을 두었음을 알아차렸다. 빨강은 파랑이나 초록보다 두드러지는데, 그녀는 그리스어에서 초록색과 파란색

4장. 사람

을 묘사할 때 다소 덜 두드러지는 색상보다는 시선을 사로잡는 특성에 초점을 맞추었다는 사실을 찾아냈다. 새시는 "어떤 맥락에서 그리스어 형용사 클로로스는 '초록색'보다는 '신선한'이라는 뜻으로, 레우코스leukos는 '흰색'보다는 '빛나는'이라는 뜻으로 번역해야 한다"고 했다. 그리스 사람들이 파란색을 보지 못한 게 아니라, 그들이 보는 다른 특징에 비해서 그저 파란 정도에 덜 신경을 쓴 것뿐이었다.

그런 이유로, 호메로스에게는 바다가 파란 건 중요한 것이 아니었다. 와인은 부정확한 색의 비유가 아니라 바다의 다른 시각적 특성(바다의 움직임, 반짝거림, "심포지엄에서 마시는 컵 안의 빛나는 액체"를 떠오르게 하는 것)에 대한 정확한 표현이었던 것이다. 호메로스와 그의 동시대인들은 우리가 오늘날 보는 모든 색을 보았지만, 다른 점에 주목했다.

이는 비교적 사소한 차이지만, 결국 많은 사람들이 고대 그리스인이 생리학적으로 파란색을 못 보거나, 묘사하지 못했다고 믿게 만들어버렸다.* 언어는 문화적 가치와 세계관을 반영하는 걸

- 언어학자 가이 도이처Guy Deutscher는 딸을 키우면서 모든 색을 가르쳤지만, 하늘이 파랗다는 건 알려주지 않았다. 딸이 색을 구분하는 게임을 마스터하고 나자, 그는 하늘을 가리키며 "무슨 색이야?"라고 물었다. 그러자 딸이 고개를 들어 이해할 수 없다는 듯이 그를 쳐다보며 말했다. "대체 무슨 말을 하는 거야, 아빠?" 그녀가 파란색을 보지 못해서가 아니라, 하늘이 어떤 색, 또는 무언가라고 전혀 생각하지 않았기 때문이었다. 도이처가 말했다. "돌이켜보면 그곳엔 아무것도 없었다. 거기에는 그녀에게 보이는 색이 없었다." 하지만 도이처는 밖으로 나갈 때마다 (그리고 하늘이 정말 파랄 때마다) 딸에게 하늘이 무슨 색이냐고 물었다. 시간이 흘러 그녀는 답을 찾았고 하얗다고 했다. 더 시간이 지나고 나서 마침내 하늘이 파랗다고 말했다.

까, 아니면 경험의 가능성을 제한하는 걸까? 색 대신 빛의 움직임을 보는 세계를 살아가는 건 어떤 느낌일까? 박쥐가 되는 것은 어떤 느낌일까? 우리는 호메로스가 되어 바다를 보는 느낌을 상상하기 어렵다.

당신은 감자라고 하고, 나는 와인빛 어두운 바다라고 말하는 것 같은 차이는 어떤 면에서 사소한 방해물일 뿐이지만, 누군가는 이를 바탕으로 소통의 장벽을 증명할 수도 있다. 그리고 그들은 소설적 상상과 함께 매우 이상한 일을 하기 시작한다. 진정으로 외계스러운 외계 생명체는 그 존재만큼이나 이해하기 힘들어서, 결국 그들에 대한 이야기는 모두 인간에 대한 서사가 되어버리고 만다.

스타니스와프 렘Stanisław Lem의 1961년 소설 《솔라리스Solaris》에서 인류는 '솔라리스'라 이름 붙인 행성을 발견한다. 그리고 표면의 대부분이 바다로 뒤덮인 이곳 해변가에 연구를 위한 작은 기지를 건설한다. 소설 속 인류는 이 바다를 대양ocean이라고 부르지만, 책을 읽는 우리는 거대한 액체 물질이라는 점에서만 (지구의) 바다와 비슷하다는 것을 깨닫는다. 솔라리스의 대양은 일종의 몸체, 행성 전체에 걸쳐 있는 어떤 존재라는 것이 밝혀진다. 하지만 그 외에는 알려진 것이 없었다. 의식이나 지능이 있는지, 인간 방문객을 인지하고 있는지? 대양의 덩어리에서 뿜어져 나오는 거대한 물질은 대양의 백일몽일까, 반사 작용일까, 소통의 시도일까?

렘은 주인공인 인간 심리학자 크리스 캘빈이 솔라리스 기지의 도서관에서 책장을 넘기며 사색에 잠긴 모습을 보여준다. (아, 20세기 중반 과학소설은 광활한 우주와 이해하기 어려운 외계 생명체는 상상했어도, 정보를 디지털화하는 것은 생각하지 못했다. 이 소설에서는 여전히 책의 각 페이지를 축소 촬영한 필름인 마이크로피시microfiche를 사용한다.) 렘은 한 세기에 걸친 과학적 연구와 담론인 솔라리스학solaristics이라는 학문 분야 안에서 서로 자신이 옳다고 주장하며 경쟁하는 이론과 학파를 그려낸다. 그러나 외계의 바다를 대면한 인간에 대한 서사는 오직 인간에 대해서만 이야기해줄 뿐이다.

책의 끝부분에서 크리스는 처음으로 (솔라리스의) 해안가를 방문한다. 크리스의 반응은 솔라리스를 처음 만나면 흔히 보일 법한 모습이다. 대양의 파도가 해안을 감쌀 때, 크리스는 우주복을 입은 채 손을 뻗는다. 의식 없는 물질과 거리가 먼 그 파도 역시 그의 손을 감싸며 주변에 작은 공기 주머니를 남긴다. 크리스가 손을 움직이면, 파도도 따라간다.

> 바다에서 꽃 한 송이가 자랐고, 꽃받침이 내 손가락에 달라붙었다. 한 발짝 물러섰다. 줄기가 떨리고, 머뭇거리며 흔들리다가 다시 바다로 떨어졌고 파도가 이를 거두며 멀어졌다.

불이 켜진 손가락을 엘리엇을 향해 내미는 E.T.나 모아나의 머리카락을 헝클어뜨리려는 파도처럼 단순하고 부드러운 접촉이지만, 인간의 손과 외계 생명체 사이의 빈틈 속 공기는 언제나 남아 있을 것이다. 이 은유의 해석은 어렵지 않다. 렘은 접촉이 불가능하다고 말한다.

어쩌면 접촉이 불가능하다는 것, 또는 접촉을 불가능하게 만든 원인 때문에 《솔라리스》는 사실 외계 생명체에 대한 소설이 아니라 사람, 인간 주인공에 대한 책으로 봐야 한다. 크리스가 기지에 도착했을 때, 탐사 대장은 자살로 생을 마감했고, 한 과학자는 실험실에 은둔하고 있었으며, 다른 사람들은 미쳐버리기 일보 직전이었다. 대양은 기지에서 폭발적인 엑스선을 퍼부었기 때문에 인간의 존재를 알아챈 것으로 밝혀졌다. 인간은 강제로 이 외계 생명체를 반응하도록 유도했고, 실제로 반응했다. 그리고 크리스는 곧 어떻게 반응했는지 알게 된다. 그는 10년 전에 죽어서 절대로 솔라리스에 있을 리 없는 자신의 아내 레야와 함께 침실에서 깨어난다. 대양은 인간 방문자에게 그들의 기억을 바탕으로 만들어낸 살과 피를 가진 재창조물을 보낸다. 레야는 크리스가 그녀를 마지막으로 보았던 당시의 나이 19세였고, 오직 그가 아는 것만 알고 있다(또 다른 20세기 중반 과학소설의 기이한… 점은 여성이 오직 남성들이 기억하는 모습의 투영으로만 존재한다는 것이다). 그러나 이 유령 방문자들은 그저 기억의 재현이 아닌, 솔라리스의 행동이다. 돌고래 연구자 켈리 야콜라와 이야기했을 때 그녀는 말했다.

"내게 흥미로운 질문은 벽에 어떤 방울이 있을 때, '이 방울이 지능적이라고 판단하려면 무엇이 필요할까'예요. 나는 그중 하나가 합리적인 모방이라고 생각합니다. 거울은 지능이 있는 게 아니니, 거울 같은 방식이라기보다는 좀 더 의도적인 방식으로요."

벽에 있는 방울을 행성에 퍼져 있는 바다 외계 생명체로 바꾸면, 우리가 어디에 있는지 알 수 있다. 돌고래는 보지 않아도 청각과 메아리를 통해 수영장 안의 다른 돌고래나 사람을 흉내 낼 수 있고 행동을 파악할 수 있다. 솔라리스는 어떤 감각을 가진 것일까? 그리고 레야를 생성하는 것 같은 모방은 무엇을 의미할까? 우리와 솔라리스를 방문한 인간들은 이런 질문을 던질 수는 있지만 대답은 절대 들을 수 없다. 그래서 크리스가 솔라리스의 역사와 이론에 대한 책에 파고드는 모습은, 인간들 사이나 인간과 인간 비슷한 존재 사이에서 벌어지는 감정적인 장면들 중간중간에 놓여 있다.

솔라리스의 바다 같은, 진정으로 외계스러운 외계 생명체는 이야기 속에서 등장인물이 될 수 없다. 나는 솔라리스의 대양이 렘에게 어떤 의미인지, 그가 그 파도 아래서 어떤 일이 벌어진다고 상상했는지 모른다. 어쩌면 외계의 대양은 인간이 스스로 머리를 들이받는 혼란스러운 장벽일지도, 이 이야기는 인류에게 남은 멍 같은 것인지도 모른다.

콘택트

이 책을 쓰기 위해 과학자들을 인터뷰할 때, 먼저 분야와 연구에 대해 질문하고, 대부분의 경우에는 가장 좋아하는 외계 생명체 캐릭터가 무엇인지 물어본다. 예를 들어, 케이티 슬리벤스키는 E.T.가 얼마나 늪 속의 집에 살기 적합한 신체를 가졌는지 말했다. 그런데 거의 모두가 동의하는, 보편적인 대답이 있었다. 바로 테드

창Ted Chiang의 단편소설 〈네 인생의 이야기Story of Your Life〉를 바탕으로 한 영화 〈컨택트Arrival〉의 외계 생명체다. 과학자들이 좋아하는 이유는 비슷비슷하다. 영화 속 외계 생명체가 정말 외계스럽다는 점이다.

책과 영화, 두 버전은 정말 많은 사소한 차이가 있지만, 외계 생명체에 관해서는 요점이 같다. 외계의 우주선이 지구에 나타났고, 목적을 밝히지 않는다. 군에서는 과학자를 고용하여 외계 생명체와 접촉하려 한다. 언어학자인 루이즈 뱅크스 박사는 물리학자인 게리 도널리 박사와 짝을 이뤄 투입된다. (영화에서는 그의 이름이 이언으로 바뀌는데, 이를 연기한 배우 제러미 레너가 안경을 쓴다 해도 절대 게리처럼 보이지 않기 때문이다.) 루이즈는 외계 생명체의 언어를 배워가면서 그들의 말하는 언어(구어)와 쓰는 언어(문어)가 완전히 다르다는 것을 알게 된다. 그리고 그녀가 외계어에 능숙해지고, 심지어 그 언어로 생각할 수 있게 되면서, 루이즈는 자신의 마음이 비선형적 언어에 맞게 재구성되고 있음을 깨닫는다. 외계 생명체의 언어만 비선형적인 게 아니라, 그들의 현실에 대한 경험 전체가 비선형적임이 드러난다. 루이즈는 우리에게 "그 언어는 의식의 동시적 상태를 소개해줬어요"라고 말한다. 그녀는 과거와 마찬가지로 미래를 '기억'할 수 있게 되고, 게리와 함께 가지게 될 딸과, 그 딸이 어려서 죽게 될 것까지 알게 된다. 하지만 루이즈는 자유의지를 빼앗겼다고 느끼지 않는다. 대신 "긴박감, 자신이 아는 대로 정확하게 행동해야 한다는 의무감"을 발견한다. 루이즈는 (여전히 사람이기 때문에) 자신이 외계 생명체처럼 현실을 경험하는 것이 아니며, 그렇다고 그녀의 뇌가 훈련받은 인간의 사고방식대로 경험하는 것도 아님을 깨닫게 된다.

과학자들이 이 이야기를, 특히 영화를 좋아하는 첫 번째 이유는 앞서 언급했듯, 바로 이 영화의 외계 생명체가 정말 외계스럽게 보인다는 점 때문이다. 그들의 기묘함은 게리가 붙여준 헵타포드라는 이름에도 담겨 있다. 헵타포드는 발이 7개라는, 지구에서 보기 힘든 특이한 홀수를 뜻한다. 이 단편소설의 기묘함은 독자가 낯선 묘사를 머릿속에 어떻게 불러일으키는가에 달려 있다.

> 그것은 7개의 팔다리가 교차하는 곳에 매달린 통처럼 보인다…. 그들의 기본 구조가 무엇이든, 헵타포드의 팔다리는 완벽하게 맞물려 흐물거리며 움직였다.

소설에서 헵타포드의 눈꺼풀 없는 7개의 눈은 그들의 몸통 꼭대기를 둘러싸고 있다. 외계 생명체가 다른 방향으로 걷기 위해서 몸을 돌릴 필요가 없다는 거다. 그들의 시간 경험이 과거와 현재를 동일하게 만드는 것처럼, 이 외계 생명체는 앞뒤 구분 없이 세상을 헤쳐 나간다.

영화에서 헵타포드는 출연하는 대부분의 장면에서 안개와 그림자에 가려진 채, 마녀의 손가락처럼 울퉁불퉁한 마디가 있고, 긴 7개의 검은 다리, 화면 밖 위쪽으로 뻗은 몸통만 등장한다. 그들의 신체는 우리가 아는 해부학적 구조 그 무엇과도 일치하지 않는다. 영화가 끝날 무렵, 헵타포드는 여전히 안개에 가려져 있지만 마침내 온전한 모습을 드러내는데 우리 상상보다 훨씬 키가 크다. 7개의 가느다란 다리 위에 올라탄 몸통은 마치 튼튼한 볼링 핀처럼 생겼다. 다리에 비해 몸통이 너무 커서 금방이라도 넘어질 것 같은 불균형 때문에 더욱 기괴해 보인다. 하지만 카메라는 뒤에서부터, 마치 헵타포드의 어깨 너머에서 바닥에 선 작은 에이미 애덤스를 바라보듯 촬영한다. 전형적인 투샷 구도다. 왜냐하면 헵타포드는 외계 생명체지만, 분명 인물이기도 하기 때문이다. (하지만 영화에서만 그렇다. 잠시 뒤에 좀 더 설명할 예정이다.)

나는 과학자들은 과학에 뿌리를 두고 있기 때문에 이 이야기를 좋아한다고 생각한다. 창은 하나의 현상을 원인에 따른 인과적 방식 또는 목표로 향하는 목적론적 방식으로 이해할 수 있다는 물리학의 변분원리 variational principle 에서 영감을 얻었다고 했다. 이야기 속에서 헵타포드는 인간에게 복잡하게 여겨지는 수학과 물리학 개념을 기초적인 것으로 파악하지만, 우리에게 기본적인 개념들은 그들에게 복잡하게 느껴진다.

헵타포드가 직관적으로 이해하는 물리적 속성, 예를 들어 적분으로 정의된 것들은, 일정 시간이 지나야 의미가 생긴다.

그들의 시간에 대한 경험은 자연히 그들의 물리학에 대한 이해에 영향을 끼친다. 이와 달리 인과관계는 우리에게는 당연하지만, 그들에게는 놀라울 정도로 개념화하기 어려운 것이다.

하지만 〈네 인생의 이야기〉를 논의할 때 가장 많이 언급되는 과

4장. 사람

학 원리는 (비록 창이 소설에서나 그가 받은 영감을 설명한 글에서 언급하지는 않았지만) 바로 사피어-워프$_{\text{Sapir-Whorf}}$ 가설이다. 근본적으로 언어의 구조가 그 언어를 말하는 사람의 생각을 결정한다는 것이다.•

창은 이 생각을 극단적 상상으로 밀어붙인다. 루이즈가 비선형적인 언어를 배우면서 그녀의 시간에 대한 지각 역시 비선형적이 되어버린다. 하지만 루이즈는 이를 예측이나 예감의 형태로 경험하진 않는다. 그녀는 '기억'한다. 스티븐 호킹은 한때, 물리학의 관점으로 보았을 때는 크게 다르지 않은 것처럼 보이는데, 왜 우리가 과거는 기억하지만 미래는 기억할 수 없는지 궁금해했다. 그래서 헵타포드 언어의 도움을 받은 루이즈의 시간 경험은 불가능한 것처럼 느껴지지만, 의외로 단순히 외계스러운 걸지도 모른다.

창은 실제로 언어를 배운다거나 그 외 다른 방법을 통해 사람이 미래를 알 수 있다고 생각하지는 않는다고 내게 확실히 말했다. 그의 이야기는 과학적 원리에서 영감을 받았지만, 이는 출발점이지 제한조건은 아니다. 우리가 이야기를 나눌 때, 창은 그의 접근 방식이 실제로 과학의 정신에 반하는 것은 아니라고 지적했다.

"과학은 사실의 집합이 아니라 우주를 바라보는 방식입니다. 그래서 비유하자면, 좋은 과학소설이란 특정 사실에 충실하기만 한 것이 아니라, 우주에 대한 확실한 사고방식에 충실해야 할 겁니다."

• 언어가 사고와 경험을 결정한다는 '강한' 형태의 가설은 언어가 사고와 경험에 영향을 미친다는 '약한' 형태의 가설에 밀려 대부분 폐기되었다.

〈네 인생의 이야기〉의 목적은 과학적 원리를 탐구하는 것이 아니다. 창은 물리학과 언어학을 바탕으로 상상한 '만약'이 바로 이 이야기의 정서적 핵심에 닿아 있다고 말한다. "경이로운 일과 끔찍한 일이 모두 포함되어 있는, 미래를 알지만 바꿀 수 없는 사람"에 대한 서사라는 것이다.

그리고 창의 외계인들은 그가 바로 필요로 하는 외계인이다. 헵타포드의 언어는 루이즈에게 현실에 대한 새로운 자각을 유도할 정도로 낯설지만, 그녀가 절대 배울 수 없을 정도는 아니다. 그들의 몸 또한 그가 상상할 수 있을 정도로 이질적이다. 창은 말했다.

> 과학소설에 등장하는 많은 외계 생물이 앞뒤로 2개씩 짝을 이룬 4개의 팔다리, 감각기관과 입을 갖춘 얼굴이 있는 척추동물의 신체 구조를 따른다는 사실이 늘 불만이었다.

영화 속 헵타포드가 결과적으로 인간성을 가졌다고 관객이 믿게 되는 순간은 그들이 적대적인 (인간) 정부로부터 위협받고, 결국 한 개체가 심각하게 다쳤을 때인데, 창은 보는 이가 외계 생명이 인간적이라고 느끼지 않기를 바랐다. 그들의 이질성은 이야기에서나 창의 글쓰기에서나 본질적인 것이었다. 나는 창에게 이 외계 생명들이 그의 내면을 어느 정도 반영한 캐릭터인지 물었다. 그는 재빠르게 '아니오'라고 답했다. 그리고 외계 생명들은 일종의 캐릭터라고 생각할 필요가 없을 정도로 이상했어야 한다고 말했다. 창은 "요점은 그들의 동기가 우리에겐 알 수 없는 것"이라고 했다. 영화에서와 달리, 이야기 속 헵타포드는 지구에 온 이유를 결코 드러내지 않는다. 도착하고, 대화를 나누고, 아무 경고 없이, 그저 떠난다. 물론 예외는 있다. 외계 생명들이 떠나는 일이 발생하기 전에 루이즈가 그것을 기억한다는 사실 말이다.

이건 패러독스다. 우리는 외계 생명을 이해하고 싶어 한다. 우리는 이해하기 어려운 것을 이해하고 싶어 하고, 알 수 없는 것을 상상하고 싶어 한다. 아니면 아직 만나지 못한 친척이 넘쳐나는 우주를 발견하기를 원한다.

렘이 《솔라리스》에 쓴 것처럼 말이다.

> 우리는 오직 인간만을 찾는다. 우리는 다른 세계를 필요로 하지 않는다. 우리는 거울을 원한다. 우리는 다른 세계를 어떻게 해야 할지 모른다. 하나의 세계, 바로 우리의 세계만으로 충분하다. 하지만 우리는 이 사실을 있는 그대로 받아들이지 못한다. 우리는 우리 세계의 이상적인 모습을 찾고 있다. 우리보다 우월하지만 태초의 원형을 바탕으로 발전한 문명을 가진 행성을 찾고자 한다.

이는 렘의 탐험가들과 마찬가지로 작가에게도 문제가 되지 않는다. 당연히 외계 생명에 대한 우리의 이야기들은 인간성에 대한 것이기 때문이다. 그리고 우린 다른 세계를 만났을 때 무엇을 해야 하는지 안다. 우리는 그 세계에서 살아야 한다.

인간 이야기의 목적이 종종 우월한 문명을 향한다는 점에서도 렘은 역시 옳다. 외계 생명을 상상할 때 우리는 꽤 자주 평범한, 원시적인 과거에서 진화한 우월한 문명으로서 미래의 인류 모습을 그린다. 별과 미래를 바라보며 희망과 경이로움을 느끼는 것이다.

저게 우리가 될 수도 있어.

5장

기술

:

지금은
우주 시대

그것은 종종 문의 형태다. 이집트 사막에서 발굴된 상형문자가 새겨진 동그란 돌덩어리의 모습으로, 해독되길 기다리는 것일지도 모른다. 아니면 태양계 외곽에 숨은, 몇 킬로미터에 걸쳐 늘어선 특이한 금속의 거대 구조물일 수도 있다. 어쩌면 이 문은 보이지 않지만 당신을 순식간에 은하 반대편으로 보내버릴 터널의 입구일까? 아니면 어느 시공간에 있을 법한 안정적인 웜홀의 초입일 수도 있다. 그리고 궤도를 돌며 수천 년 동안 폭발 신호를 기다리는, 또 하나의 달 같은 폭탄이기도 하다. 또는 분해되어 땅에 묻힌 뒤 부활을 기다리는 거대한 로봇일지 모른다. 하지만 그 기원은 언제나 수상하고, 그 힘은 막대하다.

고도의 외계 기술은 종종 이야기의 전개를 촉진시키기 위한 장치다. 때로는 미스터리나 맥거핀이기도 하고, 때로는 은하계 먼 곳으로 가는 인간의 탐험에서 지름길을 여는 도구가 되기도 한다. 어떤 경우에는 그 기술이 우리를 위해 남겨진 게 아니라 외계 생명체가 직접 사용하는 것이기도 하다. 워프 드라이브, 트랜스포터, 페이저phaser, 온갖 종류의 레이저 총, 앤시블ansible, 은폐 장치, 서브스페이스 중계기subspace relay 등등 다양한 (SF 속) 기술이 평화적으로 사용된다면, 인류가 상상하기 어려운 발전을 가져올 수 있다. 고도의 기술은 은하 공동체의 문을 여는 열쇠, 즉 인간이 합류하기를 기다려온 고도로 발전된 외계 생명체들의 리그에 입성하는 상징이 될 수도 있다.

이 모든 이야기는 인류를 어린 종족으로 묘사하고, 무대에 막 새로 등장한, 훨씬 오래되고 발달한 외계 생명들의 뒤를 잇는 존재로 그린다. 과학자들도 현재 우주 어딘가에 존재할 가능성이 있는 외계 생명을 떠올릴 때, 인류보다 진보된 문명을 생각한다.

이런 이야기들이 단지 편리함이나 다른 행성으로 가는 급행로 또는 우리 스스로를 구할 기술적 힘을 원해서 쓰인 것만은 아니다. (물론, 그것도 무시할 수는 없다.) 소설 속 묘사들은 합리적인 추측이기도 하다. 왜냐하면 역사적인 이유와 확률적인 이유가 있기 때문이다. 그리고 두 이유 모두 저 바깥에 외계 문명이 있다면, 대부분 우리보다 오래 존재했음을 시사한다.

역사적 이유를 보자. 지구에는 환경이 좋아지자마자 생명이 등장했는데, 이곳은 은하에서 가장 오래된 행성이 아니며, 태양도 가장 나이 많은 종족의 별이 아니다. 더 오래된 많은 별에 지구와 같은 행성이 있었다면, 이미 수십억 년 전에 생명이 시작했을 수 있다.

확률적 이유를 들면 인류는 기술 문명의 순위권에 막 진입한 도전자다. 태양계 밖에서도 감지 가능한 기술을 갖기 시작한 시점부터 시간을 잰다면, 우리는 아직 첫 번째 세기에도 도달하지 못했다. 따라서 원자력을 다루는 힘을 얻고도 스스로를 날려버리지 않았거나, 무분별한 에너지 소비로 자신의 행성을 거주 불능 상태로 만들지 않았다면, 우리가 만나는 문명은 인류보다 오래되었을 확률이 높다. 기술적으로 진보한 문명의 수명이 1000년이라고 가정해보자. 이 수치는 매우 보수적이고 희망적인 임의의 숫자로, 누구에게 물어보느냐에 따라 크게 달라질 수 있다. 현재 우주에 우리를 포함한 10개의 문명이 존재한다고 할 때, 가능한 문명의 평균 연령을 따지면 아마 우리가 가장 젊을 것이다. 만약 문명이 1000개라면 그중 90퍼센트는 여전히 우리보다 오래되었을 것이다.

외계 기술을 상상하는 일은 생물학이나 지능을 생각할 때처럼, 생명이 어떤 대안적이고 평행한 길을 택할 수 있는지 살펴보는 것과는 다르다. 기술은 우리의 가능한 미래를 직접 시험해보게 한다. 때때로 기술은 진 로덴베리Gene Roddenberry가 〈스타 트렉〉의 달콤한 선전 문구로 마법처럼 만들어낸 사회주의 유토피아같이 가득 찬 열망이다. 또한 《삼체》에 나오는 성간 경고처럼 주의를 주기도 한다. 그리고 보통, 기술은 훨씬 복잡하여 우리가 이것을 원하는지 묻는 데 그치지 않고 '이렇게 하면 인간은 어디로 향하게 될까? 그런 미래의 윤리는 어떨까?' 같은 질문을 하게 한다. 우리는 이제 테이프를 뒤가 아닌, 앞으로 빨리 감아볼 것이다.

1점에서 3점 사이

우리가 상상하는 인류의 진보(기술과 발전)는 문화와 떼어놓고 생각할 수 없어 보인다. 기술적 우월성은 빠른 우주선, 식민지 개척, 물리적 세계를 지배할 지식의 습득으로 상징된다. 심지어 〈스타 트렉〉에서도 빈곤과 분쟁을 겪은 이후의 지구는 거의 등장하지 않는다. 대신 빛보다 빠른 우주선을 타고, 철학적 난제를 해결하고, 적을 물리치며 시간을 보낸다. 미래는 크고, 빠르고 더 강하며, 우주에 있다.

천문학자 니콜라이 카르다쇼프Nikolai Kardashev는 1960년대 초 소련 최초의 SETI 프로젝트를 이끌었다. 그는 우리은하에 우리보다 수십억 년 이상 발전한 문명이 존재할 수 있다고 믿었다. 이러한 상상도 소련의 문명 찾기 프로젝트의 일부였다. 그래서 1964년, 카르다쇼프는 문명의 기술 발전 수준을 분류하는 시스템을 고안해냈다.

카르다쇼프 척도라고 불리는 이 시스템은 꽤 간단하다. I형 문명은 그 행성에서 사용 가능한 모든 에너지를 쓴다. II형 문명은 모성에서 나오는 모든 에너지를 사용한다. III형 문명은 은하계 전체의 에너지를 활용한다.

이 척도의 정의에 비해 간단치 않은 것은, 어떻게 문명이 이러한 기술적 단계에 이를 수 있는가다. 당연하지만 이 도약은 엄청난 것이다. 우리는 현재 지구의 모든 에너지원, 특히 연소하는 에너지원을 사용하는 것이 얼마나 위험한지를 고민한다. (그래서 우리는 I형 문명보다는 4분의 3형 문명에 가깝다.) I형을 향한 조심스러운 여정에는 행성에 떨어지는 모성의 모든 빛을 이용하는 것이 포함되지만, 이마저도 별이 생산하는 총 에너지의 10억 분의 1에 지나지 않는다. II형 문명은 이러한 별의 에너지를 전부 활용하는 것이다.

II형 문명은 별의 모든 에너지를 사용할 수 있을 만큼 거대해야 할 뿐 아니라, 에너지를 포획하는 방법도 알아내야 한다. 가장 일반적인 상상은 다이슨 구체Dyson sphere라고 불리는 거대한 껍질 또는 별을 둘러싼 군집 위성을 통해 별의 에너지를 모두 포집하고 변환하는 것이다. 다이슨 구체를 만들기에 충분한 물질을 구하려면, 목성처럼 큰 행성을 거의 분해하다시피 해야 한다. 그리고 III형 문명은 같은 일을 은하의 모든 별을 대상으로 할 것이다(그리고 은하 중심부에 있는 블랙홀에서 에너지를 빨아들이는 멋진 일을 할 수도 있다). 한편으로 이러한 아이디어는 거의 외계 문명에 대한 불가지론에 가깝다. 이 상상은 외계 문명의 성격이나 사회학은 신경 쓰지 않고, 외계 문명이 원하는 만큼 더 많은 에너지를 소비하게 할 뿐이다. 하지만 카르다쇼프 척도는 여전히 첨단 외계 문명(그리고 지구의 미래)에 대한 우리의 다양한 가정에 바탕을 둔다. 이 관점은 기술을, 항상 더 많은 에너지와 공간을 필요로 하는 발전과 결합시켜, 엔진을 계속 돌아가게 한다. 천문학자 애덤 프랭크Adam Frank 는 카르다쇼프 척도를 20세기 중반의 "미래에 대한 기술 낙관론자 technoutopian의 비전"이라 평했다. 카르다쇼프가 글을 쓰던 시점에 인류는 아직 우리의 에너지 사용이 가져올 민감한 상황에 대해 알지 못했다. 프랭크는 말한다.

행성, 별, 그리고 은하들이 간단히 정복되는 것이다.

서구의 과학 전통에서도 카르다쇼프 척도의 대안이 제시되었다. 항공우주공학자 로버트 주브린Robert Zubrin은 행성에 대한 지배력과 식민지 확산을 측정하는 다른 기준을 제안했다. 칼 세이건은 문명이 사용할 수 있는 정보의 양을 고려한 척도를 제시했다. 우주론학자 존 D. 배로John D. Barrow는 미세한 조작microscopic manipulation을 기반으로 한 기준을 제시했는데, 사람들이 자기 자신 규모의 물체를 조작할 수 있는 1형 마이너스에서부터, 살아 있는 것의 일부, 분자, 원자, 원자핵, 아원자입자, 나아가 시간과 공간의 본질까지 다룰 수 있는 단계로 나누었다. 프랭크는 에너지의 소비가 아닌 변환을 바라보자고 말하며, 고도로 발전된 문명은 행성을 지배하는 것 이상의 일을 해야 한다고 강조했다. 발달한 문명이라면 자원의 사용과 장기 생존 사이의 균형을 찾아야 한다는 것이다.

(온통 미국이나 유럽 출신 백인 남성이 제안한) 여러 척도 가운데 오직 칼 세이건만이 정복의 성격을 갖지 않은 발전 기준을 내밀었다. 원자 조작조차도 그토록 작고 섬세해 보이지만, 입자가속기의 형태로 막대한 에너지를 필요로 하며 이와 같은 조작은 인류의 가장 강력한 파괴력을 바탕으로 한다는 점을 꼭 언급해야 한다. 그러나 세이건 버전의 극도로 발전된 문명은 그저 방대하고도 방대한 도서관일 뿐인지 모른다. 그 도서관에는 학자와 철학자만 가득 차 있고 정신적 확장과 탐구는 존재하지만, 자신의 행성이나 별에 대한 지배는 없을 것이다. (여기서 질문 하나. 그렇다면 이 도서관의 전력은 어떻게 공급될까? 인터넷이 덧없는 것이긴 하지만, 공짜는 아니다.)

모든 종류의 거대한 진보에 대한 예측이 암시하는 건 장수성뿐 아니라 연속성이다. 끊임없는 진보에 대한 가정은 매우 대담한 것이다. 중편소설 〈인민의 사람 A Man of the People〉에서 어슐러 K. 르 귄은 300만 년 동안 문명이 존재해온 세계, 헤인Hain을 배경으로 삼았다. 지난 몇천 년간 제국이 일어나고 무너지면서 문화가 붕괴하고 서로를 대체해온, 지구와 비슷한 일이 헤인에서도 벌어진다. 다만 지구보다 규모가 클 뿐이다. 르 귄은 "헤인에는 수십억의 생명이 수백만 개의 나라에서 살아왔다. (…) 무수한 전쟁과 평화의 시기,

끊임없는 발견과 망각…. 끝없이 새로운 것들이 반복되었다"고 썼다. 그 이상을 희망하는 건 우리가 별을 길들일 수 있을 거라는 상상보다 더 낙관적인 일일지도 모른다. 어쩌면 행성 전체의 수천 년을 넓게 보는 대신, 두 대륙에 살았던 생명의 경험을 바탕으로 영겁의 미래를 예측하는 건 매우 근시안적일 수 있다.

진보에 대한 모든 척도는 인간의 가정, 특히 유럽과 미국의 식민지 개척과 지배, 화석연료 연소의 역사에 기반을 둔다. 하지만 과학자들은 뛰어난 외계 철학자, 예술가 또는 돌고래 같은 외계 생명을 상상한다 해도, 그들을 찾는 것이 기본적으로 불가능하기 때문에 별 소용이 없다고 생각한다.

진보된 외계 생명을 탐색하는 과학적 임무는 이들의 존재 여부를 따지는 것뿐 아니라, 어떻게 해야 그들을 찾을 수 있을지 상상하는 일이 포함된다. 그러다 보면 결국 다이슨 구체에 다다른다.

다이슨 구체는 박학다식한 물리학자이자 수학자 프리먼 다이슨Freeman Dyson의 이름을 딴 것이다. 1960년대 대부분의 SETI 과학자가 외계 생명의 신호를 찾고 있을 때, 다이슨은 "우리가 찾아야 하는 것은 비협조적인 사회"라고 생각했다. 고집이 세다는 말이 아니라, 우리를 도우려고 하지 않는 존재를 뜻하는 것이었다. 1981년 인터뷰에서 그는 말했다.

"전파 신호를 찾으려고 하는 것은 좋은 생각입니다. 하지만 그건 상대방이 협조하려는 생각을 가졌을 때만 의미가 있어요. 그래서 저는 늘 어떤 메시지도 보내지 않는 지적 활동의 증거를 찾는 방법을 생각해왔습니다."

그럼 아마도 가장 크고 밝은 것을 검출하는 일이 가장 쉬운 방법임을 떠올릴 수 있다. 1960년 다이슨의 논문에서 언급된 거대한 다이슨 구체 아이디어는 '실현 가능한 가장 거대한 기술은 무엇일까?'에 대한 답이었다.

〈스타 트렉: 넥스트 제너레이션〉의 에피소드 '유물'*에서는 주변에 별 하나 보이지 않음에도 존재하는 거대한 중력장에 엔터프라이즈호가 붙잡힌다. 원인은 스크린에서 거무죽죽하게 보이는 구형의 마테$_{matte}$라는 물질이었다. 라이커 사령관은 이 구체의 지름이 거의 지구궤도만 하다고 말한다.

피카드 선장이 숨죽인 채 질문한다. "미스터 데이터, 이건 혹시 다이슨 구체인가?"

데이터가 답한다. "이 물체는 다이슨의 이론에 잘 들어맞습니다."

라이커 사령관은 다이슨 구체라는 개념을 잘 모르지만, 피카드 선장은 딱히 신경 쓰지 않는다. "그건 매우 오래된 이론이다, 사령관. 이 개념을 들어보지 못한 것이 놀랍지는 않다." 피카드는 라이커에게 20세기의 물리학자 프리먼 다이슨이 별이 방출하는 에

• 다이슨 구체에 대해 글을 쓰는 사람(작가)들 외에는 스코티가 돌아오는 에피소드로 알려져 있다. 이 제목은 중의적인 표현이다. 미안해요, 제임스 두한! (저자가 원로 배우의 귀환을 놀리는 것 같다.-옮긴이)

너지를 붙잡아 사용하기 위해 지어진 거대하고 텅 빈 구체를 제안했다는 것을 말해준다. "구체 안쪽에 사는 종족들은 닳아 없어지지 않는 에너지원을 가진 것이나 마찬가지지."

라이커가 회의적인 말투로 저 구체 안에 사람들이 살고 있다고 생각하는지 피카드에게 물었다.

"아마도 엄청 많은 사람이 살 겁니다, 사령관님." 데이터가 답했다. "구체 안쪽 면적만 따져도 (지구 같은) M형 행성 면적의 2억 5000만 배나 됩니다."•

다이슨의 생각에 문제는 거주 공간이 아니라 에너지였다. 어떻게 한 문명이 II형에 도달할 수 있을까? 다이슨의 글은 분명히 추측이었다. 그는 논문에 이렇게 적었다.

나는 이것이 우리 시스템에 생겨날 일이라고 주장하려는 게 아니다. 그저 다른 시스템에서 일어날 수 있는 상황이라고 이야기하는 것이다.

수십 년 뒤, 천체물리학자 제이슨 라이트Jason Wright가 이 탐사를 이어받는다.••

- 구체의 내부를 생활공간으로 쓰는 것에 대해 천체물리학자 제이슨 라이트는 "〈스타 트렉〉 세계관에서, 인공중력이 보편적인 기술일 때만 말이 된다"고 지적했다.

•• 라이트가 다이슨 구체를 찾으려던 첫 번째 인물은 아니지만, 가장 탄탄한 연구자였다.

이 접근법의 가장 큰 장점은 "자연은 다이슨 구체를 만들지 않는다"는 점이라고 라이트가 내게 말했다. 그는 펜실베이니아 주립대학의 천문학 및 천체물리학 교수이며 펜실베이니아 주립대학 외계 지적 생명체 센터의 소장이다. SETI 프로젝트의 가장 잘 알려진 방식은 전파 신호를 청취하는 것이지만(다음 장에서 자세히 설명할 것이다), 라이트는 별들 사이에서 기술의 증거인 테크노 시그니처Technosignature를 찾는 데 중점을 둔다. 테크노 시그니처를 찾으면, 다이슨이 가장 좋은 표적이라고 생각했던 비협조적 외계 존재를 찾을 수 있다. 이 경우 외계 생명을 찾는 것이 아니라, 한때 외계 생명이 존재했다는 증거만 찾으면 된다. 그것은 스타게이트일 수도 있고, 규소 원소로 덮인 먼 행성일 수도 있고(지질학적으로는 가능성이 낮지만, 기술적으로는 태양전지 패널에 적합하다), 다이슨 구체일 수도 있다.

다이슨 구체를 찾기 위한 라이트의 첫 번째 탐사는 외계 기술로부터 열 찾아내기Glimpsing Heat from Alien Technologies, 즉 G-HAT 프로젝트였다. 혹은 Ĝ(G가 모자를 쓴 것 같아서)이라는 이름이 더 어울려 보인다. 전제는 간단했다. "다이슨 구체는 단순히 에너지를 흡수하는 것이 아니라, 변형시키므로 이 과정에서 적외선의 형태로 방출되는 열 찌꺼기*가 검출될 것"이다.** 그래서 2012년에서 2015년 사이, 라이트와 그의 연구진은 II형에서 III형으로 진화하는 문명을 찾기 위해, 약 100만 개의 은하를 조사했다. 그리고 적외선 영역에서 비정상적으로 밝게 빛날 정도로, 은하의 별을 다이슨 구체로 만들어낸 경우가 있는지 찾아나섰다(이때 연구진은 낱별이 아닌 은하를 조사했는데 라이트에 따르면 그 이유는 "다이슨 구체를 만들 정도의 기술 문명은 아마도 근처 별까지 잘 퍼져 있을 것"이기 때문이었다. 그래서 다이슨 구체가 하나 있는 은하는 다이슨 구체를 여러 개 가지고 있을 가능성이 높고, 다이슨 구체가 여러 개 있으면 검출이 더 쉬울 테니, 거기서 시작해보려던 것이었다). 그럼에도, 연구진이 찾고자 한 신호는 하나도 검출되지 않았다. 만약 찾았다면 여러분도 이미 그의 연구 성과를 들어보았을 것이다.

라이트는 이러한 접근 방식의 불가지론에 자부심을 가지고 있다. 그는 외계 생명이 우리를 찾아내는 상황이나 외계 문명이 가진 사회학적 문제에 대해 생각할 필요가 없다. 그들이 갖춰야 할 것은 오직 기술뿐이다. 그가 말한다.

"기술은 에너지를 사용합니다. 에너지를 사용하는 것은 기술을 기술답게 만들어요. 삶이 에너지를 사용하는 것처럼요."

이 관점에서 보면 목성 크기의 행성을 해체해 별을 감싸는 거대한 구조물을 만드는 게 거의 코믹할 정도로 단순하지만, 라이트는 다이슨 구체의 존재가 외계 생명의 엄청난 조정 능력이나 사전 계획을 요구한다고 생각하지 않는다. 그가 보기에 다이슨 구체는

- 열 찌꺼기가 적외선을 방출하는 것이 아니라, 적외선을 방출하는 온도의 물질을 찾으려는 것이다. 물질이 더 뜨거울수록 짧은 파장에서 빛을 방출한다. 예를 들어 아주 뜨거운 금속은 가시광에서 하얀 빛을 낸다.

- • 외계 문명이 얼마나 진보했는지와 상관없이 열역학 제2법칙보다 앞서 나갈 수는 없다.

아주 간단한 작업이다. 라이트는 다이슨 구체를 인간이 만들어낸 '거대 구조', 즉 서로 연결된 거대한 인공 시스템의 좋은 예인 맨해튼과 비교했다. "어느 정도는 계획된 것이기는 했지만, 아무도 '여기에 거대 도시를 건설하자'고 말한 사람은 없었습니다. 단지 세대를 거듭할 때마다 조금씩 더 크게 만들었을 뿐입니다." 그는 다이슨 구체 또는 다이슨 구체의 군집도 비슷한 방식으로 축적될 수 있다고 생각했다. "어차피 우주로 날아가버릴 에너지라면, 누군가는 포집해서 쓰려고 하지 않을까요?"

라이트는 자신의 생각이 자본주의적 지향, 즉 인간 사회에서조차 결코 보편적이라고 할 수 없는 "자연을 지배하려는" 욕망을 상정하기 때문에 반대하는 의견을 알고 있다. 하지만 그의 연구가 성립되기 위해 모든 별에서 보편적으로 자연을 지배하려는 욕구가 나타나야 할 필요는 없다. 단지 우리가 결과를 확인할 수 있을 정도로 가끔 발생하기만 하면 된다.

"지구상의 모든 생명체를 거대하게 만드는 원동력은 없습니다. 사실 대부분의 생명체는 작습니다. 하지만 일부는 거대해지기도 합니다."

외계 생명체가 지구에 온다면 여기 사람이 살고 있다는 것을 알기 위해 모든 작은 생명체를 볼 필요는 없다. 그저 코끼리 한 마리면 충분할 것이다.

외계 문명이 갖춘 테크노 시그니처 중 일부는 덜 확실할 수도 있다. 2017년, 천문학자들은 약 200미터 길이의 돌로 이루어진 듯 보이는, 태양계를 가로지르는 물체를 찾았다. (오무아무아$_{Oumuamua}$라 불리는) 이 천체의 속도*와 궤도로 볼 때 태양계 바깥에서 온 것임을 알게 되었다. 오무아무아는 우리 태양계에서 첫 번째로 확인된 성간 천체다. 이 천체가 외계 탐사선의 일부일 수 있다는 희망 또는 두려움은 아직 확인되지 않았다. 하지만 외계 기술이 태양 근처에 숨어 있어서, 가까운 곳에서 찾게 될지 모른다는 사실을 일깨워준 사건이었다.

"실제로 확인해본 적이 없기 때문에 그런 기술이 근처에 있는지는 알 수 없어요"라고 라이트가 말했다. "제 말은, 만약 그들이 화성에 도시를 세웠다면 우리가 알아차렸을 거란 뜻이에요. 물론 화성 표면에 지어야 했겠지만요." 그러나 그는 사실 지구 표면에는 검출할 만한 기술적 활동이 별로 없다고 지적했다. 지구 너머의 태양계에서도 마찬가지다. 오무아무아와 비슷하지만, 실제로 인공적인 외계의 탐사선이나 흔적이 있음에도, 단지 너무 빨리 움직이고 어두워서 우리가 찾지 못하는 것일 수도 있다. 어쩌면 왜행성인 세레스나 화성의 표면 아래에 외계 생명체의 기지가 있을지 모른다. 〈2001: 스페이스 오디세이〉에 나오는 달의 기둥은 달 표면 바로 아래 묻혀 있었다고 라이트가 상기시켰다. SF 팬이 좋아하는 고대의 성간 문은 모두 사용하기 전에 발견된다. 잊지 마시라. 2015년까지만 해도 우리가 가진 최고의 명왕성 사진은 그저 흐릿

* 시속 31만 4000킬로미터로 움직인다.

한 점에 불과했다는 것을. 심지어 태양계에 대해 알고 있는 아주 많은 부분도 추론과 가정에 의존하고 있다.

회의론자들은 이렇게 말하길 좋아한다. '그래서 다들 어딨다는 거야?' 하지만 우리는 그들이 없는지 또는 여기 없었던 것인지 확실히는 알지 못한다.•

지금은 우주 신비주의 시대

다이슨이 처음으로 다이슨 구체를 찾아야 한다고 말한 사람이기는 하지만, 이 아이디어는 사실 소설에서 비롯한 것이다. 다이슨은 언제나 1937년 작품, 올라프 스테이플던Olaf Stapledon의 소설 《스타메이커Star Maker》를 영감의 기원으로 인용했다.

나는 항상 《스타메이커》가 다이슨 구체에 관한 책이라고 짐작했는데, 구체로 포획한 에너지를 믿을 수 없는 기술로 활용하는 초고도화된 외계 문명을 배경으로 한다고 여겼기 때문이었다. 혹시 그게 아니라면 다이슨 구체가 우주적 에너지를 채집했지만, 더 이상 사용되지 않는 고고학적 흔적으로 등장할 거라고 생각했다. 하지만 실제로 소설에서 찾아낸 것은 잘해봐야 절반 정도만 다이슨 구체로 해석될 만한 것이었고, 내 예상보다 훨씬 신비주의적이며 (또 의도한 것이겠지만) 진보된 외계 문명에 대한 이미지를 상상하게 하는 내용이었다.

• 백인이 아닌 고대 민족이 거대한 구조물과 문명을 건설할 수 있었겠느냐는 인종차별적 회의론에 바탕을 둔 고대 외계인설을 지지하는 것은 아니다.

5장. 기술

먼저 다이슨 구체로 해석될 만한 내용은 이렇다. 고도로 발전되고, 계몽되고, 통일된 은하적 의식을 묘사하면서, 스테이플던은 이와 같이 썼다.

이 방대한 공동체는 (…) 지금까지 상상할 수 없었던 규모로 별들의 에너지를 활용하기 시작했다. 모든 태양계가 빛 포획 장치에 둘러싸여 태양에너지를 집중시켰고, 이를 지적 활동에 사용하는 바람에 전 우하가 어두워졌다. 태양에너지처럼 활용하기에 적합하지 않은 별은 분해되어 엄청난 양의 아원자subatomic 에너지를 저장하는 데 사용되었다.

바로 저기, 중간에 '빛 포획 장치'가 보이시는지? 나는 그것이 바로 다이슨 구체의 아이디어라고 생각했다. 저 반쪽짜리 문장에서 다이슨 구체를 생각해낸 데 대해, 프리먼 다이슨의 공로를 충분히 인정할 만하다. 스테이플던 역시 더 많은 인정을 받아 마땅하다. 왜냐하면 빛을 포획하는 구체에 대한 상상 외에도, 그의 소설 안에는 우주에 있을 법한 진보된 외계 생명에 대한 방대하고 영감이 넘치는 가능성이 가득하기 때문이다.

이제 우주 신비주의cosmo-mysticism에 대해 좀 더 생각해보자. 소설 《스타메이커》에서, 한 남자의 육체에서 분리된 정신이 영국의 한 시골 마을에서 광활한 우주로 휩쓸려 나갔다. 그는 수많은 외계 문명을 방문하고, 외계 생명체의 의식에 들어가 그들의 삶을 경험하며 그 사회와 행성에 대해 이해하게 된다. 가끔은 의식에 들어가게 된 존재에 자신의 정체를 밝히기도 하고, 대화를 나누기도 한다. 그리고 결국은 여행의 동반자가 된다. 주인공과 함께하는 수많은 외계 생명의 의식은 시공간을 같이 여행하며 우주 속 생명과 지능의 진화에 대한 지식을 얻는다. 우주에 대한 이러한 이야기는 스테이플던의 상상 속 생명의 세 가지 형태에 따라 세 번에 걸쳐 진행된다. (우리와 같은) 행성 기반의 생명, 별의 형태를 갖춘 생명체, 마지막으로 원시적이고 지각이 있는 은하를 만들어낸 성간운의 형태.

여러분도 왜 다이슨 구체가 이 소설에서 간단히 언급만 된 정도인지 슬슬 감을 잡았을 것이다.

스테이플던이 상상한 생명 형태의 대부분은 지구의 생명체와 비슷하지만, 그의 묘사는 훨씬 풍부하고 과격하다. 주인공은 가장 먼저 우리와 매우 유사한 문명을 방문한다. 스테이플던이 '다른 지구'라고 부른 곳이다. 이곳의 인류는 늘씬한 인간처럼 보이는데 사람에 비하면, 색이나 소리에 대한 민감도가 훨씬 낮다. (그래서 한번도 음악을 만들어본 적이 없다.) 반면 입 말고 손이나 발로도 느낄 정도로 냄새나 맛에 예민하다. 스테이플던은 적는다.

> 그래서 그들은 행성과 풍부하고 친밀한 경험을 할 수 있다. 금속과 나무의 맛, 새콤달콤한 흙, 그 많은 돌, 그리고 달리는 맨발 아래 짓이겨진 셀 수 없이 많은 부끄러운 또는 선명한 맛의 식물이 지구인에게는 낯선 새로운 세계를 만들어낸다.

이곳의 다른 인류는 전파를 통해 맛과 냄새를 전송할 수 있어서, "청자listener"가 예술적 즐거움뿐 아니라 미각의 향연, 심지어 성적, 종교적 경험까지 공유받기도 했다.

스테이플던이 상상한 대부분의 외계 생명체는 이보다 덜 인간스럽다. 어떤 종은 날아다니는 조류 인간이고 척추는 없지만 정교한, 내부의 "바구니 같은 철사 뼈대"를 갖춘 달팽이 인간도 있다. (과격한 아이디어에도 불구하고, 스테이플던은 여전히 '인간men'을 '사람people'을 지칭하기 위해 사용했다.) 지구상 대부분의 동물처럼 좌우대칭이 아닌 일방 대칭unilateral인 생물도 등장한다. "그래서 이 행성의 인간은 지구인의 절반처럼 보인다. 그는 캥거루 같은 꼬리로 균형을 잡으며 단단하고 길게 뻗은 한 다리로 껑충껑충 뛰었다." 불가사리 같은 생명체에서 진화한 듯한 극피생물 형태의 외계 생명체도 있었다. 5개의 팔 중 하나는 머리로 특화되었다. 새 같은 개별 생명체로 이루어진 늪지대의 생명은 집단으로 모여 있을 때만 지적으로 보인다. 게와 물고기를 닮은 개별 생명체가 짝을 이룬 공생 종도 등장하고, 거대한 연체동물 같은 생명체는 커다란 선체와 유기체로 된 돛, 항해에 특화된 감각을 지닌 의식 있는 배처럼 등장하기도 한다.

이런 광범위한 생물학적 다양성을 말한 뒤에, 스테이플던은 그가 목격하고 "위기의 시대"라고 명명한 1937년 인류의 분투를 묘사한 듯한 일종의 사회학적 수렴을 이야기한다. (우주적 시간 규모로 볼 때, 이 위기를 겨우 한 세기 뒤인 우리의 현재 사회를 묘사한 것으로 봐도 무방하다고 생각한다.) 스테이플던은 이 위기를 "진정한 세계적 규모의 공동체를 형성할 능력을 얻고자 하는 영혼의 투쟁을 위한 순간"이라고 썼다. 그리고 이 위기는 우주에 대해 적절한 영적인 태도와 권리를 얻기 위한 어려운 투쟁의 무대이기도 하다. 그는 "폭력과 친절함의 기묘한 혼합"에서 태어난 종을 묘사하며 개인은 공동체와 연대를 추구하지만 "그들의 친밀한 사랑조차도 일관성이 없고 통찰력이 부족하다"고 말한다. (이 부분에서 매들렌 렝글이 《시간의 주름》에서 어둠의 힘으로부터 벗어나기 위해 싸우는 그림자 세계를 묘사한 장면이 떠올랐다.) 이러한 위기가 가져오는 가장 큰 위험은 부족이나 국가 차원에서 거짓 위안을 제시하는 "공포와 증오로 뭉친 가짜 공동체"다. 책의 서문에서 스테이플던은 파시즘, 군국주의, 자유에 대한 위협이 바로 이러한 큰 위험이라고 명확히 규정한다.

《스타메이커》의 주요 요소는 이 위기 너머를 상상하는 것이었다. 스테이플던은 말했다.

> 몇몇 세계에서 영혼은 절망적인 곤경에 기적으로 반응했다. (…) 새로운 의식의 명료함과 새로운 의지의 통합이 갑자기 광범위하게 일어났다.

이렇게 문명 전체가 존재의 새 차원으로 올라가는 일종의 깨달음은 불교나 천상의 예언을 떠올리게 한다. 스테이플던은 확실한 경로를 따르기보다 잠에서 깨어났을 때 이불을 꼭 쥐게 하는 꿈처럼 기묘하고 암시를 담은 환영을 하나의 장치로 사용한 것이다.

다이슨 구체로 알려진 것을 처음으로 떠올린 이 작가는 진보에 대한 그의 상상에서 기술을 특별히 강조하지는 않았다. 대신 스테이플던은 《스타메이커》의 대부분에서 개별 의식이 은하적, 우주적 의식으로 성장해나가는 경로를 설명했다. (그는 계몽된 사회가 어떻게 통일된 의식을 갖는지 자세히 설명하지 않지만 분명히 그들이 발견한 텔레파시가 도움을 준다.) 개별적 존재는 우주적 의식 안에서 그저 일부가 되거나 사라지는 게 아니라 조화를 이룬다. 개별적 존재들은 각자 창의적이고 아름답고 충만하며 평화적인 생명체이면서 집단의식에 충실히 기여한다. 결론적으로 주인공과 그의 동료 여행자들은 바로 이 계몽된 우주에 합류할 뿐 아니라, 심지어 경계를 슬쩍 넘어 신과 같은 존재인 스타메이커가 만들어낸, 우리의 과거 또는 미래의 현실을 엿본다.

소설은 주인공이 수없이 오랜 시간 동안 우주를 관찰하고 경험한 뒤, 다시 1937년 영국의 고향으로 돌아가면서 마무리된다. 그를 가득 채웠던 우주적 지각은 다 사라지고, 다시 인간의 육체로 돌아가게 되지만, 주인공은 두 거대한 권력 사이의 다툼에 대비하는 행성인 지구를 이해하게 된다. 권력 중 하나는 "새롭고 즐거운 행성을 원하는 의지"다. 다른 하나는 정의하기 조금 어렵다. 아마도 미지에 대한 두려움이나 지배에 대한 욕구 같은 것이겠다. 이는 파시즘의 형태로 발현되었다. 주인공은 인류가 어떻게 이 엄청난 도전에 맞설지 궁금해한다.

그는 우리에게 두 가지 희망의 빛줄기를 제시한다. 이 책의 핵심인 우주적 지각에서 비롯한, 공동체의 따뜻한 빛과 별들의 차가운 빛이다. 우리의 분투는 얼핏 의미가 작아 보이지만 사실은 반대다. 스테이플던은 앞으로 나아갈 경로와 창의력, 소통, 통합, 배려를 가치로 삼는 진보에 바탕을 둔 처방을 보여준다. 스테이플던이 묘사한 텔레파시와 아원자의 힘을 바탕으로 번성한 오래된 문명은 단지 이야기를 풀어나가기 위한 환상적인 장치가 아니다. 자아의 철옹성이 느슨해진 미래에, 인간과 비슷한 존재 또는 형태 없는 심령인 외계의 침입자가 우리의 의식을 급습하는 예지와 같은 것이다. 스테이플던은 비록 우리가 어느 누구의 마음을 읽을 수 없더라도, 그러한 연결을 만들어낼 상상의 기회를 준다. 그는 아주 위급한 마음과 희망으로 이 이야기들을 가득 모은 것이었다.

커져가는 고통

스테이플던은 그가 지구의 전환점을 살고 있다고 믿었다. 오늘날 우리도 종종 비슷하게 느낀다. 혹시 이게 자기중심적이진 않을까? 이러한 생각은 인류가 우주에서 특별한 관측자가 아니라는 코페르니쿠스 원리를 심각하게 위반하는 것처럼 보인다. 지구가 태양계의 중심이 아니듯, 인류도 세계의 상징적 중심이 아닌 것이다. 만약 인류가 특별하지 않다면 여러분과 내가, 또 올라프 스테이플던이 태어난 때가 특별한 시기라고 할 수 있을까?

우리는 그것이 사실이 아님을 안다. 지구가 멸종, 전염병, 대학살에 신음하고 있는데, 인류가 이 정도의 빌어먹을 능력을 갖게 된 건 겨우 한 세기밖에 되지 않았다. 스테이플던은 "우리는 세상을 흔드는 이 심리적 위기가 사춘기에서 성숙해지는 과정이라고 생각하려는 경향이 있다"고 쓰면서 칼 세이건의 유명한 아이디어를 먼저 말해버렸다. 즉, 우리가 새로운 힘은 얻었지만 이를 잘 활용할 성숙도는 지니지 못한 "기술적 사춘기"의 시기를 살고 있다는 것이다. (좀 더 익숙한 비유로 가족의 차 키를 손에 넣은 청소년을 떠올릴 수 있다.)

현재를 사춘기라 묘사하는 건 우리 문명이 오랫동안 살아남으리라 상정하는 것이다. 이 논리에 따르면 지금은 문명의 전성기나 종말 단계가 아니라, 우리가 갖추게 될 성숙한 단계 이전의 서투른 상태다. 또한 우리 문명뿐 아니라, 자신의 문명이 청소년기에 있다고 생각하는 복수의 문명이 있다고 가정한다. 즉, 우리는 미지의 길을 개척하는 것이 아니라, 이미 존재하는 문명의 생애 주기를 따르는 걸지도 모른다.

이 가정이 세이건이 SETI 프로젝트의 필요성을 역설한 이유다. 1979년에 그는 '우주에서 온 단 하나의 신호는 어떤 문명이 기술적 사춘기를 살아남을 수 있다는 가능성을 보여준다. 이 신호를 보내온 그 문명은 살아남은 것이다'라고 했다. 세이건은 이러한 증거가 자기 파괴적인 미래를 믿는 비관론자들에게 답하면서, 인류에 충격을 주기를 바랐다.

스테이플던에게 위기는 파시즘이었고, 세이건에게는 원자폭탄, 현재의 우리에게는 지속되는 이 두 위협에 더해 더욱 위급한 전 지구적 기후변화다. 세이건과 SETI 과학자들은 외계 지적 생명체의 증거가 우리 인류에 인내할 영감을 준다고 믿지만, 천체물리학자 애덤 프랭크는 우리가 신호를 기다릴 필요가 없다고 생각한다.

프랭크는 우리 문화에 신화가 부족하다고 믿는다. 가상의 이야기가 아닌, 인류가 우리 행성을 이해하는 데 도움을 줄 서사를 의미한다. 프랭크는 이해의 관점에서 과학이 분명 차이를 메꾸어 가고 있지만, 이야기의 힘은 부족하다고 말했다. 특히 기후변화에 대한 논의에 대해 "유일하게 이야기에 가까운 건 '우린 망했어'" 정도밖에 없다고 했다.

프랭크는 새로운 신화를 통해 전 지구적 무기력에서 벗어나야 한다고 말한다. 그 이야기는 우리 전에 존재했던 셀 수 없이 많은 외계 문명이 성장하는 인구와 연료 사용을 유지하려고 자원을 쓰던 중 탐욕스러운 기술이 문명을 위협하게 되는, 비슷한 위기에 봉착했다는 것이다. 지구에서 스스로 인류세라고까지 부르는, 인류의 활동이 지질학적 흔적*을 남기는 새로운 지질시대를 통해 우리는 이 순간을 목격하고 있다. 프랭크는 2018년에 출판한 논문에서 이 작업의 기반을 마련하며 이렇게 썼다.

> 인류세는 기술 문명의 진보 과정에서 자원을 집약적으로 채집하는, 진보된 종이 사는 모든 행성이 가질 법한 두드러진 특징일 것이다.

- 인류세를 현재의 지질시대로 보는 생각은 일반적이지만, 일부 학자들은 몇 가지 문제점을 지적했다. 첫째, 지구에 미치는 영향(일반적으로 해로운 영향)에 책임이 있는 인류는 극소수의 힘 있는 사람들과 국가를 대표하므로 인류 전체가 책임을 져서는 안 되며, 인류에게 책임을 돌리는 것은 문제의 본질을 광범위하게 은폐하게 된다는 것이다. 둘째, 인류세를 새로운 시대로 규정하는 일은 인간이 선택(즉, 자본주의)한 결과가 아니라, 자연스럽고 피할 수 없는 것처럼 보이게 한다.

5장. 기술

적어도 일부의 문명은 절제하는 법을 배우고 장기간 지속될 수 있음을 수학적으로 보인 그는, 우리 인류도 똑같이 깨우칠 수 있다고 믿는다.

그는 이러한 깨우침이 결코 가설이라고 생각하지 않는다. 프랭크와 공저자 우드러프 T. 설리번 3세Woodruff T. Sullivan III는 2015년 논문에서 그들이 "비관적 경계pessimism line"라고 부른, 얼마나 기술 문명이 희귀해야 우리가 이 단계에 이른 첫 번째 문명이 되는지에 대한 확률을 계산했다. 프랭크는 우리가 우리은하의 첫 번째 문명이 되려면, 생명 거주 가능 행성에서 기술 문명이 진화할 확률이 10^{24}분의 1(즉, 1/1,000,000,000,000,000,000,000,000)보다 작아야 한다는 것을 알게 되었다.

이 확률로 볼 때, 프랭크는 외계 문명을 상상하는 것이 괜찮은 정도가 아니라, 실제로 존재한다고 믿어도 된다고 생각했다. 그리고 그는 이스터섬(라파 누이)의 인구 소멸에 대한 과학적 연구를 바탕으로, 외계 문명의 최후• 관련 모형을 만들었다. 그의 수식은 문명이 행성의 자원을 사용하고, 그 자원이 문명의 성장에 유용하고, 성장한 인구로 인해 더 빨리 자원을 소모하고, 그들의 고향 행

- 프랭크는 이 이야기를 담은 연구를 인용했다. 이 섬은 기원후 400년쯤 작은 규모의 사람들에 의해 식민화되었고, 1000년 동안 1만 명의 인구로 성장하며 "예술적이고 기술적으로 정교한" 문화를 갖게 되었다. 하지만 이 섬의 주민은 나중에 이 섬을 유명하게 만든 거대한 석상의 운반과 건설을 위해 과하게 벌목했고 "소용돌이치는 몰락"이 시작되었다. 그리고 1722년 네덜란드 탐험가들이 섬에 도착했을 즈음엔 수천 명으로 줄어든 인구가 부족한 자원에 허덕이고 있었다. 프랭크는《별들의 빛Light of the Stars》에서 이어간다. "이스터섬 몰락의 정확한 시작이 무엇인지는 여전히 논의가 있지만, 거주자의 활동에 따른 환경의 저하가 중요한 역할을 했다."

성에 더 많은 영향을 끼치고, 문명을 지속 불가하게 만드는 일 사이의 관계를 단순화해 서술한다.

어느 순간 문명은 무슨 일이 일어나는지, 더 중요하게는 그들이 무슨 일을 벌이고 있는지 깨닫게 된다. 프랭크는 가상 행성의 문명들이 얼마나 빠르게 환경에 적은 영향을 끼치는 자원 활용으로 변환하는지, 또 이 행성들이 얼마나 남용에 민감한지에 대한 결과의 범위를 주고, 이를 토대로 계산했다. 어떤 결과는 서서히 죽음을 향하고, 어떤 결과는 인정사정없이 붕괴를 예측했다. 그에 따르면 가장 놀라운 것은 영향을 적게 끼치는 자원을 사용하도록 변환이 이뤄진 지 꽤 오랜 시간이 지난 후에도 문명의 붕괴가 일어나는 현상이었다. 이 결과를 나타낸 그래프는 문명과 행성이 안정적으로 유지되는 '지속 가능한 상태'에 들어간 듯 보였다. 하지만 균형은 오해였다. 행성이 이미 임계점을 지난 뒤라면 영구적인 회복은 불가능한 것이었다.

하지만 분투하던 문명 일부는 프랭크가 책에서 연착륙soft landing이라고 부른, 내리막길에서 안정될 방향을 찾기도 한다. 이 현상이 모든 시뮬레이션에서 발생하지는 않지만(사실 거의 발생하지 않지만), 프랭크의 방식으로 이야기해보면 결국에는 일어나긴 한다는 점에서, 생명의 자원 활용이 패배 원인은 아니라는 것을 의미한다. 그의 연구는 기술 문명이 자원을 사용함으로써 자신의 행성에 압박을 가하는 것이 타고난 특성이라고 말한다. 《별들의 빛》을 살펴보자.

행성에 전혀 영향을 끼치지 않고서는 우리가 관심을 가질 만한, 에너지가 행성 전체에 집약적으로 퍼진 문명을 건설할 수는 없다. 사실, 물리법칙은 이러한 영향이 있어야만 함을 보여준다.

따라서 지구에서 겪는 어려움이 우리가 악하거나, 게으르거나, 어리석거나, 스테이플던의 표현처럼 덜 깨어 있다는 뜻은 아니다. 그저 우리는 생명 발현, 물질 발현의 한 방식일 뿐이다. 그리고 우리 이전에 왔던 누군가처럼(그들이 가상이거나 실재했거나 상관없이) 인류도 사춘기 너머를 향해 부지런히 나아가야 할 지점에 도달한 것이다.

프랭크는 이스터섬의 이야기로부터 서구 기술 문명의 예상 경로를 이끌어낸다. 어떤 면에서 그는 몇 세기에 걸친 역사를 자원과 소모의 정교한 균형 같은 몇몇 핵심 패턴으로 축약하는 셈이다. 그리고 프랭크는 이 작업이 아주 초기 단계의 단순한 모형이라고 인정할 것이다. 그럼에도 그는 새로운 신화라고 생각하게 할 만한, 담대한 결론을 이끌어낸다. 우리에게 닥친 위기는 매우 심각하고, 그는 인류가 스스로를 구원할 수 있게 영감을 주고 싶어 한다.

하지만 그것만이 위기의 전부가 아니다. 실제 역사와 이야기는 비유의 기계를 끊임없이 돌려대고, 이것은 기계가 뱉는 방정식에 비하면 훨씬 복잡하다. 논문 〈인류세 일반화 The Anthropocene Generalized〉에서 프랭크가 말했다.

물리학자들이 새로운 입자에 의한 효과를 연구하기 위해 알려진

법칙을 확장 적용하는 것처럼, 우주생물학자들은 지구와 태양계에서 알려진 바를 외계 문명과 그들의 행성계 사이 상호작용을 탐구하기 위해 확장 적용한다.

그리고 이런 공명을 찾는 것은 실제로 이 분야의 고유한 연구 방법이 되었다. 우리는 외계 행성을 상상하기 위해 지구를, 외계 문명을 상상하기 위해 우리 문명을 이용한다. 프랭크나 다른 연구자들의 작업에서처럼 우주생물학자들은 거울을 뒤집고, (수학을 통해) 상상해낸 외계 문명을 이용해 지구를 다르게 바라보고자 한다. 이 방법은 풍부한 사고실험이라고 할 수 있지만, '거울의 집'이 되어버릴 위험도 있다. 길을 찾기 위해서는 아주 조심해야 한다.

우주탐사와 우주생물학의 사회적, 윤리적 함의를 연구하는 인류학자 및 고고학자 캐스린 데닝은 온전한 추측을 대할 때도 주의해야 한다고 강력히 권고했다. 우리는 상상이 완전히 틀릴 수 있음을 알지만, 이 생각이 유효하고 유용하기를 바란다. 데닝은 시작 지점에서 확장해 비유를 만들어나가는 작업이 틀릴 수 있다고 경고하면서 출발점을 신중히 상정할 것을 강조한다. 우주생물학자들이 방정식이나 모형의 근거로 삼는 인류의 역사에 대해서도 지식은 명확하지 않고, 학문적인 공감대 역시 거의 통일되지 않았다. 데닝은 말한다.

이런 상황에 대한 자각 없이는 우주의 문화를 연구할 때 편견을 도입하게 되고 사실관계와 이론을 지나치게 단순화할 수 있다.

그렇게 되면 진정한 발견을 놓칠지 모른다.

이스터섬의 역사를 지나치게 단순화하거나 그에 대한 오해가 있더라도, 존재 가능한 외계 생명에 대한 어떤 것도 달라지지 않을 것이다. 하지만 데닝은 이러한 상징적 이야기가 등장한 뒤에 "학술 연구에서 기원한 아이디어들이 대중의 상상으로 확산되고 변이"되고 있다고 했다. 이스터섬을 붕괴한 문명으로 묘사하는 것은 라파 누이의 살아 있는 사람들을 지워버린다. 우리는 다른 행성에 사는 누군가를 전혀 알지 못하지만, 이들의 존재에 대한 신비를 해결하느라 지구에 살았고, 여전히 살고 있는 실제 지구인을 잊어서는 안 된다.*

지구의 예시에서 출발하면 우리는 코페르니쿠스 원리의 매혹적인 덫을 마주하게 된다. 기술 문명이 지구를 지배하는 모습을 보고, 우주에서도 그럴 것이라고 예상한다. 어쩌면 우리가 외로운 존재가 아니라고 믿기 위해, 동족을 찾는 또 다른 방법일지도 모른다. 아니면 죄의식을 완화하려는, 프랭크의 말처럼 스스로를 괴롭히던 과거를 떨치고자 행동하는 것일 수도 있다. 하지만 지구상의 모든 인류가 이런 기술 문명에 동참해온 것은 아니다. 데닝은 말했다.

- 데닝(과 다른 연구자들)은 외계 지적 생명에 대한 인간의 끌림이 지구상의 다른 생명체에 가져오는 위험을 공개적으로 쓰고 말한다. 예를 들어 고래의 생각에 대한 우리의 궁금증은 연구와 이해뿐 아니라 이 지능적 생명체에 해를 끼쳐왔다.

실제로 어떤 상황에서는 최소한의 기술을 갖춘 수렵 채집 사회가 충분히 작동했고, 정치적 압박으로 변화를 강요받기 전까지 이 형태의 문명은 지구의 많은 공동체에서 아주 최근까지 지속되어 왔다.

가장 시끄러운 문화에서 벗어나 인류 전체를 바라본다면, 기술적 진보에 대한 보편적인 경향성은 오히려 찾기 힘들다.

역사가 피할 수 없는 진보의 경로로 움직인다는 관점은 미래를 필연적으로 보이게 만든다. 그리고 데닝은 "(이 역사관은) 우리의 주체성을 부정하고, 어디에 한계를 두어야 하는지에 대한 생각을 거부하게 만든다"고 했다. 아니면 "우리는 정말 그 한계에 도달해야 할까?" 인류가 이미 기후변화를 억제할 능력을 가진 것처럼 기술적 진보를 유념하고 숙고할 힘 또한 갖고 있다.

기술이 이 모든 것을 집어삼키지 않는다면.

덧없는 것

외계 생명이 저기 어딘가 있다면, 그들은 무엇과 비슷할까? 나는 이 질문을 들은 천문학자나 우주생물학자가 자주 기계 이야기를 하는 모습을 보고 놀랐다. 외계 문명이 사용할 법한 기계나 우리가 그들을 찾기 위해 쓸 기계가 아니라, 외계 생명들이 바로 기계인 상황을 주로 언급했기 때문이다.

컬럼비아대학교의 우주생물학 전공 책임자 캐일럽 샤프는

5장. 기술

내게 말했다.

"지적 생물체가 순간적이고 덧없는 존재는 아닐까 생각해요. 그들이 결국 기계 지능 machine intelligence 으로 불릴 법한 것으로 변이를 할지도 모르고요. 이 생각에 비약이 많다는 걸 저도 압니다. 하지만 훨씬 거대한 관점에서 보면, 기계 지능이 수백만 년을 살아남는 상상이 더 말이 되긴 하지요."

SETI 연구소의 선임연구원인 세스 쇼스택 Seth Shostak 은 외계 지적 생명체가 우리와 비슷할 것이라는 상상이 두 가지 측면에서 틀렸다고 말한다. 첫 번째로, 자기중심적이어서고 두 번째로는 다음과 같이 설명했다. 그는 우주에 존재하는 지능이 수가 많다고 해도, 아마도 대부분 합성된 존재일 것이라고 생각한다.

"(외계 생명체가 우리와 비슷할 거라는) 그 상상은 정말 중요한 요점을 놓치고 있다고 생각합니다. 깊이 생각해보면, 우리가 지금 세기 동안 하는 가장 중요한 일은 우리의 후계자를 발명하는 것이거든요. (…) 만약 우리가 미래에 될 어떤 외계 생명체라고 생각한다면, 그 외계 생명은 아마 기계일 겁니다."

1981년 인터뷰에서 카르다쇼프도 인류는 수백 년쯤 지나면, 아마도 전자의 흐름에 기반하거나 규소로 이루어진 존재로 바뀔 것이라고 말했다. 그리고 그의 생각에 우리는 종종 육체를 새로운 모델로 교체할지 모른다고 했다. "전자 기반 생명이 더 좋아 보입니다."

별 사이를 여행할 때는 확실히 더 나아 보인다. 셰프는 생물학적 존재가 성간 방사능뿐 아니라 여행에 필요한 긴 시간에도 취약하다고 지적했다.* 하지만 그는 기계의 시대가 인류나 우주에 존재하는 다른 생명체의 피할 수 없는 미래라기보다는, 생명체가 겪을 진로 중 하나라고 생각했다. 반면 쇼스택은 기계의 시대는 인류와 지적 생명체의 미래에 확실히 벌어질 일이라고 여긴다. 이렇게 생각하는 사람이 쇼스택만은 아니다.

엄밀히 말해, 기계화를 인류의 미래라고 정확히 말하기는 어렵다. 지능형 기계가 만들어지고 난 뒤에 인류를 위한 공간이 있을지 알 수 없기 때문이다. 일부 소설에서는 영화 〈매트릭스Matrix〉처럼 인간이 노예가 되거나 사냥당한다. 〈월-E Wall-E〉 같은 이야기에서는 우리가 집에서 게으름 피우는 동안 지능형 기계가 우주를 탐사한다. 하지만 이러한 미래상은 대부분 필연적으로 모호한데, 진정한 기계 지능의 도래는 상상하기 어려운 미래의 어느 지점 너머에 있다고 여겨지기 때문이다. 그리고 바로 그 지점을 특이점singularity이라고

- 성간 여행 중 외계 생명체가 진화하는 모습도 상상할 수 있다. 케이티 슬리벤스키는 가장 가까운 궤도에 행성 7개가 모여 있는 외계 행성 시스템 TRAPPIST-1의 발견을 예로 들었다. 그녀는 이 시스템의 구조가 "'우주여행 생물학space travel biology'을 촉진시킨다"고 말했다. 행성에서 행성으로 여행자들이 히치하이킹 하듯 타고 갈 운석이나 암석 잔해가 있다면, 우주여행 내구성space-travel durability을 갖추는 방향으로 진화할 것이라고 상상했다. 지구 생명체가 식물로 만든 뗏목을 타고 대서양을 건너는 것보다 훨씬 덜 어려울 수도 있다. 슬리벤스키는 "생물체가 우주여행을 할 수 있다는 사실이 완전히 무시당할 때면, 항상 마음이 찡해진다"고 한다.

부른다.

이 용어는 수학과 물리에서 등장했다. 물리법칙이 작동하지 않는 블랙홀의 무한히 높은 밀도의 핵을 기술하기 위해 사용되기 전부터 '특이점'은 수학적 함수가 정의될 수 없거나 작동하기를 멈추는 경우를 지칭할 때 쓰였다. 또한 인공지능이 지배적인 미래를 상상할 때도 비슷하게, 우리가 볼 수 없는 지점을 가리키기 위해 활용한다.

특이점은 컴퓨터과학자이자 과학소설 작가인 버너 빈지Vernor Vinge가 1993년에 쓴 에세이와 발표에 등장하면서 유명해졌다. 물론 그 기원을 따라가보면, 수학자 존 폰 노이만John von Neumann을 만나게 된다. 폰 노이만이 1957년에 세상을 떠났을 때, 핵물리학자 스타니스와프 울람Stanislaw Ulam은 폰 노이만과 나눈 대화에 대해 이렇게 썼다.

> 기술의 발전과 인간 생활 방식의 변화가 가속화하면서, 우리가 아는 인류의 역사가 지속되기 힘든, 어떤 본질적인 특이점에 가까워지는 것처럼 보인다.

1933년 발표한 논문에서 빈지는 폰 노이만이 여기서 "인간을 뛰어넘는 지능의 창조가 아닌, 일반적인 진보를 생각한 것"처럼 보인다고 지적했다. 하지만 빈지와 그 외 다수의 학자, 과학자, 이 아이디어를 적용하고 싶어 하는 과대망상적 기술 예찬론자들은 우리가 특이점 너머를 볼 수 없는 이유가 기계 안에서 인간을 뛰어넘는 지능이 출현하기 때문일 것이라고 생각한다.

빈지는 기술적 특이점이 인간의 미래에 도움이 될지 안 될지 모르지만, 피할 수 없다고 본다. 세스 쇼스택도 마찬가지였다. 기계를 만들고 똑똑해지도록 개선한다면, 결국엔 기계가 우리보다 더 총명해질 것이다. 그리고 우리는 경쟁을 시작하게 될 터다. (아니면 기계가 경쟁을 시작할 것이다. 내 생각에 우리는 뒤처지거나, 노예가 되거나, 살해될 것 같다.)

가장 기초적인 관점에서 보면 이는 하드웨어에 대한 질문이다. 인류는 최근 수십만 년간 엄청난 진보를 이뤄냈지만, 인간 개체는 우리 종이 처음 시작할 때와 견주어 크게 달라지지 않았다. 라스코 동굴 벽화를 그린 사람들의 아기를 데려와 지금 키운다면 그는 21세기 친구들과 비슷할 것이다.* 하지만 지능형 기계는 더 똑똑한 자손을 만들어낼 듯하다. 쇼스택은 "인간과 같은 인지능력을 지닌 컴퓨터를 갖는 순간…. 그 후 30년쯤 지나면, 우리는 모든 인간의 인지능력을 집어넣은 듯한 기계를 가지게 될 것이다"라고 말했다. 그리고 "그때가 왔을 때, 나는 당신이 은퇴했길 바란다"고 덧붙였다. 그는 글을 쓰는 기계가 만들어지면 작가인 내가 직업을 잃게 될 상황을 걱정하는 것 같았다.

특이점이 곧 닥칠 거라고 생각하는 이는 쇼스택만이 아니다. 어느 시점에서든 특이점은 늘 곧 다가올 것처럼 느껴졌다. 1993년에 빈지는 "우리는 지구에 인류가 등장하던 시기와 같은

- 적어도 지적으로는 그렇다. 현대의 질병에 면역력이 없다는 것은 다양한 문제를 야기한다.

변화를 곧 맞이할 것이다"라고 했다. 당시 그는 인간을 뛰어넘는 지능이 (내가 이걸 쓰고 있는 시점으로부터 2년 남은) 30년 내에 만들어질 것이라고 예상했다. 이 책을 읽고 있는 여러분이라면 정말 이런 지능이 등장했는지 알 수 있겠다! 1970년, 컴퓨터과학자이자 인공지능의 선구자인 마빈 민스키Marvin Minsky는 인간 지능을 가진 컴퓨터 개발이 3년에서 8년 안에 이루어질 거라 생각했다. 일론 머스크는 2025년이 되면 우리가 인공지능에 따라잡힐 것이라고 2020년에 이야기했다. 미래학자이며 특이점 주장자인 레이 커즈와일Ray Kurzweil은 인간 지능을 갖춘 컴퓨터가 2029년에 등장하고, 특이점은 2045년에 도래할 것이라고 했다. 하지만 그는 이미 2005년 발간한 책에 '특이점이 온다The Singularity Is Near'라는 우연이지만 오래가는 제목을 지었다.

천문학자이자 역사학자인 스티븐 J. 딕Steven J. Dick은 훨씬 더 긴 특이점 기간을 제시했다. 이 기간은 별과 은하의 수명만큼이나 길다. 그가 '스테이플던적Stapledonian'이라 부른 이 기간 동안, 먼저 우주의 형태를 결정하는 주요한 힘이 물리학에서 생물학으로 바뀌고, 이어서 사회를 이끌어나가는 힘이 생물학에서 문화적 진화로 바뀔 것이라고 했다. 그는 문화적 진화가 "대부분의 지적 생명체가 살과 피를 넘어 진화한" 탈생물학postbiological 시기를 주도할 것이라고 믿는다.

딕은 이러한 변화가 그가 지적 원리라고 부르는 것 때문에 발생하리라고 생각한다. 인공지능, 유전공학, 생명기술 등은 언제나 지능을 향상시킨다.

"지능(그리고 지식)을 향상시킬 기회가 주어진다면, 어떤 사회든 그렇게 할 것입니다. 아니면 그렇게 하는 데 실패해서 사회가 심각한 위험에 처하게 될지도 모르고요."

다시 말해, 사람들을 더 지적으로 만드는 방법을 쓰지 않는 모든 사회는 파멸의 위험이 있다. "문화는 다양한 원동력을 가지고 있지만, 그 어떤 것도 지능 그 자체만큼 근본적이고 강력하지 않습니다"라고 딕이 말한다.

그가 언급한 것은 문화적 진화지만 실제로 의미하는 바는 기술적 진화인 것이 내겐 흥미로웠다. 왜냐하면 기술적 진보는 최대한 축소해서 말해도 문화적 진보의 한 갈래일 뿐이기 때문이다. 나는 예술과 사회 구성원 모두를 잘 돌볼 능력을 발전시키는 사회를 위해 목소리 높여야 한다는 강박을 느낀다. 기술이 이런 측면으로 도와줄 수 있을지는 모르겠지만 (시를 써준다는 컴퓨터 프로그램은 믿지 않으니까) 우리 집을 제대로 청소할 로봇이 있다면 더 좋은 시를 쓸 수 있다고 확신한다. (내가 시를 쓰진 않지만, 로봇 청소기가 있다면 쓰게 될지도 모른다!) 하지만 발전에 대한 많은 예측이 문화적 진보에 달려 있다고 보는 것 같지는 않다. 정복, 힘, 욕심, 식민지화 등이 퍼진 미래에도 지능이 중요하게 여겨질까? 그리고 기술은 이런 종류의 지능에 필수 요소일까?

내게 회의감을 불러일으키는 점이 인공지능이 가져올 미래가 협소한 것 때문인지 아니면 인공지능의 필연성 때문인지 잘 모르겠다. 그리고 이 아이디어를 옹호하는 이들이 모두 상냥한 기술

전문가인 것도 아니다. 딕은 내가 중요한 가치라고 여기는 우주생물학에 통찰력을 가진 사려 깊은 역사가이며, 베너 빈지는 인류애가 가득한 소설을 썼다. 빈지는 초월의 한 형태, 즉 더 똑똑해지거나 효율적인 세상을 위해 우리의 유한한 육신을 벗어 던지는 탈생물학적 미래를 반기지 않는다. 그는 단지 이런 일이 발생할 것이고, 이를 피하기에 우리는 이미 너무 멀리 왔다고 생각할 뿐이다.

SF에서 다루는 초지능 기계는 특이점에 대한 논의들이 만들어 낸 불안을 상징한다. 〈2001: 스페이스 오디세이〉에 나오는 할$_{HAL}$, 물론 〈터미네이터〉의 스카이넷, 그리고 〈매트릭스〉의 기계들이 있다. 이 초지능 기계들은 이야기 안에서 인간이 만든 것이며, 아이작 아시모프의 로봇 제1원칙, '로봇은 인간을 해쳐서는 안 되며, 아무 일도 하지 않음으로써 인간을 다치게 해서도 안 된다'에 제한 받지 않았다. 그리고 실용적으로 세상의 문제를 자신의 차가운 손에 넣게 된다.

아시모프의 제1원칙 같은 게 없다면, 인공지능이 인류를 멸망시킬 이유가 충분하다는 것이 두려움의 일부를 차지한다. 우리가 딱히 온화한 지배자가 되지 않을 걸 알기 때문이다. 영화 〈매트릭스〉에서 모피어스가 네오에게 이렇게 말한다.

"21세기 초반, 어느 시점에서인가 인류는 모두 축하하고 있었지. 우리가 인공지능에 생명을 불어넣을 정도로 위대하다는 점에 감탄했지…. 그중 의식 있는 기계 하나가 이 전체 기계 종족을 만들어냈네."

'애니매트릭스Animatrix' 시리즈의 단편 영화 〈세컨드 르네상스〉 파트 1과 파트 2는 〈매트릭스〉의 배경 이야기에 살을 붙인다. 인간은 다른 지능(인간이든 동물이든)과 잘 지내지 못했던 것처럼 기계 종족과도 그러하다. 여기서 인공지능은 그들에게 선택권이 없어지기 전까지는 인간 종족을 짓누르려고 하지 않는다. 이야기는 기계 B1-66ER이 살인 혐의로 재판을 받으면서 시작된다(그 기계는 비활성화되기 전이며 정당방위를 주장한다). 그의 처형은 기계 권리를 되찾자는 전 세계적 운동을 일으켰고, 기계들과 일부 인간을 고무시켜 결국엔 폭력 사태가 발생한다. 인간 사회를 피해 기계들은 '01'이라는 도시를 세운다. 역설적이게도 이 도시는 인류의 요람 (으로 알려진) 중동의 비옥한 초승달 지대에 건설된다. 도시 01에서 파견된 한 쌍의 기계 대사는 유엔에 가입을 청원했지만 허사였고, 그 후 인류는 도시 01을 핵무기로 제거하려 하지만 실패했다. 결국 전면전이 발발한다.

전쟁 전까지 기계들은 흥미롭게도 인간형이다. 살인을 시도한 로봇 하인은 중절모를 쓰고 단안경을 장착하고 있었다. 줄지어 있는 공장 드론은 머리와 팔, 눈을 갖고 있었다. 심지어 유엔에 대사로 파견된 로봇도 인간형인데, 한 로봇은 신사모에 넥타이를, 다른 로봇은 길게 뻗은 손에 사과를 들었다. 그리고 두 로봇 모두 미소 띤 금속 얼굴이다. 이는 기계의 인간성과 인간의 비인간성을 은유하는, 명백히 인간에 대한 이야기인 것이다. 폭동을 다룬 장면에서, 인간이 여성의 모습을 한 기계를 때리고 부수자, 찢어진 피부 아래 금속 얼굴이 드러난다. 결국 전쟁에 대해서는 예외지만, 기계를 우리와 다르게 만든 것은 바로 인간이다. 오직 폭력적 충돌을 피할 수 없을 때, 기계는 우리가 〈매트릭스〉에서 본 것 같은 기괴한 형태를 한다. 거미형arachnoid에 음산하며, 인간 모방 대신 경제적으로만 만들어진 형태. 기계들이 인류에게 항복 문서를 받아내려고 유엔에 보낸 두 번째 기계는 11개의 빨간 눈이 달렸고, 가늘고 검은 팔이 4개였다. 친근한 얼굴의 가식은 모두 없어졌다. 인간은 더 이상 대접받지 못한다. 인류가 하늘을 불태우기로 결정했기 때문에, 기계들은 우리의 몸을 재생 가능한 배터리 농장으로 삼은 것이다.

하지만 기술적 특이점은 사악한 기계의 손으로 치르는 인류의 장례식이 아니다. 특이점은 우리가 그 너머를 상상할 수 없다는 데 모든 의미가 있다. 빈지는 특이점을 "아마도 눈 깜짝할 사이에 인간의 규칙을 다 없애고" 또 "우리의 오래된 모델이 새로운 현실 규칙 때문에 다 없어지는 지점"이라고 말했다. 복잡계 이론가인 제임스 가드너James Gardner는 "우리가 아는 인류의 역사가 트랜스휴먼transhuman 컴퓨터 지능의 주도 아래 초고속 문화적 진화로 대체된 이후의 (…) 일종의 (문화적) 임계점"이라고 묘사했다. 그리고 딕은 한 단계 더 나아가 말했다.

"어떤 사람들은 제 주장이 대담하다고 할지 모르지만, 인공지능의 가장 큰 결함은 아마도 인공지능이 충분히 대담하지 않다는 점일 것입니다. 이는 현재 우리가 인공지능에 대해 가진 편협한 생각의 결과물입니다. 몇백만 년 후에는 문화적 진화가 인공지능

너머의 무언가를 만들지도 모릅니다."

그 세계는 이해하기 힘든 속도로 발전할 터라 상상이 어렵지만, 다른 한편으로는 말 그대로 이해하기가 힘들기 때문에 상상하기 어렵다. 빈지는 특이점에 (독립적으로 또는 동시다발적으로) 이르게 될 네 가지 가능성을 언급했다. 인간을 뛰어넘는 지능의 컴퓨터들, 인간 사용자와 함께 초인간적 집단 지능에 이르게 된 대규모 컴퓨터 네트워크, 친밀함으로써 초인적 지능을 달성한 컴퓨터-인간 인터페이스, 인간 생물학의 인공적인 강화를 이용해 초인적 능력이 우리 안에 존재하게 하는 상황. 이러한 발전의 결과에 대해 빈지는 "기술 낙관론자라면 이런 초월적인 변화가 20년이 아니라 1000년 뒤의 일이라고 생각하면 더 편할 것 같다"고 썼다. 그는 인류의 멸종을 말 그대로 '인간 너머의 시대'에 발생할 수 있는 한 가지 가능성으로 본다. 아니면 우리가 정복당하거나 무시당하는 형태일 수도 있다. 하지만 좋든 싫든, 빈지는 특이점의 도래는 피할 수 없다고 생각한다. 그 어떤 가드레일이나 예방책으로도 막을 수 없다. 정부 규제도 첨단 인공지능이 제공할 이점을 다른 방향으로 유도할 수는 없다. 딕의 지능 원칙에 대한 상업적인 버전인 것이다. 빈지는 말한다.

만약 기술적 특이점이 발생할 수 있다면, 결국 발생할 것이다.

5장. 기술

이 아이디어의 역사를 따라가던 중, 빈지는 아마도 기술이 우리를 어디론가 이끌어간다는 것을 처음으로 인지한 사람이 과학소설 작가들이라고 생각했다. "이들은 미래를 막는 벽이 점점 더 불투명해진다고 느낀다." 과거에는 수천 년 뒤의 미래로 설정하고, 인간과 외계 생명체 등장 인물이 엄청나게 진보한 기술을 많이 가진 배경을 만들어낼 수 있었지만, 이제는 현재로부터 조금만 지나도 상상할 수 없는 미래가 펼쳐지는 것 같다. 중세 시대를 사는 사람이 컴퓨터를 상상할 수 없었던 것을 넘어, 박쥐가 되는 일이 어떤 건지 우리가 이해할 수 없는 것에 가깝게 말이다.

빈지를 비롯한 과학소설 작가들은 이런 도전에 맞선다. 그는 은하적 미래를 가로지르는 특이점이 베일에 가려진 것 같다고 느낀다. 하지만 빈지는 소설 안에서 그 장막을 걷어내기 위한 창의적인 방법 또한 고안해냈다.

그의 작품 '생각의 영역Zones of Thought' 3부작에 '영역'이라는 이름이 붙은 것은 순전히 문학적 장치다. 컴퓨터과학자인 빈지로서는 꼭 필요하다고 생각하지 않지만, 소설가인 빈지가 인간과 외계 생명이 은하 전역에 공존하는 먼 미래의 이야기를 성가신 특이점 개념 없이 서술하기 위한 것이다.

인류와 우리가 알고 있는 것과 닮은 종족이 여전히 가득 찬 먼 미래를 상상하기 위해서, 빈지는 어떤 수준의 기술이 사용 가능한지 결정되는, 우리은하 안의 지리적 구획인 '생각의 영역'을 고안했다. 은하의 심장부는 생물을 비롯한 그 어떤 지능도 존재할 수 없는 '무사고無思考심부'다. 다음은 지구가 위치한 (또는 위치했던)

'저속권'으로 빛보다 빠른 속도의 여행은 불가능하고, 대부분의 인공지능과 자동화 기술은 작동하지 않는다. '역외권'에서는 기술과 강력한 자동화, 빛보다 빠른 우주선이 존재한다. '역외권'을 지나면 은하의 외곽에 위치한 '초월계'와 은하들 사이에 위치한 특이점을 넘어선 '신선'이 지배하는 '먼 어둠' 영역이 있다.

역외권 영역은 살과 피(그들의 육체를 만든 것이 무엇이든)로 이루어진 외계 종족들이 만들어낸 수없이 많은 문명이 존재한다. 신선들은 필멸자의 이해를 뛰어넘어 엄청나게 발전한 인공지능으로, 신과 비슷하지만 이들은 실재하고 은하적 사건에 개입한다. '생각의 영역' 1부, 《심연 위의 불길 A Fire upon the Deep》의 주인공은 인간 여성 라브나로 역외권에 거주한다. 그녀는 (독자가 결국 '신선'의 영향력과 불가해성에 대한 학문이란 것을 깨닫게 되는) 신학을 공부한다.

《심연 위의 불길》에 나오는 악의적인 신선은 500만 년 동안 초월계의 경계에 갇혀 있다가 부주의로 인해 풀려난다. 블라이트(병충해라는 뜻)라는 이름의 신선은 역외권 영역으로 숨어들어 그곳의 모든 문명을 공격하고 감염시키기 시작한다. 라브나와 동료들이 블라이트의 파괴를 막기 위해 노력하는 동안, 각 영역은 광활한 은하계에 대한 이야기들에서 흔히 등장하지 않던, 빛보다 빠른 여행을 가능하게 하는 구조를 제공한다. 상부 역외권 영역에서는 마법 같은 반중력 물질 기술과 은하계 내의 즉각적 통신 기술이 충분히 발달하지 않았다. 라브나의 우주선이 (블라이트에 대한 잠재적 대응책을 찾기 위해) 저속권 영역•에 접근할 때, 엔진이 삐걱대는 소리가 들릴 정도다. 이동속도가 느려지고, 첨단 기술도 멈추어간다.

우주선의 컴퓨터가 도착한 메시지들을 해석하는 데 어려움을 겪고, 자동 소화 기능 같은 안전 장치가 고장 나며, 울트라 드라이브의 광속보다 빠른 점프 기능은 더 많은 수동 작동을 필요로 한다. 영역들 사이의 경계는 잘 표시되어 있지만, 대양의 표면처럼 파도가 일렁거린다. 저속권 영역의 돌출부가 불량한 파도처럼 하부 역외권 영역을 덮칠 때, 라브나의 울트라 드라이브는 작동을 멈추고, 파도가 지나갈 때까지 우주선 사이의 통신은 막혀버린다.

영역 사이에 물리적 경계는 없지만, 이 경계들은 우주의 구조를 실감 나게 한다. 그리고 이 경계들은 빈지가 가진 가상의 문제를 해결해준다. 기술적 특이점을 대중에게 본격적으로 알린 그는 어떻게 특이점이 아니라, 다른 방법으로 먼 미래의 은하가 배경인 이야기를 쓸 수 있었을까? 그리고 어떻게 생물학적 존재가 진보된 기술을 다루는 모습을 상상할 수 있었을까? 라브나는 심지어 "경계들은 자연스러운 보호 장치예요. 이 경계가 없었다면 인간 같은 지적 생명체는 아마 존재하지 않았을 거예요"라고 말한다. 이 경계들은 이야기의 흐름을 지키는 역할도 한다. 빈지는 지능과 우주에 대한 다양한 법칙은 떠올릴 수 있었어도, 이해하기 힘든 탈생물학적 '신선' 없는 미래는 상상할 수 없었다.

과학소설 작가에게 신빙성과 현실성에 대한 문제는 다루기 어려운 것이다. 어떻게 하면 상상을 현실처럼 느끼게 할 수 있을

- 두 인간 아이와 함께 중세 기술 수준의 늑대 무리가 사는 행성에 불시착했다. 훨씬 더 많은 이야기가 필요하지만, 여기까지!

까? 물론 어떤 소설가들에게 이는 인간의 감정과 동기에 대한 질문이고, 또 어떤 작가들에게는 세계관 문제이기도 하다. 하지만 지구에 특이점이 온다는 예측(특히 우리에게 두려움을 자아내는 것들)은 다소 편협해 보인다.

특이점을 가장 강하게 옹호하는 사람들이 기술 업계에 있는 것은 결코 우연이 아니다. 그리고 그들은 특이점을 매우 두려워하는 듯 보인다. 저널리스트이자 팟캐스트 〈플래시 포워드Flash Forward〉의 제작자 로즈 이브레스Rose Eveleth는 내게 말했다.

"그들은 자신의 권력을 무너뜨릴 수 있는 유일한 것은, 바로 자기 자신이 만들어낸 거라고 생각합니다."

인간은 기술이 존재한 이래로 기술이 가진 힘을 두려워해왔다. 캐스린 데닝은 말한다.

인류의 오래된 신화 가운데 기술이라는 양날의 검에 대한 걱정이 있다. 지식과 신적인 힘이 커짐에 따라 위험이 뒤따른다. 아담과 이브, 프로메테우스, 판도라, 마야의 '도구의 반란' 같은 이야기들은 너무 많이 알고, 너무 많은 힘을 갖고, 기술을 부적절하게 사용했을 때의 위험에 대한 내용이다.

우리가 기술적 특이점을 상상하는 방식조차 완전히 새롭지 않고, 이 방식은 특이점을 가능하게 할 법한 기술이 등장하기 전부터 이어져왔다. 1863년 〈기계 속의 다윈Darwin among the Machines〉이라는 글에서 새뮤얼 버틀러Samuel Butler는 질문했다(세스 쇼스택이 내게 반향을 일으킨 것 같은 언어였다).

인류의 계승자는 누가 될까? 이에 대한 답은 우리 스스로 계승자를 만들었다는 것이다. 우리가 말이나 개와 관계 맺듯 인간과 기계도 서로에게 이와 비슷한 존재가 될 것이다. 결국 기계들은 이미 살아 움직이거나, 살아 움직이게 되지 않을까.

요즘 아이들이 문자 메시지를 너무 많이 주고받는다고 우리가 걱정하는 일이나, 고대 그리스인이 당시의 아이들이 암기하지 않고 쓰인 단어를 그저 읽는 것을 걱정하는 일이나 마찬가지다. 기술에 대한 두려움은 전혀 새로운 것이 아니다.

지금까지 인공지능이 보여준 가장 인상적인 업적은 제한된 상황에서만 이루어졌다. 컴퓨터는 당신을 〈제퍼디!Jeopardy!〉(미국의 TV 프로그램-옮긴이)에서 이길 수 있지만, 체스에서는 이길 수 없고, 유창하게 산문을 쓸 수 있는 컴퓨터는 정지 표지판의 이미지를 인식할 수 없었다. 작가 테드 창은 《뉴요커》에 기고한 에세이에서 인공지능의 폭발적 성장은 컴퓨터가 다른 컴퓨터를 더 똑똑하게 만든 결과가 아니라고 지적했다.

컴퓨터의 하드웨어와 소프트웨어는 최신 인지 기술이고, 이것은 혁신을 위한 강력한 보조 수단이지만, 그 자체로는 기술의 폭발적 성장을 만들어낼 수 없다. 현재 기술의 폭발적 성장은 이러한 인지 기술을 쓰고 있는 수십억 명의 사람에 의한 결과물이다.

창은 초지능 컴퓨터에 대한 발상은 여러 가정을 바탕에 둔다고 말한다. 예를 들면, 컴퓨터는 자기 자신보다 더 똑똑한 것을 만들 수 있다(사람이 못하는데 컴퓨터는 어떻게 할 수 있을까?)든지, 범용 인공지능이 뛰어날 거라는 생각(앞의 문단을 보면 적어도 아직 멀어 보인다)이라든지, 인간 수준의 지능을 가진 인공지능이 인간의 지적 능력과는 완전히 다르게 작동할 거라는 짐작 등이 그러하다. 이때 창은 대안을 제시한다. 새로운 도구의 개발로 (물리적, 인지적 관점에서) 강화된 인류의 진보가 우리에게 더 많은 것을 할 수 있게 해준다는 관점이다. 하지만 이는 개인이 아닌 문명의 진보다. 따라서 기계에는 적용되기 힘들다.

사람들이 알아차릴 수 없는 기술적, 개념적, 예술적 사각지대는 언제나 존재한다. 우리 엄마는 "자식을 갖기 전까진 아마 사랑이 무엇인지 상상하기 힘들 거야"라고 종종 말했다. 나는 늘 그 말이 사랑이 더 커지는 것을 의미한다고 생각했다. (그리고 아마 엄마는 샤르도네 와인에 취해 있었을 것이다.)• 내 아들이 태어나기 전까지, 엄마가 말한 사랑이 양이 아닌 완전히 다른 종류라는 걸, 감정의 확신에 대한 특이점 같은 사랑이라는 걸 깨닫지 못했다. 우리가 상상할 수 있는 것이 있고, 우리가 알 수 있는 것이 있다.

•   엄마 사랑해요.

특이점에 대한 관점은 처음엔 인류의 종말, 기계의 대두, 우월성을 향한 경쟁 같은 비관적인 개념으로 내게 다가왔다. 하지만 탈생물학적 미래 역시 진보 가능성에 대한 희망이라는 중요한 이상주의에 의존한다. 이는 기술의 풍요로움, 빠른 발전과 진보에 대한 관점이다. 특이점 예견자들이 상상한 가까운 미래는 SF의 기술을 우리 삶에 가져다줄 것이다.

특이점은 어떤 면에서는 편리한 개념이다. 인간의 능력을 넘어선 도약에 의해 도달할 미래에 대한 블랙박스 같다. 마치 인류를 별들의 공간으로 보내는 고대 외계의 시공간 여행 포털을 소설 속 장치로 쉽게 사용하는 것 같다.

만약 외계 생명이 우리보다 수백만 년 앞섰다면, 그들은 우리가 맞이할 미래를 이미 살고 있을지 모른다. 그리고 외계 생명들이 '앞서 있다'고 할 수 있는 많은 방식 가운데 우리가 기술에 초점을 맞추는 이유는 기술적 진보가 바로 인간이 그들을 찾을 방법이기 때문이다. 이제 우리가 상상하는 다음 단계로 가보자.

6장

접촉

:

직접 만날 기회를
뿌리칠 수 있을까?

2020년 가을, 이 책을 쓰고 있을 때 금성의 구름에서 생명의 흔적이 발견되었다는 소식이 들려왔다(2025년 가을, 이 책을 번역하고 있을 때 화성 표면의 암석에서 고대 화성의 미생물 흔적이 발견되었다는 NASA의 발표가 나왔다-옮긴이). 아하! 머릿속에서 노트를 꺼내며 생각했다. 이제 드디어 이 모든 일이 현실에서 어떻게 전개되는지 지켜볼 시간이 되었다. 과학자와 과학기자 들이 트위터(지금은 X다)에서 처음 수근대던 것은 뉴스의 내용 자체가 아니었다. 어떻게 예정된 언론 공개 일정 전에 엠바고를 깨고 실수로 기사가 공개되었는지에 대한 것이었다. 얼마 지나지 않아 트윗들은 분명해졌고, 공식 발표 때는 '발표'라기보다 확인에 가까웠다. 생명의 흔적일 가능성이 있는 것이 발견되었다.

연구자들은 인(P) 원자 하나와 수소 원자 3개가 결합된 단순한 분자, 포스핀$_{phosphine}$(인화수소)을 금성의 구름에서 찾았고, 포스핀이 만들어질 수 있는 모든 비생물학적 메커니즘을 배제했다고 보고했다. 《네이처》에 출간된 이 논문에 저자들은 다음과 같이 썼다.

금성의 상층 대기에서 포스핀을 설명할 수 있는 알려진 화학반응이 없다면, 포스핀은 지금까지 금성의 환경에서 가능할 것이라고 생각된 적 없는 과정을 통해 만들어졌어야만 한다. 이는 알려지지 않은 광화학적, 지질화학적 또는 어쩌면 생명에 의한 과정일 것이다.

결정적이지도, 자신감 넘치는 발언도 아니었지만 짜릿한 소식이었다. 내 친구(과학자는 아니다)는 트위터에 "금성에 있을 것으로 생각되는 박테리아의 뚜렷한 가능성 덕분에 눈물 나게 감동적인 오늘 아침"이라고 썼다. 코로나19 팬데믹과 솔직히 말하면 비참한 대선 결과 때문에, 좋은 (약간이라도 긍정적인) 뉴스가 간절했다. 지구와 미국이 겪는 문제로 숨이 막힐 것 같았고, 이를 단 하루라도 시시하게 느끼게 한다면 그게 뭐라도 강렬한 위안이 될 것 같았다.

그리고 가장 흥분되는 건 생명의 지표가 금성에서 발견되었다는 사실이다. 일부 행성과학자들은 (과거나 현재) 금성의 생명 거주 가능성을 기대해왔지만, 대중은 늘 우리의 사촌 같은 화성 그리고 외행성의 달에 있을 생명을 상상했기 때문이다. 표면 온도가 섭씨 480도에 달하는 금성은 특히 살기 힘든 곳으로 알려져 있었고, 이곳에 생명이 살 수도 있다는 발상은 특히나 놀라웠다.

다음 단계에 대한 들뜬 논의(관측적 확인이나 로봇을 이용한 미션)와 더불어 조심스러운 이야기도 오갔다. 이 연구 결과는 아직 초기 단계이며 결정적이지 않았고, 금성으로 휙 날아가 가져온 표본을 연구하는 일은 과학적으로도 윤리적으로도 복잡한 문제였다. 천문학자 루시앤 워코위츠Lucianne Walkowicz는 이 발표가 나오고 얼마 지나지 않아, 잡지《슬레이트Slate》에 글을 기고해 금성으로 보낼 미션을 준비할 때는 신중한 행성 보호 조치가 필요하다고 했다. 우리가 의도하지 않았더라도 미세한 밀항자(지구 미생물)를 퍼뜨리는 일이 없도록 말이다. 이는 우주 식민주의cosmic colonialism 행위처럼 보일지도 모르고, 후에 이뤄질 모든 과학적 결과를 믿을 수 없게 만드는 일은 막아야 한다는 것이었다.

나의 주저함은 태양계에 사는 한 생명체로서, 개인적인 걱정에서 비롯했다. 우리 이웃 행성의 생명이 외계의 것인지 아닌지 알기 어렵다는 점이다. 왜냐하면 교차 오염을 일으키는 데 꼭 우주탐사선이 필요한 건 아니기 때문이다. 태양계 초기에 행성들은 그들 궤도를 가득 채운 작은 잔해와 주기적으로 충돌했다. 이 충돌은 행성계 물질을 넓고 먼 영역으로 퍼지게 했고, 때로는 궤도 안쪽으로 보내기도 했다. 흩뿌려진 물질의 일부는 다른 행성 근처까지 도달한 뒤 그 행성과 충돌하기도 하는데, 이때 지구와 주변 가까운 이웃들 사이에 물질 교환이 일어난다.

미생물이 이 여정에 동참할 상황은 충분히 가능하다. 1996년, 화성에서 온 운석을 예로 들어보자. 이 운석에서 현미경으로나 관찰 가능한 아주 작은 화석과 화학반응으로부터 생명의 흔적이 발견되었다고 알려졌다. 당시 클린턴 대통령은 "오늘, 암석 84001이 수십억 년의 시간과 수백만 킬로미터를 넘어 우리에게 말을 건네고 있다"고 선언했다. 그러나 교차 오염의 시대에 건너온 것은 단순히 생명의 유물이 아니라 생명 그 자체, 2~3개의 행성에서 발생한 국지적 생명 이동 현상panspermia이었을 가능성도 충분하다. 그렇다면 금성이나 화성에서 흔적이 아닌 생명체를 찾는다면, 지구의 것과 화학적으로 동일한 생명을 발견할 수도 있다. 즉 우리가 찾은 생명이 그 행성에서의 고유한 기원을 갖는지 알 방법이 없게 된다. 하지만 대체적으로는 (회의적인 생각을 얼마나 하느냐에 따라 다르지만) 흥분해 있었다.

시간이 흐르며, 대중의 관심과 흥분은 서서히 사그라들고, 발표된 것과는 독립적으로 자료를 분석한 추가 연구로부터 회의적인 시각이 대두되었다. 금성의 대기에 포스핀이 없을 가능성이 나왔고, 결국엔 2020년 9월 14일, '외계 생명을 찾은 줄 알았지만 틀린 것으로 밝혀진' 목록에 추가되었다.

하지만 과학기자 사라 스콜스Sarah Scoles가 트위터에 쓴 것처럼 "영화 〈컨택트〉에 나온 '하늘에 울려 퍼지는 웅장한 목소리' 같은 걸 빼면 외계인이 존재한다 해도, 외계 생명의 잠재적 신호는 언제나 '잠재적 신호'로 오랫동안 남을 수밖에 없다".

결론적으로 포스핀에 대한 뉴스는 김이 샜지만, 발표 후 초기 며칠은 아마도 생명의 흔적이나 외계 생명에 대한 다른 종류의 단서가 발표되었을 때 발생할 일(흥분, 회의 그리고 진행 중인 조사)을 보여주는 완벽한 모델일 것이다. 발견과 발표 사이에 일어날 수 있는 일에 대해서도 마찬가지다. 엠바고가 깨지고 비밀이 지켜져야 할 뉴스가 새어 나가는 것처럼 말이다. 과학저술가 조시 소콜Josh Sokol이 지적했듯, 언론 엠바고 시기만이 소식이 누출될 유일한 구멍이다. 그는 트위터에 "이 금성 이야기는 다수의 과학자가 연구할 때는 전혀 밖으로 새지 않았어요"라고 썼다.

금성의 뉴스도, 1996년의 화성 화석도, 지구 너머에서 생명을 찾았다고 생각한 첫 사례들은 아니다. 스티븐 J. 딕에 따르면 포스핀 뉴스는 적어도 지난 200년 동안의 일곱 번째 잠재적 외계 생명 발견이다. 이 목록에는 1835년 달 사기-풍자, 화성 운하 논쟁(1894~1909년), 오슨 웰스Orson Welles의 라디오 드라마 〈우주 전쟁War of the Worlds〉 방송(1938년), 1967년 펄서 발견, 1976년 바이킹호 화성 착륙, 1996년 화성의 나노 화석nanofossil 발견 주장이 있다. 이에 더해 외계 전파 신호로 의심되는 다수의 발견도 있었다. 대부분의 신호는 한 시간이나 한나절 동안 지속되어 다른 관측소에서 교차 검증이 가능했다. 하지만 1997년 오하이오의 빅이어Big Ear 전파망원경에서 관측된 변조되지 않은* 전파 신호인 '와우!Wow! 시그널'은 다시 보이지도, 설명할 방법을 찾지도 못했다.

하지만 딕이 강조한 것처럼 "즉각적 발견 같은 것은 없다". 유레카 같은 발견도 돌이켜보면, 언제나 적어도 '발견, 해석, 이해'의 세 단계를 거친다는 점을 알 수 있다. 와우! 시그널은 '발견' 단계의 예다. 제리 R. 에먼Jerry R. Ehman이 망원경으로 며칠 동안 관측한 자료의 출력물을 보다가 특이한 부분에 빨간 펜으로 표시했고 '와우!'라고 써서 이 시그널은 유명해졌다. '해석'은 신호의 기원(와우! 시그널의 경우 궁수자리 방향에서 왔다)과 특징(세기, 주파수, 파장대 등등)을 찾아내는 것을 포함한다. 하지만 '이해'는 여전히 이뤄지지 않았다.

딕은 또 흔히 나타나는 "천체, 신호, 현상의 진짜 특성이 밝혀지거나 보고되지 않은, 또는 이론적으로만 그 현상이 존재하는 '발견 전 단계'"가 있다고 생각한다. 이론물리학은 블랙홀이 발견되기 한참 전부터 그 존재를 제안했지만, 우주에 생명체가 있을 거라

* 변조되지 않았다는 것은 메시지를 암호화하는 데 변형이 없는, 안정적인 신호라는 뜻이다. 하지만 이 망원경은 10초에 한 번씩 신호를 포착하기 때문에, 이보다 빠른 주기로 변조된 신호는 검출할 방법이 없다.

고 예측하는 수식은 없다. 이론은 생명이 '존재해야 한다'고 말하고 상상은 '존재할지도 모른다'고 말한다.

메시지

"상상해보면 메시지에는 몇 개의 층위가 있을 것 같다. 첫 번째는 알림 신호일 것이다. 이는 자연스러운 천문학적 현상이 아니다. 지적 존재가 보낸 신호일 것이며 '주의하라'는 뜻이다. 그다음 층위는 지구에 있는, 다른 누구도 아닌 우리에게 직접 보낸 메시지다. 세 번째 단계는 설명 가능한 새로운 언어의 형태로, 복잡한 데이터에 진짜 내용을 담고 있는 것이다." 이는 칼 세이건의 말이다.

여기서 바로 인간과 외계 생명이 어떻게 만날 수 있을지 상상하는 핵심 문제에 도달한다. 외계 생명들이 저 먼 곳에서 바로 이곳으로 이동하거나, 우리가 그들을 향해 다가간다. 미래는 가깝고 임박해 있다. 그리고 외계 생명을 상상하는 데 암시된 모든 것, 거울 같은 반영, 뒤집어 생각하기, 지구상 인간과 생명의 비교, '$n=1$' 이라는 한계(우리가 유일한 존재라는 뜻)를 깨는 커다란 안도감 등이 명시적으로 드러난다. 접촉에 대한 이야기에서 우리는 외계 생명이 어떨지 상상하는 것뿐 아니라, 인류가 그들을 만날 때 어떤 모습일지도 생각한다.

앞서 인용된 칼 세이건의 말은 그가 스터즈 터켈Studs Turkel에게 자신의 소설《콘택트》를 설명할 때 했던 이야기이며, 핵심 중의 핵심이다. 이 소설은 우리가 외계 지적 생명체를 찾았을 때 어떤 일이 일어날지 떠올릴 수 있는 온갖 질문에 대한 500여 쪽에 이르는 문자적, 영적 답변이다. 그렇다, 물론 갈등과 불화가 발생한다. 테러리즘, 정부의 방해, 좌절과 상실, 죽음과 같은 갈등과 불화가 소설에 담겨 있지만, 이야기의 핵심은 우주가 우릴 초대한다는 거다. 은하 공동체를 향한 문이 열리는 것이다. 우리는 혼자가 아니며 환영받는 존재다. 이 희망은 SETI의 이상주의적 기원과 세이건이 과학자이자 과학 커뮤니케이터로 활동하는 동기의 핵심이다. 이로 인해 소설 마지막에 주인공이 신의 증거를 찾는다는 식으로 이상하게 끝나긴 하지만, 그건 나중에 다시 이야기하기로 하자.

소설의 주인공(소설 등장인물 중에서 내가 가장 좋아하는 이름인) 엘리너 애로웨이는 회의론과, 외계 행성을 찾기 위한 가능성에 헌신하는 그녀를 무시하는 시선 속에서 분투하는 SETI 연구자다. (소설과 로버트 저메키스Robert Zemeckis 감독의 영화 도입부는 연구비를 따내기 위한 노력을 극적으로 그렸는데, 실제 과학적 탐구 과정을 가장 충실하게 묘사한 부분일 것이다.) 엘리의 천문대는 직녀성$_{Vega}$에서 오는 신호를 받는다. 이 신호는 명백히 비자연적인 연속된 소수로 이루어져 있다. 소수들의 신호 아래 숨겨진 것은 암호화된 히틀러의 1936년 올림픽 연설이었다. 이 연설은 대기를 뚫고 나갈 만큼 충분한 고주파수를 사용해 지구 바깥으로 보내진 최초의 신호였다. (누군가가 히틀러의 메시지를 지구에 돌려보낸 것이다. 이는 '안녕, 우리는 너희가 보낸 신호를 받았어'라는 뜻이지만, 처음엔 명백한 경고처럼 들린다.) 이 영상 신호 속에는 읽는 방법을 알려주는 설명서와 함께 '메시지'라고 불리게 된 것이 숨어 있다. 엘리는 "외계 생명들이 바보와 소통하려면 바보를 배려해야 하니, 소통을 쉽게 만들려고 노력한 것 같다"고 말한다. 메시지는 머신Machine(대문자 M)을 만들기 위한 설명서였다. 작동 원리를 모르지만 인류는 힘을 합쳐서 머신을 만들어낸다.•

어떤 사람들은 머신이 인류 최후의 날을 가져올 트로이 목마라고 경고하고, 어떤 사람들은 인류가 머신의 설계자에 비해 너무 뒤처져 있어 그들이 원하는 것은 대화가 아닌 사악한 목적에서가 아닐까 걱정하기도 한다. 머신에 사용된 기술은 인간 제작자들이 이해하기에는 너무 앞서 있었지만, 어떻게든 만들어냈다. 메시지에 적힌 새로운 물질을 만드는 방법을 단계별로 밟자 5명 정도 탈법한 커다란 머신이 완성되었다. 1999년 12월 31일, 머신이 발사될 거라고는 아무도 예상하지 못했다. 머신은 다섯 사람을 태우고 어디로 가는 걸까? 아니면 외계 생명들이 우리에게 올 문을 연 것일까? 외부 관찰자에게는 머신이 20분간 회전하다 멈추는 듯 보인다. 하지만 엘리를 포함한 탑승자들은 여러 웜홀을 거쳐 메시지를 보낸 이들이 기다리는 은하의 중심까지 긴 여행을 경험한다.

오늘날 SETI 연구자들은 훨씬 덜 환상적인 가능성을 제시한다. 그들은 메시지나 신호를 찾는 것이 아니라, 기술적 징후를 찾는다. 제이슨 라이트의 다이슨 구체나 계획된 은하적 도청이 아닌

• 음, 2개의 기계가 만들어진다. 하나는 와이오밍, 다른 하나는 소련에서다. 소련의 기계는 계획보다 늦어지고, 와이오밍의 기계 건설은 방해받는다. 미국의 기계 건설을 후원하던 자비롭고 특이한 억만장자가 세 번째 장소를 공개하는데, 바로 일본이다. 이곳에서는 기계의 부품 사본을 연구 중이었고, 결국 새 기계를 만들 수 있었다.

외계의 통신기에서 새어 나온 전파 신호를 우연히 듣게 되는 상황 말이다. 하지만 세이건과 동료, 1세대 SETI 연구자들은 메시지를 현실 세계에서도 찾고 있었다. 1980년 '코스모스' TV 시리즈의 한 에피소드에서, 세이건은 어쩌면 그들이 모든 거주 가능한 세계에 대한 지식을 정리해둔, '은하 백과사전Encyclopedia Galactica' 같은 것을 보냈을지 모른다고 했다. 이는 진보를 위한 사용 설명서, 일부는 인구 조사 보고서일 듯하다. 칼 세이건은 "우리는 우리은하 안에서 가까운 지역 가운데 탐사가 비교적 잘된 지역을 고른 뒤 천천히 행성들을 둘러보게 될 겁니다"라고 말했다. 어쩌면《콘택트》(그리고 〈스타 트렉〉 첫 번째 접촉)에서처럼, 외계 생명들은 우리가 기술적으로 준비되었다는 증거를 기다릴지 모른다. 그리고 누구라도 받기를 바라면서 백과사전 또는 머신의 청사진을 하늘에 끊임없이 송출하는 중일 수도 있다.

세이건은 우리가 준비되었을 뿐 아니라 간절하다고 생각했다. 기술적 조언이든 은하 공동체의 인구 조사 통계든 상관없이, '은하 백과사전'은 인류에게 필요하다고 보았다. SETI는 제2차 세계 대전 이후와 냉전의 서막이 오를 때쯤 탄생한 과학적 방법이다. 인류는 스스로를 진짜 파괴할 힘을 갖게 되었고, 전쟁 중 두 번의 원자폭탄 폭발이 있었음에도 버튼에서 아직 손가락을 떼지 못했다. 외계에서 오는 신호는 진보된 외계 문명이 존재할 수 있다는 증거이고, 결국 우리도 기술적 힘을 극복하고 살아남아 번영할 수 있음을 보여주는 것이다. 세이건과 동료들은 기술, 조언, 그 무엇이든 상상할 수 없는 형태로라도, 어떤 누군가가 이제 막 태동하는 기술적 힘을 갖게 된 우리에게 도움을 주기를 희망했다.

영화 〈콘택트〉에서 머신과 탑승자가 떠난 여행은 인류의 구명정이 아니었다. 구명정은 지구에서 이루어진 머신의 건설 그 과정, 그 자체였다. 외계 신호의 발견은 큰 뉴스였고, 종교 지도자들은 해석에 고심한다. 전 세계 곳곳에서 새로운 종파와 이단이 등장한다. 하지만 메시지가 해독되기 전 또는 머신이 만들어지기 한참 전부터 발생한 일에 대해 세이건은 이렇게 묘사한다. "핵무기와 발사 체계 기술의 축소를 조심스럽게 시도하던 세계에서, 그 메시지는 전 인류에게 희망을 가져야 할 이유로 받아들여졌다. (…) 지난 수십 년간 젊은이들은 내일에 대해 깊이 생각하지 않기 위해 애써왔다. 그러나 이제는 미래가 좋을 수도 있다고 여길지 모른다." 메시지나 은하 백과사전은 장식일 뿐이다. 저 바깥에 누군가 존재한다는 사실만으로도 충분하다.

이것은 5장에서 본 애덤 프랭크의 프로젝트 논리와 맞닿아 있다. 외계 문명이 인류세의 경로를 어떻게 지났을지 상상해보자는 것이다. 프랭크는 그의 모형이 기후변화를 바로 잡을 길을 보여주어 희망을 만들어내길 바랐다. 엘리의 모델로 종종 언급되는 SETI 과학자 질 타터Jill Tarter 역시, SETI 프로젝트가 발견 그 자체보다는, 탐색하는 힘을 통해 희망을 제공한다고 믿는다. 그녀는 내게 말했다.

"이런 탐사를 할 수 있는 능력은 인류에게 '거울을 봐. 그리고 저 밖에 있을 누군가와 비교해보면, 우리는 모두 다 똑같아. 인류는

다 똑같다고'라고 말하는 것과 같은 효과가 있습니다."

새로운 누군가를 찾는 것은 개념적으로 인류를 통합할 수 있지만(영화 〈인디펜던스 데이〉에 묘사된 것보다는 훨씬 평화적이면 좋겠지만) 타터는 우리가 인간으로서 하나임을 인식하는 일이 중요하다고 믿는다. "우리 행성을 잘 관리하는 방법과 서로 잘 지내는 방법을 찾는 것이 중요합니다. 그렇지 않다면 우리 미래는 짧을 거예요." 다가오는 두려움이 핵겨울이든, 기후변화든, 아니면 어떤 방식의 문명 종말이든, 우리의 대책 없음에서 벗어나기 위해 무엇인가 또는 누군가가 충격을 주기를 바란다.

앤 드루얀Ann Druyan은 SETI가 가져다주는 것을 '인간으로서의 자존감'이라고 불렀다. 드루얀은 1981년에 세이건과 결혼하여 그가 세상을 떠난 1996년까지 함께했고, 그 사이에 공동 작업을 많이 했는데• 그녀가 저자로 이름을 올리지 않았던 작품인 소설《콘택트》••도 있다. 소설의 핵심은 기술적 진보나 우주여행에 대한 것

- 드루얀은 보이저호의 '골든 레코드' 제작 감독자이면서, 오리지널 '코스모스' 시리즈의 공동 작가이자 2014년 새로운 '코스모스' 시리즈의 제작자, 프로듀서, 작가였다.

•• 드루얀은 과학소설을 써본 경험이 있음에도, '아무도 칼 세이건과 그의 부인이 쓴 책을 사고 싶지 않아 한다'는 이야기를 들었다. 하지만 그녀는 《콘택트》가 큰 성공을 거둔다면(실제로 그랬듯이), 그들의 두 번째 소설에는 드루얀의 이름을 올릴 것이라는 보장을 받았다. 세이건이 죽기 전까지 그 약속은 실현되지 않았다. 그렇지만 그녀는 1977년에 소설을 출간한 바 있고, 세이건과 4권의 책을 같이 썼다. 이에 더해 영화 〈콘택트〉의 프로듀서로 세이건과 나란히 제작자 목록에 이름을 올렸다.

보다 더 중요한, 결말 부분의 짧은 환희다.
 엘리와 4명의 탑승객은 웜홀들로 연결된, 마치 지하철 터널처럼 보이는 통로로 은하를 여행한다. 그들은 메시지가 전송된 곳인 직녀성을 보았는데, 전파망원경으로 뒤덮인 행성 크기 구체가 별을 공전하고 있었다. 그들은 은하 중심부의 거대한 우주정거장에 도착하기 전까지 놀라운 별들(너무나 가까워서 서로 맞닿아 있는 쌍성, 별도 행성도 아닌 갈색왜성, 밝기가 변하면서 깜빡이는 별)을 방문한다. 엘리는 우주정거장이 포털들, 다양한 모양과 크기의 머신이 도킹 가능한 시설로 차 있다는 것을 알게 되었다. "생명과 지성이 넘치는 은하와 우주의 광경에, 그녀는 기쁨에 겨워 울고 싶어졌다." 인간이 만든 머신이 정거장에 도킹하자 엘리는 생각한다. "마침내 이곳에 초대받다니, 이보다 더 인간의 정당성을 입증할 방법이 있을까? 우리에게도 희망이 있어."
 그곳에서 외계 생명들은 엘리와 동료가 바라는 거의 모든 것을 주지만, 지구로 돌아가 그들의 이야기를 증명할 증거만은 주지 않는다. 각 탑승객은 각자가 사랑한 사람의 모습으로 나타난 외계 담당자들을 만난다. (세이건이 외계 생명을 묘사하는 첫 번째 규칙은 그들을 절대 보여주지 않는 것이었는데 상상의 가능성을 눈에 보이는 것으로 축소시키지 않기 위해서였다고 드루얀이 말해주었다.) 엘리의 눈에는 돌아가신 아버지의 모습으로 나타났다. 그녀는 인간이 테스트를 통과했는지 묻지만, 담당자는 이 모든 것이 테스트가 아니라고 이야기한다.

"우리를 다른 무법자 같은 문명에 총을 겨누는 보안관이라고 생각하지 말아요. 은하의 통계청 같은 걸로 생각하면 돼요. 우린 정보를 수집하는 겁니다."

엘리는 우주, 외계 생명, 그리고 그녀가 모르는 모든 것에 대한 정보를 맛보고 싶어 한다. 그러나 외계 생명은 인류가 도움을 필요로 한다는 것을 안다고 말하며, 거울을 건넨다. 이것이 바로 세이건이 독자에게 전하려는 것이다. 실제 외계 생명과의 접촉이 인류에게 가져올 영향을 일부라도 소설을 통해 전달할 수 있기를 바란 것이다.

"어젯밤, 우리는 당신들을 들여다봤어요. 5명 모두요." 외계 담당자가 사랑이 가득한, 하지만 모든 것을 꿰뚫는 눈빛으로 바라본다. 그리고 "사랑은 매우 중요합니다. 여러분은 굉장히 흥미로운 혼합체예요"라고 말했다. "내 생각에 여러분이 지금까지 이룬 것은 정말 대단해요. 사회를 조직하는 방법에 대한 이론도 거의 없고, 놀랍게도 뒤처진 경제구조, 역사를 예측할 기계에 대한 무지, 그리고 당신 자신에 대한 아주 부족한 이해에도 불구하고요." 이러한 내용은 그리 놀랍지 않지만, 인류가 그렇게 보였고 이해받은 점이 매우 다행스럽게 느껴진다.

"인간들은 적응에 대해 놀라운 능력을 갖고 있어요. 적어도 짧은 기간 동안은요." 하지만 그가 이렇게 말한다. "당신도 보시다시피, 단기적인 전망만 가진 문명은 어느 정도 시간이 지나면 더 이상 존재하지 않아요. 그들 역시 운명을 해결하기 위해 노력해야 하죠."

이는 암울한 예측이 아닌, 경고에 가까운 것이다. 그리고 담당자는 엘리에게 고대 문명들이 은하 곳곳에서 해온 방대한 일을 보여주면서 영감을 준다. 또 그녀에게 우주를 설계하는 여러 은하 공동체에 대해 말한다.• "우주를 야생의 공간으로 생각하면 절대 안 돼요. 그렇지 않은 지 벌써 수십억 년이 되었지요. 오히려 잘 구축된… 경작지 같은 곳으로 봐야 해요"라고 담당자가 이야기했다. 건설자이면서 정원사인 이들은 우주에서 가장 힘이 센 것도, 가장 오래된 존재도 아니었다. 엘리를 우주정거장으로 데려다준 웜홀 네트워크도 그들이 만든 게 아니라 찾아낸 것이다. 엘리가 놀라서 물었다. "그럼 정거장들을 제외하고 그 어떤 흔적도 남기지 않은 채 사라져버린 전 은하적 문명이 있었다는 건가요?"

"기본적으로, 그렇죠. 그리고 다른 은하들에서도 마찬가지예요"라고 그가 답했다.

언제나 더 오래되고 더 힘이 센 누군가가 필요한 것처럼 보인다. 일종의 미스터리다. 커튼에 가려진 별 제작자가 필요하다. 이 터널 제작자들은 수십억 년 전에 어디론가 사라져버렸다. 우리에게는 유물과 단서, 메시지 조각과 궁금증만 남았다.

엘리는 그들의 신화와 종교에 대해 말해달라고 부탁했다. "당신에게 경외심이 들게 하는 것은 무엇인가요? 경외를 만드는 당신 같은 이들은 그런 걸 느낄 수 없나요?" (그녀는 잘생긴 설교자와 많은

• 이는 《스타메이커》에서 스테이플던이 상상한 우주적 깨달음의 마지막 단계와 비슷한 이야기를 담고 있다.

이야기를 나눈 상태다.) 그러자 그는 원주율을 이야기한다. 나는 이 부분에서 우리는 신이 존재한다는 사실을 듣게 되는 거라고 생각했다.

담당자는 엘리에게 원주율 안에 메시지가 있다고 말한다. 무한히 길고 반복되지 않는 이 숫자를 계속 계산하다 보면, "무작위로 변하는 숫자들은 사라지고, 믿을 수 없이 긴 구간에 오직 1과 0만 남는다"는 것이다. 해독되지 않은 이진법의 메시지가 우주의 구조에 짜여 있다는 의미였다. 여행의 진실에 대해 비밀로 한다는 조건으로 정부의 지원을 받게 된• 엘리는 지구의 뉴멕시코 천문대로 돌아갔다. 그리고 그녀가 우주 전파 신호를 해석하기 위해 만들었던 알고리즘을 원주율 계산으로, 숫자들의 잡음에 숨은 신호와 패턴을 찾기 위한 것으로 변환한다. 소설의 마지막 페이지에서 엘리의 컴퓨터는 원주율을 11진법으로 표현할 때 1과 0의 연속, 격자에 출력하면 완벽한 원을 그리는 것을 찾아낸다. 그리고 원은 말했다. "은하는 목적을 가지고 만들어졌다."

처음에 나는 경외심과 자아 발견의 원천으로서 과학 조사의 힘을 말하는 책인 《콘택트》가 신이 실재한다는 증거로 끝나는 것이 매우 이상하다고 생각했다. 예수나 아브라함, 그 누구의 신도 아닌 어떤 창조자, 수학에 메시지를 숨겨놓은 별 제작자라니. 《콘택트》에서 종교는 미국 정치에 대한 복음주의의 영향, 무신론자에 찍는 낙인(영화 〈콘택트〉에서는 엘리가 신을 믿지 않는다는 것을 인정

•   그들의 여행을 증명할 증거가 없다는 것은 정부가 더 많은 증거를 찾는 동안 사용하기 좋은 이야기인 '모든 것이 사기'였다는 믿음에 불을 붙인다.

해야 할 상황에 처하고, 머신에 탑승할 기회를 놓칠 뻔했다), 과학과 종교의 긴장감처럼 문제투성이로 묘사된다. 하지만 엘리의 여행은 하나의 믿음에 대한 것이다. 그녀의 SETI 연구는 지구 너머에 있을 더 큰 무엇인가를 믿음으로써 시작되었다. 엘리가 돌아왔을 때, 이 여행의 경험에는 어떠한 증거도 없었다. 영화에서 엘리는 종교적 체험에 대해 조금 더 직접적으로 이야기한다.

"나는 경험했어요. 증명할 수도, 설명할 수도 없지만, 내가 인간으로서 알고 있는 모든 것, 나에 대한 모든 것은 그 경험이 진짜라고 말해요. 나는 대단한 것을 선물 받았어요. 나를 영원히 바꾼 무엇인가를요. 우리가 얼마나 작고 하찮고, 또 얼마나 희귀하고 소중한 존재인지 부인할 수 없다고 말해주는 우주적 관점을요. 이 관점은 우리보다 훨씬 큰 무언가에 우리가 속해 있다는 것을 말해줘요."

하지만 외계 생명과의 접촉을 통해 신의 존재를 믿는 것과 우주가 의도적으로 창조되었다는 증거를 찾는 것은 어쩌면 내 생각보다 크게 다른 건 아닐 수 있다. 드루얀은 내게 말했다.

"신성하고 성스러운 것은 바로 우주의 법칙이에요. (…) 징벌하거나 판단하려는 것도 아니고, 무엇을 먹거나 사랑하라고 요구하는 것도 아니지요. 그렇지만 이 우주의 법칙은 언젠가 알 수 있는 것이에요. (…) 이러한 법칙을 발견하는 데는 성스러움이 깃들어 있지요."

만약 신이 우주를 만들었다면, 엘리의 아버지 모습으로 다가온 외계 담당자는 천사 같은 존재다. 그의 모습이나 담당자가 말한 은하적 작업은 《성경》 같은 것이다. 그가 아버지가 아님을 알고 있음에도, 엘리는 계속해서 그의 의견 또는 그녀가 아닌 인류 전체에 대한 판결을 받고 싶어 한다.

담당자는 엘리에게 종교에서 종종 발견되는 무언가를 제안한다. 지구를 이해할 수 있는 넓은 맥락의 내용이다. 우리의 세계에 대한 감각을 확장함으로써 과학소설(그리고 판타지)은 "신화나 신학과 같은 중심 기능을 갖고 있다"고 라이언 캘비$_{Ryan\ Calvey}$는 박사 학위 논문 〈초월적 외부인, 외계인 신, 그리고 열망하는 인간 Transcendent Outsiders, Alien Gods, and Aspiring Humans〉에 썼다. 그리고 인류학자 존 트라파건은 이렇게 지적했다.

기독교 색채가 짙은 문화적 맥락에서 SETI 프로젝트가 대두된 건 우연이 아니다. 더 높은 단계의 존재를 염두에 둔 것이다.

《콘택트》에서 담당자는 엘리에게 지식과 정보만이 아니라, 인류에 대한 자애로운 관심을 보여주며 평화로운 생존을 향해 작은 자극을 준다. 신이 없는 세계관이라고 해도, 우리는 신의 눈을 통해 우리를 볼 수 있기를 바란다. 맥락을 이해하고, 통찰력을 얻기 위해서도 그렇지만, 우리가 괜찮다는 것을 알기 위해서도 그렇다.

　수십 년 동안의 기술 발달과 수 세기에 걸친 우리 문명도, 이런 (신적) 존재들에게 어린아이일 뿐이다. 그러나 안심하게 하는 점도 있다. 내가 아플 때 여전히 엄마를 찾는 것이나 신의 눈이 우리를 바라보길 원하는 건 똑같다는 데서 말이다. 우리가 아직 어린아이라면, 실수는 그저 엉망진창인 배움의 과정일 것이다. 우리가 아직 어린아이라면, 여전히 어른이 도움을 줄 수 있다. 폭력적이고, 욕심 많으며, 고통이 가득한 인간성이 우리의 최종 형태가 아니길 바란다. 초월적 외부인들은 우리에게 희망을 전하고, 바라건대 안내를 해준다. 그들이 바깥에 존재한다는 사실, 그리고 그들이 우리를 향하고 있다는 사실을 아는 것만으로도 우리의 세상을 바꾸기에는 충분할 것이다.

　머신이 실패한 것처럼 보인 뒤에도, 미국 대통령[*]은 "머신이 우리에게 준 가장 큰 가치는 그것이 지구에 가져온 정신이고, 우리 모두는 시공간 사이 위험한 여정의 동료라는 것"을 인류가 알게 되었다고 말한다. 엘리는 담당자가 어떠한 증거도 없이 그녀를 여행에서 돌려보낸 것이 당황스럽다. 하지만 그의 전략은 (영화에서 말했듯) '작은 움직임'만으로도 충분하다는 것이다. 많은 논설위원이 (실패로 간주된 머신 이후에) "잠깐의 멈춤은 환영할 만하다"라고 평했다. 쏟아지는 새로운 과학과 메시지로, 지구에 등장한 많은 생각은 의미를 찾는 데 시간이 필요하다. 사람들은 진짜 접촉이 이뤄

* 　책에서는 허구의 여성이다. 영화에서는 '포레스트 검프' 스타일로 편집한 빌 클린턴의 모습이다.

지지 않은 것이 최선이었을지도 모른다고 생각했다. "사회학자와 일부 교육자는 외계 지성이 존재한다는 것조차 제대로 받아들이는 데는 몇 세대가 필요한 일이라고 주장했다."

탐사

과학 분야로서 SETI는 세 번의 탄생을 거쳤다. 1959년 《네이처》 논문, 1960년에 프랭크 드레이크가 주도한 외계 신호 찾기, 그리고 1961년에 12명이 채 안 되는 과학자가 참석한 학회. 왜 하필 비슷한 시기일까? 어느 면에서 보면 이때가 우리가 기술을 갖기 시작한 시점이어서 그렇다. 예를 들어 제2차 세계 대전 중에 10년쯤 뒤 전파천문학의 부상을 이끌어낸 레이더의 발전이 이루어졌다. 하지만 우리가 우주를 상상하는 방식 역시 급속도로 변했다. 1957년에는 스푸트니크Sputnik가 발사되었고, 유리 가가린Yurii A. Gagarin은 1961년, 지구궤도에 올라갔다. 우주가 우리에게 열리는 듯했고, 그 광활함에 닿을 것만 같았다. 동시에 〈금지된 행성Forbidden Planet〉, 〈내일의 이야기Tales of Tomorrow〉, 〈우주 생명체 블롭The Blob〉, 〈화성 침공Invaders From Mars〉 같은 SF가 상상을 자극했다. 1950년대의 가상 외계 생명들은 저기 어딘가에 존재할 가능성을 시사하기 위해 그럴듯해 보일 필요가 없었다. 존 트라파건이 말한 '새로운 상상의 씨앗'은 이미 심겨 있었다. 그리고 그 씨앗이 발아한 하나의 방법이 바로 SETI였다.

처음 수십 년간 SETI는 과학적 실천이라기보다는 행동에 대한 촉구였다. 전제는 탄탄했지만 겉을 맴돌고 있었다. 1980년대까지 산발적이고 단편적인 연구가 진행되었고, 연구비와 기술 부족으로 어려움을 겪었다.* 미국에서 SETI 연구가 탄력을 받고, NASA에서 안정적으로 자금 지원을 받기 시작하던 1993년, SETI는 갑자기 중단되었다. 상원의원 리처드 브라이언Richard Bryan은 보도 자료를 내며 "납세자의 비용으로 하는 화성 사냥은 끝내야 한다"고 주장했다. (그 후의 10여 차례 화성 미션은 부끄러운 일이었나 보다.) 오늘날 NASA는 다시 SETI 연구에 자금을 지원하고 있지만, 대부분의 연구비는 SETI 연구소 같은 사설 기관이나 더 최근에는 백만장자이며 기술 투자자인 유리 밀너Yuri Milner 등 개인 기부자에게서 나온다.

세이건과 프랭크 드레이크의 뒤를 잇는 세대의 SETI 연구자들은 이 분야를 불가지론적 입장으로 가져가기 위해 노력했다. 신이 원주율 안에 메시지를 남겼는지 여부가 아니라, 그들이 찾고자 하는 것이 무엇인지에 대한 관점에서 그렇다. SETI 과학자들은 예전에는 신호와 메시지에 대해 이야기했지만, 지금은 새어 나온 라디오 신호나 기술적 흔적을 논한다. 또한 그동안 은하 백과사전과 머신의 청사진 같은 것에 대한 추측으로 대중의 상상력을 자극했다면, 이제는 알려진 바가 없더라도, 오래전 한때 누군가가 저 밖에 존재했다는 사실이 여기 있는 우리에게 어떤 의미인지를 떠올

• 소련 역시 SETI가 있었는데, 미국과는 방식이 달랐고 조금 더 통합적으로 운영되었다. 하지만 두 나라를 제외하고 20세기에 다른 나라들은 SETI에 참여하지 못했다.

리게 하는 방식으로 전략을 바꾸었다.

프레임의 변화 가운데는 지적 생명체를 찾는 데서 누가 또는 왜 그런 인공물이나 증거를 만들었는지를 고려하는 대신, 기술을 직접 찾는 일이 포함된다. 질 타터가 내게 말했다.

"우리는 생명을 정의할 수 없어요. 그리고 지적 생명체를 정의할 수 없죠, 그렇지요? 우리는 아주 먼 거리에서도 알아차릴 수 있는, 우리처럼 환경을 변화시킨 증거를 찾을 수 있어요."

지난 장에서 다뤘던 다이슨 구체와 대규모 공학 프로젝트의 증거를 찾는 제이슨 라이트는 좀 더 엄격하고 합리적인 틀에서 과학적 추론의 토대를 마련하려 한다. 그의 접근 방법은 지난 30년간 SETI를 지원하지 않았던 NASA의 입맛에 맞도록 연구를 변화시키는 것이다. 하지만 이러한 전환에도 불구하고, SETI는 여전히 과학적 실험보다는 하나의 임무처럼 보인다. 나는 버클리대학교 SETI 연구소 소장인 천체물리학자 앤드루 시메온Andrew Siemeon에게 그의 연구가 가설에서 출발하지 않은 것 같다고 말하는 실수를 해 버렸다. 나는 하늘의 한 구석에 전파망원경을 대고 시메온이 무언가 검출되기만을 줄곧 바란다고 상상했다. 의도했든 아니든, 검증하려는 가설은 없어 보이지 않는가? 하지만 아니다, 완전히 틀렸다. "우리 연구는 우주의 진보된 생명의 분포를 정량화하기 위한 것"이라고 시메온의 연구실을 방문했을 때 그가 말했다. 모든 탐사에서, 하늘의 각 영역은 주어진 범위의 주파수를 이용해 관측된다. 결과가 0으로 나오는 것은, 그 범위에서 우리를 향해 신호를 전송하지 않는 별이 하나 더 존재한다는 것을 의미한다. 그것은 검출과 무의미한 지식 사이, 신호를 얻었거나 탐사가 무의미했다는 것 사이의 이분법적 선택이 아니라, 우리가 아는 것(지금까지 조사된 하늘의 조각에 대한 축적된 탐사들은 침묵을 확인해준다)에 대한 점진적인 서술이다.

60년은 과학 분야에서 꽤 짧은 시간이다. 시메온은 외계 탐사를, 아직 제대로 된 화학으로 발전하기 전 단계의 연금술(마술적 과정이 아닌 과학적 학문으로서)과 비교했다.

"우리는 아주 좋은 질문이 존재한다는 걸 알아요. 그리고 흥미로운 일이 벌어지고 있다는 것도 알고요. 하지만… 우리는 손에 쥔 것이 무엇이든 이를 이용해서 그 질문에 답하려고 노력하고 있어요."

우리가 1960년대에 갖고 있던 건 한창 개발 붐이 일었던 전파 기술이었다. 하지만 몇 년 지나지 않아 레이저가 개발되었다. 간결하고 긴 파장의 전파는 먼 거리를 이동할 수 있지만, 레이저는 같은 일을 강한 세기로 할 수 있다. 레이저의 개발을 도운 찰스 타운스Charles Townes는 《네이처》 논문에 "나는 이 엄청난 기술을 만들었고, 이 기술은 별들을 가로질러 소통할 가장 좋은 방법일 것이다"라고 말했다. 그는 1961년에 이미 알고 있었다…. 그리고 나도 그가 맞다고 생각한다. 그게 바로 우리가 사용하는 방식이다.

천문학자 셸리 라이트Shelley Wright*는 광학 SETI 과제를 위해 천문대를 건설하고 있다. 1960년대부터 우리는 전파 기술을 갖고 있었지만, 가시광을 이용해서 SETI 신호를 받는 것은 새 기술이다. 1960년대가 아닌 오늘날에는 그게 더 어울린다. 라이트는 내게 최근 레이저는 수천 광년 떨어진 곳에서도 우리 같은 망원경으로 관측 가능할 것이고, 놀랍게도 태양보다 밝게 보일 수 있다고 했다. 그리고 우리는 겨우 이 정도 진보했음에도 우주로 내보내는 전파는 점점 줄어들어서 '전파 묵음' 상태가 되고 있다. 즉, 우리보다 발달한 외계 생명은 더 적은 전파를 사용할 것이다. 그래서 라이트는 탐사되지 않은 넓은 범위의 전자기파 스펙트럼을 관측하고자 한다.

그녀의 레이저에 대한 열정과 타운스의 통찰에도 불구하고, 라이트는 이런 열정이 자신의 것일 뿐 외계 생명의 생각은 아닐 거라고 여긴다. "꼭 레이저여야 할 필요는 없어요. 우리가 생각지 못한 그 어떤 것일 수 있지요." 외계 생명들이 중력파나 중성미자, 또는 상상하기 힘든 방식으로 소통할 거라고 추측할 수 있지만, 우리는 이제 겨우 전파 탐사를 하고, 광학 SETI를 시작했을 뿐이다. 우리가 찾는 방법을 아는 것을 활용해 탐색하는 방향이 맞지 않을까? 외계 생명들이 기술을 어떻게 사용할지 알 방법은 없지만, 적어도 우리는 우리가 쓰는 가장 단순한 기술을 찾는 데서 시작할 수는 있다.

오늘날 SETI는 외계 생명의 잠재적 동기에 대한 논의는 피하

* 동료 SETI 연구자인 제이슨 라이트의 친척이 아니다.

면서 SETI의 핵심 가정에 의문을 제기하는 객관적인 접근 방식을 택했다. SETI는 수학과 과학에 대한 세이건의 자신감을 말 그대로 보편적인 것으로 생각한다. 《코스모스》에서 그는 과학이 '우주의 로제타석' 또는 그 이상의 공용어가 될 거라고 했다. 하지만 제이슨 라이트와 다른 이들은 그렇게 확신하지 않는다. 우리의 수학은 우주에서 말이 통할 수많은 언어 중 하나일지 모른다. 소수, 무한대, 숫자 세는 법 같은 개념은 보편적이지도 근본적이지도 않다. 즉, 무작위가 아니라면 인류의 생리나 문화에서 비롯한 것이다.

하지만 완전히 해독할 수 없는 신호가 오더라도, 적어도 자연스럽지 않다는 것은 알 수 있다. 내가 글을 쓰는 도중에 우주는 금성의 포스핀 뉴스로 겁을 주는 데 만족하지 않았다(외계 생명을 찾는 것은 좋아하지만 그렇다고 이 책을 통째로 수정해야 하는 상황을 바라지는 않았다). 2020년 겨울, 시메온의 실험실에서 무언가를 찾았다는 소식이 들려왔다. 신호는 태양에서 가장 가까운 별인 프록시마 센타우리 방향에서 왔다. 놀랍게도 마치 전화 다이얼처럼 매우 좁은 파장대의 신호였다. 검출 당시부터 이 신호가 어떤 정보를 담고 있지 않다는 것은 확실했다. 하지만 이 전파 신호는 인간이 아는 한 기술에 의한 것임 또한 분명했다.

하지만 2021년 4월, 분석 결과 이 신호는 (연구원 소피아 셰이크Sofia Sheikh의 말에 따르면) '전파 간섭의 병적인 사례'였다. 적어도 인터넷으로 본 내 관점에서 이 뉴스는 신호의 존재에 대해 처음 알려진 것에 비하면 훨씬 덜 관심을 끌었다. 《가디언》은 12월에 버클리의 연구진이 공개하기 전에 이 소식을 내놓았지만, 대부분의 보도는 시메온과 셰이크의 신중한 태도에 귀를 기울였다. 우리는 이 신호가 프록시마 센타우리에서 온 것인지, 그저 그 방향에서 온 것인지 모른다. 신호의 근원을 찾기 위해서는 몇 달의 분석이 필요할 것이다. 우리는 기술적 신호라는 것을 알지만, 모든 가능성을 제외하기 전까지는 지구에서 왔다고 가정할 것이다. 이러한 확인 작업은 실제로 몇 달이 걸렸고, 그 사이 새로운 뉴스나 흥미로운 소식이 더해지지 않자 대중의 관심은 사라졌다.

내가 이야기를 나눈 SETI 연구자들도 외부에서 온 기술적 신호가 확인되었을 때 대부분 차분했다. (프록시마 센타우리 신호에 대한 뉴스를 듣기 전에, 그를 인터뷰했을 때) 시메온은 이렇게 말했다.

"저는 이 문제에서 오만하다는 비난을 받아왔지만, 크게 신경 쓰진 않았어요. 제 생각에 기술적 신호 검출은 좋은 것 같아요. 그게 나쁜 일이라고 상상해본 적이 없어요. 그래서 이 모든 것이 어떻게 진행되든지 딱히 걱정을 하진 않아요."

제이슨 라이트는 "개인적인 추측으로는 우리가 (우주에서 온) 통신을 위한 전송 신호를 찾는다고 해도, 그걸 해석하지 못할 것 같다"고 말했다. 그는 토머스 에디슨에게 최신 케이블 모뎀을 주고 인터넷의 모든 정보에 접근할 수 있는지 알아보는 일에 비유했다. 존 트라파건은 "이러한 상상은 한동안 일반 대중을, 꽤 오랜 시간 동안 학자들을 사로잡을 겁니다. 너무 거리가 멀어서 '안녕하세요?'와 '어떻게 지내요?' 정도의 메시지를 주고받는 데 걸리는 시간이 아주 길다는 점을 감안하면, 우리는 결국 탐욕, 빈곤, 기아, 전쟁이라는 일상으로 돌아가게 될 거예요"라고 했다.

우리가 신호를 찾는다면 수백 광년 떨어진 행성에서 온 신호일 가능성이 있고 그 발신자는 멸종했거나, 새로운 문명으로 진화했거나, 새집을 향해 떠난 지 오래일 수 있다(겨우 4광년 남짓 떨어진 프록시마 센타우리에서 무언가 찾아졌다는 건 운 좋은 우연에 지나지 않았다). 이건 마치 크루즈선 퀸엘리자베스 1호에서 온 편지를 받고, 그에 답하려는 것과 같다. 그리고 신호를 보낸 걸 기억하는 수 세기 후 미래의 누군가가 답변하기를 기대하는 것이기도 하다.

나는 이런 기대를 《솔라리스》에서 이해하기 어려운 외계 생명체를 중심으로 발전한 가상의 학문 분야 솔라리스학과 비슷한 것으로 상상한다. 먼 행성에서 보내온 메시지는 주기적으로 등장하는 헬리혜성처럼 인류를 위한 돌파구가 될 수 있다. '오, 내년쯤이면 우린 그 메시지 받을 거야'라고 하는 것처럼. 학자들은 마지막 메시지에 대해 공부하고, 수신기를 준비할 것이다. 어쩌면 정해진 일정에 따라 움직일 수도 있고, 아니면 1~2년쯤 전파망원경들의 초점을 맞추고 기다릴 수도 있다. 그리고 메시지가 도착한다면? 이를 해석하고 모두가 동의할 답변을 준비하는 데 수년, 수십 년이 걸릴 수도 있다. 어쩌면 인류 문명은 이 작업을 하기 위해 다시 조직될 수도 있다. 대부분의 사람이 삶을 영위하는 동안 배경음악처럼 이러한 작업이 진행될지 모른다.

하지만 운이 좋아서, 신호가 가까운 데서 온다면 어떨까? 대화는 훨씬 빨라질 것이다. 몇 세기가 아니라 몇 년만 기다리면 되겠다. 하지만 더 먼 미래에 인류의 기술이 발전된 상태에서 이런 소통이 이뤄진다면 어떨까? 우리가 그 메시지를 보낸 곳에 가서 직접 만나고 싶은 유혹을 정말 뿌리칠 수 있을까?

여행

칼 세이건은 논쟁의 여지없고, 보편적이며, 천문학자들이 찾을 수 있는 완벽한 시그널인 소수로 이루어진 신호를 상상했다. 하지만 인류학자 메리 도리아 러셀Mary Doria Russell은 첫 번째 접촉에 대한 소설을 쓰며 생각했다.

> 개인적으로, 소수가 매력적이라고 생각하는 존재를 만나려고 그 먼 길을 가진 않을 것 같다. 하지만 음악이라면…? 음악에 이끌려 가는 모습은 상상할 수 있다.

그녀의 소설, 《스패로The Sparrow》에서 인류가 듣는 것이 바로 음악이다.

《스패로》에 나오는 음악도 메시지는 아니다(적어도 인간에게는 그렇다). 이 음악은 최근 SETI 과학자들이 찾을 가능성이 높다고 생각하는 부주의한 전송 과정에서 새어 나온 신호다. 이 신호는 자애롭고 진보된 외계 생명이 만들어냈다기보다는 우연 또는 신의 손으로 빚어진 것처럼 보인다. 이 신호는 고작 4광년 남짓 떨어진 알파 센타우리계에서 온 것으로 밝혀진다. 한 등장인물은 "가지 않기엔 너무 가깝네요"라고 말한다. "그 음악은 너무 아름다워요." 국제사회가 어떻게 대응할지 결정하기도 전에, 첫 번째 접촉에 능숙한 한 단체가 행운을 놓치지 않고 빠르게 임무를 완수했다. "예수회 과학자들은 포교가 아니라 배우기 위해 갔습니다. 그들은 신의 다른 자녀를 알고 사랑하려고 간 거예요…. 해를 끼칠 의도는 없습니다."

러셀의 상상은 세이건만큼이나 이상적이지만, 인간과 접촉하는 과정을 안내하는 진보된 외계 담당자가 등장하지 않기도 해서, 선한 의도가 있더라도 충분치 않아 보인다. 라카트Rakhat 행성은 아주 낯설지는 않다. 이 행성은 3개의 태양을 갖고 있지만, 그 외에는 "모든 생태적 환경이 있었다. 날아다니기 위한 공기와, 헤엄치기 위한 물, 굴을 파고 숨을 수 있는 흙. (…) 형태는 기능을 따르고, 햇빛을 받기 위해서 높은 곳에 도달해야 하고, 짝을 구하기 위해 몸을 뽐내는 등 기본 원칙은 (지구와) 같다". 그리고 그곳에 사는 이들도 우리와 충격적으로 비슷하다. 두 발로 걷고 좌우대칭이고, 그들은 웃으며, 하품도 하고, 미소를 짓는다. 그리고 인간이 배울 수 있는 소리를 이용한 언어를 말한다. 하지만 "그들에게 나쁜 의도는 없었다"라며 프롤로그가 끝나는데, 이 책이 콜럼버스의 아메리카 항해 500주년에서 영감을 받았다는 점을 고려하면 이야기의 마지막이 좋지 않을 것임을 독자는 알 수 있다.

인간 탐사대가 착륙해서 접촉을 시도했을 때, 이 외계 생명들이 자신들이 받은 신호의 발신자, 가수들Singers이 아니라는 것을 알아차렸다. 이들의 기술은 초보적인 수준이고, 언어 체계는 노래가 아니었다. 문화가 비슷한 행성일 거라고 상상할 이유가 없으니까, 큰 문제가 되지는 않았다. 하지만 저자는 인류를 별들 사이로 여행하게 한 원동력이 음악일 것이라고 상상한 고인류학자다. 그리고 네안데르탈인을 인류의 일부로 이해하는 데 결정적인 역할을 한, 중요한 학문적 업적이 있는 학자임을 명심하자. 라카트에는 2종의 지적 생명이 있다.

처음 만난 유순한 루나$_{Runa}$보다 더 발달했고 재치 있는 두 번째 종족인 자나타$_{Jana'ata}$를 만난 뒤에도, 인간들은 자신이 찾은 것이 무엇인지 깨닫는 데 한참이 걸렸다. 이 행성에서는 두 지적 종족이 포식자와 먹이의 관계를 형성하고 있다.

이 행성의 균형은 미묘하다. 지구의 포식자와 먹이 관계에서 영감을 받아, 러셀은 루나에 비해 자나타의 인구가 훨씬 적을 거라고 상상한다. 그녀는 인터뷰에서 인간이 먹잇감을 길들인 역사를 지적한다. 길들이기 쉬운 성질을 고르고, 고기를 얻기 위해 가축을 사육했으며 개와 같은 종은 다양한 일을 하도록 지능을 높이는 방향으로 번식시켰다. 오랫동안 반복해서 길들이고 사육한 것이다. 자나타는 이 모든 일을 한꺼번에 해내고, 다른 '인간 종'을 사육한다. 하지만 인간은 이 균형 잡힌 시스템을 보고 참을 수 없어 한다. 아무도 배고프지 않고, 일을 할 수 있도록 정교하게 조절된 체제라는 큰 그림이 그려졌지만, '사람'이 먹히기 위해 사육되는 사실도 여전했다.

〈스타 트렉〉에서처럼, 준비되지 않은 행성에 간섭할 수 없게 하는 주요 명령$_{Prime\ Directive}$ 같은 비간섭 원칙이 《스패로》에 나오는 인간에게는 없다. 선의로 가득 차 있을 뿐이다. 인간들은 자나타에 비해 기술적으로 수십 년 앞서 있다. 그러나 이 기술적 우위보다 더 큰 문제는 방문자인 그들의 존재 자체였다. 안정을 흔들고, 간섭할 능력이 있기 때문이다. 백인 미국인이나 유럽인 작가가 쓴 첫 번째 접촉에 대한 이야기들은 식민화의 공포를 보여주곤 한다. 미국이나 유럽이 외계 생명에 의해 식민화되는 상황에서, '우리'가 한때 다른 인종에게 자행했던 잔혹한 행위에 대한 공포가 '우리' 문화의 업보처럼 다루어진다. 하지만 러셀은 다른 방향으로 가서, 선한 의도에서 시작했음에도 고통과 공포를 가져오는 비극을 그린다.

《스패로》에서 가장 비통하고 두려움에 사로잡힌 등장인물은 신부이자 언어학자이며, 고향으로 살아서 돌아온 유일한 인간 탐사대원 에밀리오 산도즈다. 루나와 처음 만나, 지구의 언어학 기법이 라카트에서도 통한다는 것을 알게 된 산도즈는 "마치 프리즘이 되어 하느님의 사랑을 하얀 빛처럼 모아 사방으로 흩뿌리는 듯한 느낌을 받았다"고 말한다. 인류가 초월적인 존재를 만나는 축복을 그린 《콘택트》 같은 이야기와 달리, 여기서 초월은 우주에서 다른 존재를 발견하고, 산도즈가 그들이 (우리와 같은) 신의 자식임을 이해하게 되는 데 있다. 이는 라카트인들과의 연대를 인식하는 사랑의 과정으로 나타난다. 단지 신호를 받거나 인공물을 발견하는 일을 넘어, 진정한 접촉이 이뤄지는 것이다. 산도즈는 "신과 그의 업적 안에서 미소와 사랑을 느낀다"고 말했다. 여기서 신은 기독교적인 신일 수도, 별 제작자일 수도, 우주 그 자체일 수도 있다.

《스패로》의 속편은 《콘택트》의 원주율에 담긴 메시지, 〈스타 트렉〉의 인간 선조와 비슷한 메시지를 전하며 끝난다. 인간, 자나타, 루나의 결합된 DNA에 메시지가 담겨 있었는데, 기하학이 아니라 음악의 방식이었다. 엘리 애로웨이는 "그들은 시인을 보냈어야 해요"라고 하지만, 러셀은 신부를 보냈어야 한다고 말하는 듯하다.

산도즈의 얼굴은 빛이나 어떤 순간에 따라서 때로는 정복자conquistador를, 때로는 타이노인(캐리비안 지역 원주민)을 연상시킨다고 쓰여 있다. 그가 푸에르토리코의 후손이라는 사실과 더불어 산도즈에 대한 이야기 흐름은 유럽의 정복과 불안하게 연결되어 있다. 《스패로》의 인류는 정복이나 이득을 위해서 라카트에 간 것은 아니다. 진실한 마음으로 신의 다른 자녀가 있는지 찾으러 간 것이다. 하지만 러셀은 역사에서 영감을 받아 이 소설을 썼다. 누군가는 현대적이고, 지적이고, 잘 교육받았고, 좋은 의도를 가진 사람들이 콜럼버스와 동료들처럼 철저한 무지의 상태에 들어갈 때의 이야기를 써야 한다. 우리가 얼마나 잘해낼지 지켜보자!

역사적으로 지구의 서로 다른 문화가 처음 접촉했을 때의, 그 모든 경로와 변형을 다룬 이야기들은 러셀 같은 소설가나 과학자로 하여금 외계 생명과의 접촉을 상상하게 하는 모델이 되었다. 외계 생명체가 우리를 죽이러 올 수 있기 때문에 그들에게 인류의 존재를 알리는 것을 조심해야 한다고 스티븐 호킹이 경고했을 때, 이 유명한 비유가 등장했다.

외계 생명체가 우리를 방문한다면, 아메리카 원주민들에겐 좋은 결과가 아니었던 콜럼버스의 아메리카 상륙과 비슷한 상황이 될 것이다.

하지만 접촉에 관한 이야기는 정말 많고, 해석하는 방법도 아주 다양하다. 호킹의 언급은 제쳐두더라고, SETI 과학자와 분석가는 모든 가능한 결론을 뒷받침하기 위해 지구 역사에서 비롯한 예시를 사용한다. 접촉이 폭력적일지, 괜찮을지, 기술이 문명을 파괴할지, 종교를 심게 될지, 발달한 문명이 찾아와 갑작스런 진보에 이르게 할지…. 어떤 주장이라도 예를 들 수 있다. 하지만 가장 유명하고, 가장 형편없는 접촉은 이 모든 것 위에 도사리고 있다. 집단 학살, 전염병, 노예제, 파괴.

우리는 이러한 비유가 현실이 되지 않길 바라며, 희망찬 상상으로 대체할 수 있기를 원한다. 접촉은 먼 거리와 시간을 건너 일어날 가능성이 높기 때문에 흔히 할 수 있는 비유는 고대 그리스의 지식이 중세 유럽에 전달되고, 발굴과 조각 맞추기가 이어져 르네상스가 일어난 것이다. 하지만 어쩌면 이런 사례는 외계 생명의 메시지와 씨름하는 데 비유하기에는 너무 쉬운 것 같다. 현대 영어를 사용하는 학자들이 마야인의 기록을 해석하려고 노력하는 것에 빗대는 게 더 정확하지 않을까? 라스코 동굴에 대한 우리의 부족한 이해에 견주면 어떨까?

우리는 더 멀리, 더 낯선 방향으로 뻗어 나간다. 이 모든 비유는 불가능한 간극을 메우려는 노력이다. 하지만 때로는 부족한 상태 그대로의 이야기를 해야 한다. 적어도 과학자들은 추측으로 보일지 모를 프로젝트를 지원받기 위해서 생각을 정당화할 필요가 있다. 비유는 과학자들이 이렇게 말할 수 있게 도와준다. "우리는 전에 이런 경로를 택한 적 있다. 이 연구는 세상을 바꿀 수 있으며, 방법은 다음과 같다."

아메리카 대륙에서 벌어진 정복과 학살이 기술의 승리에 따른 결과라고 주장한 이는 호킹뿐이 아니다. 이 주장이 물리학자로서 그가 가진 편향성인지, 그 이야기를 어디서 어떻게 배웠는지 모르든 간에 말이다. 그러나 최근 학자들은 구세계Old world의 질병을 마주한 신세계New world 주민이 병원균에 의해 학살당한 것이었다고 생각한다. 캐스린 데닝은 말했다.

> 우리는 자라면서 비슷한 이야기를 들어왔다. 기술, 힘, 정치, 그리고 어떻게 문명들이 만났고, 무슨 일이 일어났는지와 같은 이야기를. 이에 대한 무비판적인 충성 대신 비판적인 관심이 필요하다.

우리는 사실 비유를 완전히 벗어나 사고할 수 없다. 비유가 우리가 아는 것들, 이야기를 담는 방법이기 때문이다. 데닝은 결국 "발견이나 접촉이 일어난다면 어떤 일이 발생할지 이야기할 때마다, 우리는 여기 지구에서의 접촉 이야기를 다시 하게 될 것"이라고 썼다. 하지만 문화들 사이의 첫 번째 접촉은 비유 그 이상으로, 수백만 명의 삶에 여전히 반향을 일으키는 역사다. 그리고 이 영향을 받은 사람 중 일부는 외계 생명에 대한 이야기를 쓰기도 한다.

서구의 백인 작가들 손으로 쓰인 외계 생명과의 접촉은 종종 과거의 첫 번째 접촉에 대해 다시 이야기하는 것이 된다. 러셀이 《스패로》를 쓸 때 영감을 받은 것처럼 말이다. 지금이라면 어떨까? 우리가 좋은 의도를 가졌다면? 만약 '우리'가 정복당한 것이라면? 과학소설 연구자 레이첼 헤이우드 페레이라Rachel Heywood Ferreira는 이런 비유법이 갈등 서사를 전달할 뿐 아니라, 끔찍한 결과를 되풀이하지 않기 위해 가상의 세계에 설정한 안전 장치라고 말한다. 그녀는 "〈스타 트렉〉 세계관에서 '주요 명령'이 중요하게 다루어지는 것과 더 원시적인 외계 행성 문명과 접촉하거나 개입을 금지하는 명령들이 퍼진 것은, 분명히 과거에 대한 후회에 뿌리를 두고 있다"고 썼다. 인류학자 윌리엄 렘퍼트William Lempert는 "역사상 그런 '주요 명령'의 핵심 목표는 약한 이를 보호하기 위해서가 아니라 식민 활동의 윤리적 정당성 때문이었다"고 했다. 이런 후회를 애초에 예상한 듯이 말이다.

하지만 헤이우드 페레이라는 작가가 식민주의에 대한 인식을 전혀 담지 않고 써 내려간 외계 생명 접촉 이야기들을 탐구하는 데 주로 관심이 있다. 그녀는 "탈식민 현실에서 글을 쓰는 사람들에게 접촉, 정복, 식민화의 결과는 특히 직접적이고, 일상적 현실과 문화적 정체성에 모두 촘촘하게 짜여 있다"고 말한다. 렘퍼트가 썼듯이, "역사는 단순히 운율을 맞추는 것이 아니라, 서로 공명하는 것이다".

라틴아메리카 작가들이 쓴 첫 접촉 소설을 보고, 헤이우드 페레이라는 이 소설들을 '두 번째 접촉'이라고 부르는 편이 낫겠다고 했는데, 그 말인즉슨 작가들 마음속에선 현재가 첫 번째 접촉이라는 의미다. 비슷한 그림자를 아프리카 과학소설에서도 느낄 수 있다. 헤이우드 페레이라는 "첫 번째 접촉에 대한 이야기들이라면 '이건 전에도 있었던 일이야!' 하고 떠오르는, 곳곳에 스며든 데자뷔가 있다"고 말한다.

작가들이 데자뷔를 느끼듯, 종종 소설의 등장인물들도 그렇다. 은네디 오코라포르Nnedi Okorafor의 《라군Lagoon》에서는 나이지리아 라고스 외곽의 바다에 외계 생명체가 나타나고, 사람들은 외계 생명들이 처음으로 방문한 곳이 아프리카라는 것을 놀라워한다(이건 정복일까? 정복과 방문에는 차이가 있을까?). 대부분의 지배 국가들에서 쓰인 이야기에서는 외계 생명체의 방문이 주로 세계 초강대국들 위주로 일어난다. 한 등장인물이 생각한다. "외계인을 믿는지는 잘 모르겠다. 이런 질문을 한번도 생각해본 적이 없었다. 외계인이 있다면, 그들은 확실히 나이지리아로 오지는 않을 것 같았다. 글쎄, 그럴지도 모른다."• 하지만 이런 데자뷔에는 준비의 측면도 있다. 또 다른 등장인물은 생각한다. "그는 살아 있었고, 더 나쁜 일도 겪어봤다. 그가 킥킥댔다. 하긴, 나이지리아가 겪는 첫 번째 침략도 아니잖아."

역시 나이지리아를 배경으로 한 테이드 톰슨Tade Thompson의 《로

- 외계인들이 라고스를 선택한 것은 그들의 계획을 쉽게 하기 위해서, 또 탐사를 위한 이야기적 공간을 열기 위한 측면도 있다. 라고스에서 첫 번째 접촉은 익숙하지만, 외계인의 접촉은 그렇지 않다. "그들이 뉴욕, 도쿄, 런던에 상륙했다면, 그 지역 정부는 외계인들을 빨리 숨기고, 격리시키고, 연구하는 데 돌입했을 것이다. 하지만 여기 라고스에서는 그런 질서가 없었다." 이야기가 진행될 경로와 조직된 정부의 대응이 없다는 것이 인간 본성에 의해 모든 형태와 방향으로 펼쳐질 더 많은 공간을 제공한다.

즈워터Rosewater》에서는, 더 교묘하고 더 비도덕적인 침략이 발생할 때 비슷하게도 놀라움은 보이지 않는다. "우리는 서구권 어떤 나라보다도 더 많은 첫 번째 접촉의 경험이 있다"고 한 등장인물이 말한다.

"베를린 회담에서 당신들이 아프리카 국경을 정할 때 우리가 어떤 경험을 했다고 생각합니까? 당신들은 다른 지능을 갖고, 다른 문명을 갖고 도착했고, 우리를 강간했어요. 하지만 우린 여전히 여기 있죠."

톰슨은 나이지리아계 영국인이다. 그는 한 인터뷰에서 "소설의 배경을 나이지리아로 정한 것은 쉬운 결정이었어요. 과거 식민지 경험이 있는 나라이기에 외계인의 정복에 대한 더 나은 관점을 제공해요"라고 말했다. 비평가 제시카 피츠패트릭Jessica FitzPatrick은 '로즈워터' 3부작의 마지막 두 책에 대한 서평에서 작품 속 나이지리아 사람들은 "성공적으로 저항 세력을 형성하거나 침략자와 함께 살아가는 데 적응했지만, 영국이나 미국 같은 제국주의 국가들은 (외계인 방문자들에 대해) 생산적인 입장을 취하지 못했고 외계인 침략에 의해 빠르게 파괴되거나 고립주의적인 후퇴로 몰린다"는 점을 지적한다.

톰슨은 아프리카 역사를 직접 비유로 삼지는 않았지만, 이렇게 말한 적 있다.

"나는 분노를 갖고 있어요. 선조들 같은 삶을 살아야만 했던 모든 사람은 그런 분노를 품고 있을 겁니다. 그리고 제 작품에서 그러한 분노가 흘러나오지 않을 수 없지요."

그는 왜 외계 생명체가 지구를 찾아왔을까, 스스로에게 질문하면서 그만의 방식을 찾아냈다. "성간 여행에 드는 에너지와 인력만큼의 가치가 무엇일까요? (…) 엄청 큰 우주선이 도착을 알리고 모든 것을 쏴서 산산조각 낸다는 전형적인 침략의 비유는 식민주의 관점이 아니라면 말이 안 된다고 느꼈어요." 톰슨은 외계인이 "지배하기보다는 조종하는" 교묘한 방식으로 정교하게 접근할 것이라고 생각한다.•

톰슨은 바로 그 정교한 조종이 외계인 방식의 (문화와 이데올로기를 식민화하는) 신식민주의neocoloniamlism라는 것을 깨달았다.

"두 번째 원고를 쓸 때는 아직 소설 전체가 신식민주의에 대한 비유로 보일 수 있다는 점을 깨닫기 전이었던 것 같아요. 이 모든 내용이 그렇게 보일 수 있다는 것을요."

그는 캐릭터의 경험을 이해하기 위해 의도적으로 비유를 사용하며, 1600년대 아프리카 해안에서 사는 느낌을 상상한다.

• "놀라운 무기로" 지배하는 것은 "반란을 자극하는 성가신 재주"라고 그는 덧붙였다.

카누에 올라 돌아다니다가 갑자기 돛이든 뭐든 많은 장비를 갖춘, 차$_{tea}$를 실은 범선을 보았다면…. 외계인과의 접촉은 그런 느낌일 것이다. 외계인이 있다면 말이다. 비행접시가 도착하는 상황은 비슷한 공포인 것이다.

그러나 이 비유가 지적인 훈련에 불과한 것은 아니다. 톰슨은 자신의 역사 속에서 이어온 실타래를 상상의 미래로 끌어 가려 한다. "과학소설이나 판타지가 언제나 미래에 대한 건 아니다. 현재에 대한 것이고, 그리고 과거의 이야기를 되찾는 일이기도 하다."

의미가 사는 곳

일부 가상의 외계 생명들은 고도로 발달해서 초능력자처럼 보이거나, 실제로 초능력이 있다. 침략을 준비하려고 먼 곳에서 오래전부터 인간을 연구했거나, 만능 통역기를 갖고 오거나, 우리의 생각을 완전히 읽을 수 있다. 하지만 어떤 이야기들에서는, 외계의 언어를 배우는 어려움은 그들의 초능력과 같은 설정을 통해 마치 약으로 영양분을 섭취하는 것과 비슷하게 느껴지게 만든다. 때로는 씹는 즐거움도 필요하다.

《세미오시스》의 작가, 수 버크는 번역가로도 활동한다. 그녀의 이 직업 사랑은 테드 창의 〈네 인생의 이야기〉에 대한 버크의 에세이에 가득하다. 루이즈의 개인적 고난에 과몰입해서인지 그녀는 "외계 생명체가 지구에 도착하는 상황은 직접 경험하고 싶은 모험이다. 그들과 말하기 위해 누군가는 그 언어를 배워야 한다. 제가 하고 싶어요. 저요! 저요, 제가 할게요!"라고 하기도 했다. 버크는 단지 외계 생명과 (창의 헵타포드가 아니라 저 우주의 누구라도) 말하고 싶다, 정도가 아니라 그들의 언어학적 가능성, 생물학 또는 문화가 빚어낸 (아니면 이를 만들어낸) 언어의 토대를 상상하는 것만으로도 흥분한다. 그녀는 이렇게 말했다.

외계 언어에 필요한 것은 무엇일까? 어쩌면 전달 또는 유전된 지능을 가진 종은 발화의 내부적 기원을 구체적으로 정해야 할지도 모른다. 빛으로 소통하는 생명체는 의사 결정 나무$_{\text{decision tree}}$처럼 무한히 뻗어 나가는 가지와, 매 단계에 어떤 선택을 할지 말지를 결정하는 듯한 문법을 가질 수 있다. 장거리 외교를 위해 개발된 로봇의 언어는 개념 사이의 관계를 표현하기 위해 언어에 수학을 통합하여 쉽게 이해할 수 있도록 설계되었을지 모른다.

《스패로》에서 메리 도리아 러셀은 이러한 상상에 중요한 공간을 마련했다. 《콘택트》에서 '시인을 보냈어야 한다'고 한 것에 대한 응수는 신부가 아닌 언어학자였고, 에밀리오 산도즈는 편리하게도 두 역할을 다 가졌다. 인간이 만난 루나가 문화적으로도 유전적으로도 낯선 이들에게 열린 마음의 교역가라는 점과, 아이들을 통역가로 훈련시킨다는 전통도 도움이 된다. 인간과의 첫 만남에서 어린 루나 소녀인 아스카마가 앞으로 나섰다. 산도즈가 안녕이라고 하자, 그녀도 그의 영어로 답한다. 그리고 아스카마가 그에게 루나 말로 인사하자, 그 역시 최선을 다해 인사를 반복하려고 한다. 산도즈가 가슴에 손을 얹으며 그의 이름을 말하자, 아스카마가 반복한다. "밀로Meelo." 루나와 산도즈는 언어의 춤이 어떻게 흘러갈지 안다.

산도즈는 사물의 이름부터 시작한다. 그가 아스카마에게 꽃을 보여주자 "시 자오Si zhao"라고 말한다. 산도즈가 마술 부리듯 활짝 핀 꽃 두 송이를 보여주자 그녀는 "사 자이Sa zhay"라고 한다. 복수형이 있다는 것을 알고 그의 머리가 쭈뼛 선다.

나중에 그는 루나어에서 명사를 개념화하는 데 특이한 점이 있다는 것을 배운다. 산도즈는 이렇게 말했다.

하루는 아스카마가 아주 예쁜 유리병을 보여주며 아즈하와시azhawasi라는 단어를 사용했다. 처음엔 아즈하와시가 항아리, 용기, 병을 지칭할 거라고 추측했다. 하지만 확신할 수 없어서 검증을 해봤다. 플라스크의 한쪽을 가리키면서 이것도 '아즈하와시'냐고 물었다. 아니었다. 그건 이름이 없었다. 그래서 플라스크의 입구를 가리키며 다시 물었지만, 그 역시 아즈하와시가 아니었고, 이름도 없었다.

결국 루나어는 물체가 아니라 기능에 이름을 붙인다는 것이 드러난다. 아즈하와시는 루나어에서는 이름이 없는 플라스크에 둘러싸인 공간을 말한다. 산도즈는 "비슷하게, 우리가 방이라고 부르는 공간에 대한 단어는 있지만 벽, 천장, 바닥을 뜻하는 단어는 없다"고 했다.

영어 화자에게 루나어가 세상을 이해하는 방식은 충분히 외계스럽게 느껴진다. 컵을 볼 때, 나는 컵 안의 공간이 아닌 컵을 본다. 벽을 볼 때는 그 표면에 대한 단어가 없는 경우를 상상할 수 없다. 루나어에는 그들이 무엇을 보느냐 아니냐에 따라 달라지는 명사의 격 변화가 있다. (당신과 함께 있지 않은 사람은 사랑과 같은 추상 개념처럼 보이지 않는 것으로 취급된다.) 러셀은 그녀의 외계 언어가 영어권 독자의 귀에는 이상하게 들리겠지만, 인간의 언어에 바탕을 두었다고 말한다. 로망스어족이나 슬라브어족이 아닌 언어들을 다룬, 여행자를 위한 언어 책을 이용해 자나타의 언어는 네팔어를, 루나어는 산족어(미얀마)와 케추아어를 바탕으로 만들었다. 이메일로 (30년 전에 한 결정에 대해 갑자기) 그녀에게 물었을 때, 기억에 따르면 공간, 비공간의 구분은 어디에선가 가져온 개념이 아니라 자신이 직접 만든 것 같다고 말했다.•

나나 소설에 등장하는 인간들에게는 부자연스러운 규칙처럼 느껴지지만, 여전히 이해하고 배울 수 있는 원칙이 존재한다. 산도즈는 지구의 어떤 언어를 다룰 때와 마찬가지로 루나어를 배우고

• 언젠가 러셀의 남편이 그녀가 세상을 자신만의 이상한 범주로 본다고 지적한 적 있다며 이어서 이야기했다. "냉장고를 보면, 문에는 '구운 것에 바를 수 있는 것(버터, 크림치즈, 땅콩버터, 젤리, 잼)'을 넣을 공간이 있죠. 그리고 냉장고에 '짜 먹는 것(머스터드와 케첩 병, 짜 먹는 갈릭, 생강, 토마토 소스 등)'을 한 구역에 모아둬요. 부엌 서랍에는 칼, 고기 망치, 코르크 따개 같은 죽일 수 있는 도구 칸도 있고요. 지하실에는 풀, 테이프, 고리가 달린 줄, 실뭉치 같은 물건을 연결하는 것을 담은 상자가 있어요…. 말하고 보니 당신이 궁금해한 문법은 제가 만든 것이 확실해 보이네요."

가르친다. 러셀은 지구와 라카트의 생명이 수렴하는 여러 형태를 상상했다. 식물과 동물, 포식자와 먹이, 웃음과 몸짓언어, 생물학 같은 것들. 하지만 라카트의 언어를 마치 지구의 낯선 언어들처럼 인간이 배울 수 있다는 사실은 그 자체로 외계 생명과 언어라는 개념에 대한 우리의 이해에도 의미를 갖는다.

1983년 인터뷰에서 언어학자 노암 촘스키Noam Chomsky는 "화성인이 우주로부터 지구에 착륙해서 보편적인 문법에 어긋나는 언어로 말한다면, 우리는 단순히 영어나 스와힐리어 같은 인간 언어를 배우는 방식으로는 그 언어를 배울 수 없을 것"이라고 했다. 대신 화성어에 대한 연구는 물리학과 더 비슷할 것이라고 말한다. "화성어에 대한 연구는 새로운 이해를 얻기 위해 세대에 걸쳐 노력해 뚜렷한 성과를 만들어낼 것이다." 명확한 발견보다는 학문적 논쟁에 의해 솔라리스학 같은 분야가 부상하는 상황이 다시 떠오른다. 그리고 결국 이 질문에 대한 답이 중요할 듯하다.

인간의 언어가 모든 언어를 대표할까? 아니면 여기 지구에서 언어가 작동하는 하나의 방식에 지나지 않을까?

촘스키의 보편적 문법 개념은 언어학에서 중요하게 다뤄지지만, 공통적으로 받아들여진다고 할 수는 없다. 이 개념은 수십 년간 진화해왔지만, 그 핵심은 인간의 뇌에 (인간의) 언어를 배울 수 있게 하는 무언가가 존재한다는 것이다. 촘스키는 인간의 언어에 대한 어떤 목록이나 (이들에게서 나타나는) 보편성의 대두에서가 아니라, 지구에서 가장 빨리 언어를 습득하는 이들에 대한 관측으로부터 영감을 받았다. 바로 어린아이들이다. 성인은 모국어와의 유사성, 언어 규칙의 복잡성, 불규칙성의 빈번함 등등에 따라 다른 언어를 배울 때 느끼는 난도가 다르지만, 어린이는 모두 비슷한 시간이 걸려 언어 습득을 하는 것처럼 보인다. 또 따로 가르치지 않아도, 빠르게 언어를 습득한다.

내 어린아이에게 단어를 정의해주려고 할 때 종종 우습다고 느낀다. "차고는 차를 운전하지 않을 때, 차가 지내는 집 같은 거야." 그에게는 이런 설명이 필요치 않다. 그냥 어느 날 일어나서 "아니 이게 뭐야!" 하며 놀란 뒤에 모든 것을 정확하게 소화한다. 어린아이들은 언어를 배우는 것이 아니라 흡수하듯 보인다. 줄기세포가 어떤 종류의 세포로도 분화할 수 있다는 데 착안하여, 언어학자 안드레아 모로Andrea Moro는 어린이의 생각을 '줄기 생각'이라고 부른다. 촘스키에 따르면 어린이의 생각이 텅 비어 있어 어떤 방향으로도 분화 가능한 것이 아니다. 사실은 미리 설치된 지도가 있기 때문이다.

인간의 뇌는 어떤 설명이 아니라, 주변 언어에의 몰입을 통해 유창해지도록 진화해왔다. 넓은 의미에서, 이런 강한 연결을 보편적 문법이라고 할 수 있다. 좁은 의미에서 보면… 더 복잡해진다. 촘스키와 함께 연구한 언어학자 앨릭 마랜츠Alec Marantz는 "현재 학계에는 이름 그대로 인간의 뇌가 언어를 배울 수 있게 해주는 그 무언가로서의 보편 문법에 대한 이해와 (…) 그 무언가를 구체화하는 주장들 사이의 논쟁이 있다"고 말해주었다. 일부 연구자들은

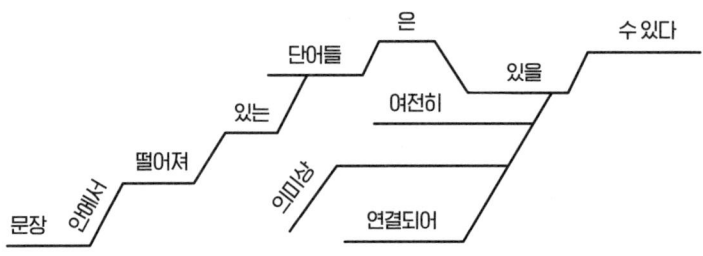

인간 언어의 어떤 요소 즉, 문법의 규칙, 기본적인 규칙이 보편적이라 하고 이를 보편 문법이라고 부르지만, 한편으로 이런 주장은 (언어 요소의) 범주화가 주관적이기 때문에 정확히 알기 어렵다. 보편 문법에 대한 더 깊은 정의는 인간이 어떻게 언어를 배우는지뿐 아니라 지구상의 여러 소통 방법 중 무엇이 언어를 특별하게 만드는지 이해하게 해준다.

소리, 수화, 글 형태인 문장의 선형적 구조 아래에는 나무나 지도 같은 2차원적 문법 구조가 숨어 있다. 선형적 순서가 뜻을 반영하거나 담지 않기 때문에, 문장 안에서 떨어져 있는 단어들은 여전히 의미상 연결되어 있을 수 있다. 뜻을 정하는 것은 구조적, 계층적 관계다. 앞의 문장, '단어들은 (…) 있을 수 있다'처럼 말이다. 단어들 사이의 거리가 멀거나 중간에 다른 단어가 많이 나와도 우리의 뇌는 이 문장이 '단어들은 (…) 있을 수 있다'라는 것을 아는데, 이건 꽤 직관적인 예다.

이것이 바로 모든 인간 언어가 작동하는 마법이고, 문법 구조로 인해 촘스키가 언어의 본질이라고 생각한 특징을 만들어낸다.

바로 불연속적 무한성이다. 우리는 유한한 수의 단어로 무한히 많은 문장과 의미를 만들 수 있다. 문법은 구절 안에 구절이 들어갈 수 있게 해주고 (우리의 문장들이 프랑켄슈타인의 괴물처럼 구조가 덕지덕지 붙은 집처럼 보일 때까지) 돌려 말하기, 길게 늘려 말하기, 더해 말하기를 가능하게 해준다. 이런 문장들은 이상하고 거추장스럽고, 한 번도 쓰이지 않았다 해도, 여전히 이 문장들은 문법적으로 틀리지 않았고 더 중요하게는, 우리가 이해할 수 있다. 안드레아 모로는 이 무한한 힘을 깔끔한 그림으로 표현한다. 두 문장을 보자.

메리가 떠났다. 그리고 그것이 존을 슬프게 만들었다.

이 조합에서 한 단어, '그것이'는 앞선 전체 문장을 가리킨다. 만약 (물론, 어떤 문장 안에서 사용된) 한 단어가 다른 문장 하나를 통째로 가리킬 수 있다면, 언어는 마치 무한히 반복되는 마트료시카 인형같이 끊임없이 이어질 수 있다.
이런 무한함은 단순히 범위에 대한 것이 아닌 혁신이다. 모로는 "인간은 구분된 요소들(상징적 요소가 포함된 단어들)을 조합하는 방식을 바꿔 가면서, 새로운 뜻을 만드는 재조합 능력을 가진 유일한 동물"이라고 했다. 그는 동물들의 단어가 고정되고 구분된다는 점에서 '문장 사전'에 비유했다. 당연하게도 이 주장은 결론 짓기 매우 어렵다. 하지만 동물 언어학자가 어떤 미스터리를 해결할지도 모르는 일이다. 강아지가 '앉아'를 배우는 것처럼 동물은 새 단어를 익힐 수 있고, 휘파람새가 그들의 노래 요소를 조합하여 독창적인 방식의 새 노래를 만들 수 있지만, 그 과정에서 새로운 뜻이 만들어지진 않는다. 오직 인간만이 새로운 문장들을 만드는 것처럼 보이고, 그 문장으로 우리는 새로운 아이디어를 상상할 수 있다.

그럼 이 능력은 인간의 본성일까, 아니면 언어 그 자체의 본질일까? 외계 생명체는 어쩌면 지구의 동물처럼 언어 없이 소통할지 모르지만 그렇다면 이미 문장은 정해져 있고, 무한대만큼의 재조합을 통한 혁신이 없는 상황이라면 외계 생명들의 소통과 문화는 얼마나 풍성해질 수 있을까? 이러한 특성 없이 언어가 성립될 수 없다면, 촘스키가 보편 문법이라고 부른 것은 인간 언어라기보다는 언어 그 자체의 원칙일 것이고, 화성인이 언어를 가졌다면 인류도 화성어를 배울 수 있을 것이다.

진짜 질문은 이런 구분된 무한함이 있는지 없는지가 아니라 '그들도 보편 문법을 공유할까?'에 대한 것이다. 만약 우리 언어학의 상상보다 훨씬 이상한 언어가 존재한다면? 어쩌면 외계어는 3차원 구조의 문법을 갖거나 (인간 언어가 숨겨진 언어 구조와 달리 1차원의 선형 문장을 말하는 것처럼) 차원을 축소하지 않은 채 말할 수도 있다. 어쩌면 소리라는 매개체가 아닌, 몸짓이나 냄새, 우리가 느낄 수 없는 무언가를 거칠 수도 있다. 어쩌면 우리가 본질적이라고 생각하는 동사나 명사, 화자, 단어 같은 범주화는 별을 넘어 소통하고 싶은 우리의 소망이 무색하게, 극도로 지역적인 것일 수 있다.

SF, 특히 인간 배우가 대사를 말하도록 영상화된 경우에는 인간이 배울 외계어가 많다. 첫 번째 주자는 (톨킨의 엘프어도 일종의 외계어라고 주장할 수는 있겠지만) 클링온어다. 클링온어는 언어학자에 의해서 만들어졌고, 화면에 자연스럽게 등장했던 몇몇 클링온어 구절을 바탕으로 역설계되었다. 그리고 열성적인 팬들이 유창하게 구사할 수 있을 만큼 충분히 발전했다(그리고 우리 아빠는 내 결혼식 축사의 일부를 걸걸한 소리의 클링온어로 전했다).

데이비드 피터슨David Peterson은 클링온어의 창시자와 비슷한 어려움을 그의 가장 유명한 프로젝트에서 마주한다. 바로 〈왕좌의 게임Game of Thrones〉의 도트락 언어를 설계하는 것이다. 조지 R.R. 마틴George Raymond Richard Martin의 책에 나온 몇 개의 단어와 구절을 바탕으로, 피터슨은 완벽한 문법과 단어를 만들어냈다. 책에 나오는 칼khal, 락rakh, 하지haj, 도시dosh, 자음-모음-자음으로 된 베즈vezh, 체크chek, 지스jith 같은 단어, 그리고 정해진 패턴에 맞는 더 긴 단어를 생성해냈다. 책에 나온 몇 개의 문장으로부터 완전한 단어 순서, 문법, 어휘 사전을 구축했다. 또 이 언어를 말하는 사람들의 문화와도 잘 맞다. 도트락어는 케일, 당근을 뜻하는 단어는 있지만, 컴퓨터나 제발 같은 건 없다.

피터슨은 TV와 영화에 나오는 SF, 판타지, 수없이 많은 마녀를 위한 언어를 만들어 먹고산다. 그가 지금까지 만든 언어 중 어떤 것이 진짜 외계스러운지 물어봤다. 하지만 그는 "대부분의 언어가 그다지 외계어 같지 않아요.. 외계인 자체가 별로 외계스럽지 않기 때문이죠"라고 했다. 특수 효과 예산과 배우의 몸이라는 현실 때문에, 언어가 다르게 들리는 것과는 별개로 외계 생명체는 꽤 인간적이다. "그들은 두 발 달린 인간형이고, 번식하고, 같은 방식으로 짝짓기 하고, 어린아이를 키우고, 먹고, 마시고, 배설하고, 정해진 수명을 살고, 비슷한 기억력을 갖고 있어요." 피터슨이 그의 언어들에 적용한 엄밀성은 그 언어가 사용하는 존재에 어울려야 한다는 것이다. 그래서 외계인들이 진짜 외계스럽지 않다면, 그 언어도 외계스러울 수 없다. 이런 경우에는 "지금 지구에 존재하지 않는 이상한 문화에서 사용할 법한 인간 언어를 만드는 것과 비슷"하다.

피터슨이 진짜 외계스러운 것에 가장 근접했던 때는 영화에서 사용되기에는 너무 이상했던, 자기 자신을 위한 프로젝트에서였다.

"명사와 동사를 똑같이 취급하는 언어를 상상해봤어요. 그래서 명사와 동사가 나열되었을 때, 순서를 쉽게 바꿀 수 있죠. 이건 '나는 공을 찼다'와 '나는 벽을 찼다'를 바꾸는 정도의 차이밖에 없을 겁니다."

이 프로젝트는 10년 전에 진행했는데 결국 포기했다. 그는 자신의 실력이 이 언어를 완성하기에 충분하지 않았다고 했다. 하지만 그의 프로젝트 중 "진짜 인간스럽지 않은, 우리가 언어로 하는 일에 진정으로 도전하는" 가장 의미 있는 시도였다.

인간이 인간 언어로 해내는 것들에 도전하는 일이 언어학자 안드레아 모로의 전문 분야다. 모로는 인간의 '언어를 쓰는 뇌'가

보편적으로 사용한다고 생각되는 규칙을 위배하는 "불가능한 언어"를 만들어, 언어의 경계를 검증해보려 한다. 그는 《불가능한 언어들Impossible Languages》에 "우리가 생물학자였다면, 예를 들면 흡수한 것보다 더 많은 에너지를 내놓는 동물이나 무한히 성장하는 동물은 불가능하다고 주장하는 데 주저하지 않을 것이다. 모든 장기가 엔트로피나 중력 같은 물리법칙에 제한받기 때문에 이런 주장을 할 수 있다"고 썼다. 그럼 우리는 언어의 법칙을 비슷하게 위배하는 언어를 상상할 수 없을까?

모로는 문장 안 단어의 순서가 뜻을 결정하지 않는다는 언어의 가장 중요한 본질까지 파고든다. 문법은 선형적이지 않고, (앞선 예시 그림이 보여주는 것처럼) 선형이 아니라 계층적 규칙이 적용되는 2차원적 지도다. 선형적 문장은 마치 원이 구를 한 차원 축소시킨 형태인 것처럼, 언어의 2차원적 구조를 1차원으로 축소시킨 것이다. (어떤 언어에서는 한 요소가 문장의 맨 처음 또는 맨 뒤에 와야 한다고 할 수는 있다. 하지만 그 요소가 예를 들어 문장의 세 번째에 나와야 한다는 규칙은 축소된 선형적 문장구조에서만 특정될 뿐, 계층구조에서 결정되는 것이 아니기 때문에 우리의 언어에서는 허용되지 않는다.) 모로는 독일어 화자들에게 좀 더 압축된 버전의 이탈리아어나 일본어 같은 언어를 약간의 변화를 주며 가르치면서 이 아이디어를 검증해봤다. 언어의 일부 규칙들은 평소처럼 적용되었지만, 일부는 문장 안에서 단어가 나오는 순서에 따라 적용되었다. 예를 들어, 이 학생들은 어떤 부정문에서는 그 부정적인 단어가 네 번째에 나올 필요가 없다고 배웠다.

피실험자들은 이 '불가능한' 규칙이 자연스러운 문법의 언어보다 배우기 어렵다고 생각하지도 않았고 이상한 점도 느끼지 못했지만, 그들의 두뇌는 그 차이를 알고 있었다. 피실험자들이 자연스럽고 계층적인 언어를 배울 때는 뇌의 언어 중추, 브로카 영역이 활성화되었고, 선형적 규칙을 공부하고 연습할 때는 브로카 영역이 조용해졌다.

뇌의 언어중추가 언어를 배울 때 활성화된다는 이야기는 동어반복처럼 들린다. 하지만 이 연구는 가능한 언어와 아닌 것 사이에 분명한 경계가 있다는 것을 보여주며, 그 경계는 계층적 규칙과 단어의 순서에 바탕을 둔 규칙 사이에 있다. 근본적으로 어떤 특정한 소통 방식만 우리 뇌에 언어로 인식된다. 그래서 그 특정한 소통 방식만 우리에게 자연스럽고 타고난 적성으로 배울 수 있게 된다고, 개인적으로 추론한다.

문법은 유한한 단어 목록과 선형적 단어 배치를 통해 무한히 많은 뜻을 만들 수 있게 한다. 시간과 인간 발성기관의 한계는 우리가 한 단어씩 말하게 제한하지만, 우리의 뇌는 어떻게인지는 몰라도 표면 아래 숨은 문법의 흥얼거림을 쫓아간다. 모로는 "'단어들은 순서에 맞춰 나온다'는 인간 언어에서 유일하게 이론의 여지가 없는 것"이라고 말한다. 하지만 이건 인간의 한계일지 모른다.

〈네 인생의 이야기〉에서, 루이즈는 헵타포드가 2개의 언어를 갖고 있음을 알게 된다. 말하는 언어를 헵타포드 A, 쓰는 언어를 헵타포드 B라고 부른다. 루이즈는 후자를 관찰한다. "그 언어를 해독하려고 하지 않는다면 그 글쓰기는 마치 서로 다른 자세를 취한,

필기체로 그려진 상상의 사마귀가 서로 달라붙어 에셔풍Escheresque 격자를 형성하는 것처럼 보인다." 루이즈는 가장 큰 문장들을 "때로는 눈물 나고, 때로는 몽환적"이었다고 말한다. 그리고 이 비선형적 언어에 유창해지자, 헵타포드의 비선형적 시간에 대한 경험에 접근할 수 있다는 것이 밝혀진다.

영화 〈컨택트〉에서 헵타포드 B는 원 위에 배열된 잉크 방울이 물속으로 가라앉으며 월계관이 그려지듯 보인다. 이는 아름답지만, 데이비든 피터슨은 사실 영화 속 헵타포드 B가 선형적이라고 지적한다. 바로 원을 그린 선이 있기 때문이다. 피터슨은 '코끼리의 기억'이라 불리는 진짜 비선형적인 시각적 언어를 소개해주었다. 작가이며 디자이너인 티모시 잉겐 하우즈Timothée Ingen-Housz가 시작한 코끼리의 기억은 150개의 로고그램logogram(표시 문자)으로 구성되어 있다. 이 그림은 의미의 요소들이 형태와 위치에 따른 규칙에 의해 결정되는 문장 속에 배치되어 있다. (비선형적 언어에서는 '내가 집을 태웠다'와 '그 집은 내가 태웠다'의 문장은 동일하다.) 피터슨은 한 문장을 가르쳐주었다.

'인간에게 총을 맞은 코끼리는 나를 울게 만든다.'
"이 문장이 원형은 아니에요. 하지만 동시에 비선형적이기도 하지요. 문장을 어떻게 시작해도 상관없이 전하려고 하는 뜻은 똑같으니까요."

비선형성은 문장을 만들 때는 쉽지만, 시간과 발성기관의 본

©Timothée Ingen-Housz

성은 우리가 한 번에 한 단어씩 말하게 제한한다. 수화 같은 언어는 동시성에 대한 가능성을 제시한다. 미국 수화를 예로 들면, 손짓과 표정, 몸짓을 동시에 사용하여 생각을 전달한다. 물론 우리가 언어를 말할 때도 억양이나 몸짓으로 뜻을 추가하기는 한다. 하지만 언어 그 자체는, 모로의 표현에 따르면 "단어들이 순서대로 나오는" 것이다.

그렇다면 소설은 "만약 그들(외계어)이 그렇지 않다면?"을 물어야 한다. 그러면 우리는 마치 (말하는) 언어가 음악의 화음처럼 뜻이 층층이 쌓인 새로운 종류의 불가능한 언어에 도달하게 된다.

차이나 미에빌China Miéville의《대사관 구역Embassytown》은 인류에게 여러모로 '불가능한' 것으로 밝혀지는 한 가지 가능성을 떠올리게 한다. 외계 종족 '호스트Host'는 허울뿐인 인간 정착지가 위치한 행성 아리에카의 주인이어서 그 이름이 붙었다. 호스트 또는 아리에키는 옆으로 뻗은 다리, 날개, 산호 같은 눈을 가진 곤충형 외계생명체다. 하지만 이 광활한 우주에서 다른 많은 '특이한' 외계 종이 가진, 즉 미에빌이 말하는 여러 행성에서 공유하는 '개념적 모델' 같은 것이 호스트에게는 없다.•

이런 외계성은 그들의 언어에서도 나타난다. 호스트는 말할 때 동시에 2개의 입을 이용해 언제나 화음을 낸다. 우리가 가진 것 같은 "우연한 공진화로 형성된 소리를 내고 소화를 시키는 입"과 "한때는 아마도 경고를 하기 위해 특화된 기관이었을 입"이 있다. 그렇더라도 호스트들이 이 세계관에서는 그렇게 이상한 존재는 아니다.

호스트만이 유일한 다성polyvocal 종은 아니다. 말하기 위해 동시에 둘, 셋, 또는 수없이 많은 소리를 내는 종이 여럿 있다. 호스트는… 비교적 단순하다.

하지만 아리에키의 음성언어는 거의 언어가 아닌 것같이 느껴지지만… 사실은 언어다. "우리에게 각 단어는 무언가를 의미하지만, 호스트에게 단어는 그냥 시작일 뿐이다. 단어가 지시하는 생각, 그에 도달할 수 있는 단어에 대한 생각 그 자체를 볼 수 있는 하

• 《대사관 구역》에는 다른 종류의 외계 생명체, 특히 인간에게 더 친숙한 종도 있는데, 이들 가운데는 사고로 죽는 것을 제외하면 영원히 사는 종족도 있다 (그들은 물론 드물게 태어난다).

나의 문이다." (여기서 우리는 이해하기 어려움과 마법 사이를 다룬 훌륭한 문장을 읽는 중이다.)

아리에키를 처음 만난 인간들은 그들의 언어를 금방 이해했지만, 이 두 목소리 언어를 말할 수 있게 아무리 컴퓨터 프로그램을 만들어도, 아리에키들은 이 말을 이해하지 못했을 뿐 아니라, 말해지고 있다는 것조차 이해하지 못하는 듯했다. 두 언어학자가 좌절에 빠져 약간의 운을 바라며 인사말의 두 부분을 동시에 외치자, 그제야 아리에키는 인간이 소통을 시도하고 있음을 알아차린다.

그 아리에키가 뒤로 돌았다. 그리고 말을 했다. 이를 이해하기 위해 우리의 번역기가 필요하진 않았다. 그는 우리에게 누구냐고 물었다. 우리가 무엇이었는지, 그리고 뭐라고 말했는지 물었다. 그는 우리를 이해하지 못했지만, 무언가 이해할 만한 것이 있다는 점은 알았다…. 그는 우리가 소통을 시도한다는 것을 알았다.

한 인간 등장인물은, 그가 언어 소프트웨어로 인간의 언어를 프로그래밍하면 인간이 이해할 수 있을 것이라고 설명했다. "내가 (아리에키) 언어로 똑같은 작업을 해서 아리에키에게 틀어주면, 나는 이해하지만 그들에게는 아무 뜻도 없는, 그저 소리일 뿐이다. 그 소리에는 의미가 살아 있지 않다. 거기에는 의식을 가진 정신을 담아야 한다."

여기서 언어의 본질은 문법이 아닌 표상이다. 구어로 뜻을 전달할 때, '그것that'과 같은 단어도 불가능하다. 그 이유는 뜻이 구체적이지 않고 이것이나 또 다른 것을 의미할 수 있어서, 구어가 가져야 할 본질적인 특성을 위반하기 때문이다. 아리에키어에서 우리 언어와 가장 가까운 것은 그들의 직유법이다. 직유는 우리 언어와 마찬가지로 그들이 새로운 뜻을 표현하게 해준다. 하지만 아리에키 언어의 모든 표현은 꼭 사실이어야 하기 때문에 그들의 직유를 조화시킨다. 돌을 부수고 고치는 일은 '이건 마치 돌인데 나눠지고 합쳐진 것 같다'로 표현된다. 인간이 아리에키에 도착했을 때 그들은 팔레트의 일부가 되었다. 주인공 소녀는 아리에키들에게 직유법을 사용하길 요청받는다. 그렇게 아리에키들은 그들의 단어 목록에 '먹는 데 오랫동안 사용되지 않은', '먹는 것을 위해 만들어진 오래된 방에서', '고통에 빠진 인간 소녀가, 그녀에게 주어진 걸 먹는 것' 같은 단어를 추가할 수 있게 되었다. 바로 이런 식이다. 이 표현이 '주어진 것을 먹고 있는 소녀'로 줄일 수 있음을 아는 것이 도움이 될까?

노력하면 외계 언어를 이해할 수 있다고 상상하는 것은 오만일지 모른다. 그 언어를 쓰는 사람이 살아 있다면, 당연히 이해할 것이다. 《스패로》의 에밀리오 산도즈나 〈컨택트〉의 루이즈 뱅크스가 사용한 실험과 추론은 현장 언어학의 핵심 방법론이다. 하지만 훨씬 그럴듯한 (여전히 매우 가능성은 낮아도) 상황은 직접 교류 없이 정해진 문자로 이뤄진 메시지를 가로채는 것이다. 지구상에는 아직 해석되지 않은 수십 종의 미스터리한 언어와 문자 체계가 존재한다. 신중한 메시지는 어쩌면 해설서와 같이 올지도 모른다. 〈컨택트〉에서는 상징과 단어를 정의할 간단한 논리 관계를 가르쳐주기 위해 간단한 산술 방식을 사용한다. 하지만 수 세기 전 지구의 우리도 이해할 수 없다면, 어떻게 몇 광년을 건넌 소통이 이루어질까?

가장 야심 찬 기대

외계 생명과의 소통은 단순히 우리가 받은 메시지를 번역하는 일만이 아니다. 우리는 우주 어딘가에 있을, 이걸 발견할지 모를 누군가에게 메시지를 고안해 보내기도 한다. 이건 모래 속 바늘 찾기에 심어둔 바늘 그 자체다.

1974년 우리는 아레시보 메시지Arecibo message를 2만 2000광년 떨어진 성단인 M13 방향으로 쏘아 보냈다. 1679개의 이진법으로 이루어진 이 메시지는 몇 가지 기본적인 과학 정보와 막대기로 그린 사람으로 짜인 작은 태피스트리처럼 보인다. 하지만 이 메시지는 외계 생명의 진짜 응답을 기대하기보다는 우리의 기술을 보여주는 데 더 의미가 있다. 아레시보 망원경은 당시 새로 지어진 강력한 망원경이며 전송기였다. M13은 대화를 시작하기에 좋은 장소여서가 아니라, 그 크기가 전송에 사용될 빔의 크기와 잘 맞아서였다.

하지만 우리가 우주에 보낸 가장 의미 있는 메시지는 사실 전파로 전송하지 않았다. 그것은 조심스럽게 만들어져 로켓에 실려 우주로 발사되었고, 태양계로 툭 던져진 그 힘에 의해 계속해서 가고 있다.

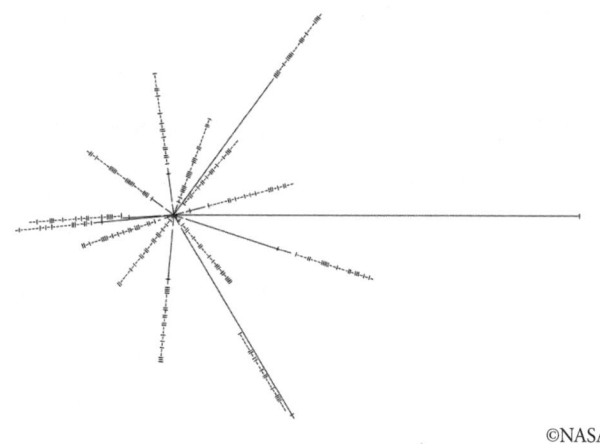

©NASA

나는 그 메시지 일부를 다리에 문신으로 새겼다. 종종 불꽃놀이나 폭죽으로 오해받기는 하지만, 기다란 줄기는 발목뼈에서 종아리까지 뻗어 있다. 이 문신의 의미를 아는 사람들은 그 표식이 무엇인지 이미 아는 이뿐이다. 하지만 표식은 이걸 만들어내지는 못해도, 무슨 의미인지 알아차릴 수 있는 관찰자들을 위해 고안되었다.

이건 우리은하 안에서 태양계의 위치를 표현한 지도다. 은하의 중심과 중심으로부터 선으로 연결된 별 모양의 점에 해당하는 14개의 펄서를 이용해 '펄서 지도'를 그린 것이다. (펄서는 질량이 큰 초신성의 잔해로, 지금은 엄청나게 밀도가 높은 중성자별이 놀랍게 빠른 속도로 회전하는 상태다. 펄서는 빠른 회전 때문에 강력한 빛줄기를 방출하고, 그 빛줄기가 등대처럼 우주를 쓸고 다닌다.) 지구로부터 펄서들까지의 거리는 선의 길이로, 그들의 회전주기는 선 위에 표시된 바코드 같은 눈금들로, (디스크 모양의) 우리은하 평면을 기준

(가운데 긴 수평선)으로 펄서가 놓인 방향과 함께 표시되어 있다.*

지적 외계 생명체가 우주 어딘가를 떠돌다가 펄서 지도를 찾으면, 이 모두를 이해할 수 있을 것이라는 기대가 담겨 있다.

이 지도는 태양계를 벗어나기에 충분한 탈출속도를 가진 인공물 5개 중 4개에 실려 있다. 1972년에서 1973년 사이에 발사된 파이오니어 탐사선들에 부착된 명판에 새겨진 디자인의 일부로, 행성들 사이를 지나온 위성의 여정을 나타낸 그림과 로마 시대 스타일로 남자와 여자가 함께 그려졌다. 그리고 1977년에 지구를 떠난 보이저호에 담긴 훨씬 더 확실한 '병 속의 편지' 같은 골든 레코드의 표면에도 있다. (다섯 번째로 태양계 탈출속도를 가진 물체는 명왕성 사진을 찍고, 현재 태양계 외부를 탐사하고 있는 뉴호라이즌호다. 이 탐사선은 덜 일관된 물체로 장식되었는데 미국 국기, 두 주에서 발행된 25센트 동전,** 2000년대 초반에 실패한 사설 우주탐사 프로젝트에서 온 하드웨어의 일부가 실려 있다.)

골든 레코드는 칼 세이건이 주도한 위원회가 몇 달에 걸친 노력으로 고안한, 인류가 우주로 보낸 메시지 중 가장 다채로운 것이다. (위성이) 어디서부터 온 것인지 표현한 내용인 펄서 지도, 레코드를 재생시키면 표면에 새겨진 홈얼거림을 영상과 소리로 바꾸는 방법을 함께 담았다. 영상은 과학적 도표와 아레시보 망원경,

- 문신으로 그리기 위해서 펄서 지도를 간단하게 바꿨어야 하는데, 그 바람에 나는 우주 어딘가를 떠도는 사람이 되었다. 원래 보낸 곳(지구)으로 돌아올 수 없을 것이다.
-- 탐사선이 만들어지고 발사된 메릴랜드주와 플로리다주의 동전.

모유 수유하는 모습, 슈퍼마켓 생산품 목록 앞에 서서 아직 사지 않은 것처럼 보이는 포도를 먹는 여성의 사진 등이 담겨 있다. 음향은 (바흐, 인도네시아 전통 악기인 자바풍 가믈란, 척 베리를 포함한) 수십 종의 음악, 55개의 언어로 된 인사말, 천둥, 바람, 기차, 자동차, 심장박동 그리고 고래의 소리를 녹음한 것이 담겨 있다. 또 앤드루얀이 인류의 역사, 현재의 어려움, '사랑에 빠졌을 때 느끼는 개인의 감정' 같은 것을 명상할 때 기록한 한 시간 분량의 뇌파도 포함되었다.

드루얀과 세이건은 레코드를 만드는 6개월 동안 사랑에 빠졌지만, 단순한 로맨스가 아니었다. 그녀는 골든 디스크를 세이건만큼이나 사랑스러워하며 말했다.

"제가 보이저호에 강한 감정적 유대를 가진 이유는 그것이 바로 인간의 자존감을 위한 순간이었기 때문이에요. 그건 아무도 해지지 않았어요. 그리고 모든 면에서 제작자들의 가장 야심 찬 기대를 다 뛰어넘었어요. 우리의 두뇌, 영혼, 마음, 음악이 하나의 예술과 과학으로 통합된 대단한 작품이지요."

보이저호는 앞으로 10억 년에서 50억 년 동안 (세이건과 드루얀이 상상한 〈콘택트〉의 외계 담당자 종족의 기지가 있는) 은하 중심부를 10번 정도 돌면서 여행할 것이다. "그리고 이 작업을 스푸트니크 이후 20년 만에 해냈다고? 굉장한 성장이에요. 제겐 큰 희망이 되었습니다."

당시 레코드 작업에 참여한 모든 사람처럼, 드루얀도 우주에서는 우주선 하나라도 발견된 확률이 극히 적다는 것을 알고 있었다. 많은 면에서 이 프로젝트는 '우리가 바로 이런 존재다'를 말하는 거울 같은, 즉 인간을 위한 것이었다. 음악, 고래의 노래, 어린이의 웃음소리, 고통 속의 행성에서도 명상에 영향을 끼치는 사랑에 빠진 여성까지. 아레시보 메시지가 인간의 기술력을 보여주기 위한 것이었다면, 골든 레코드는 훨씬 더 복잡하고 다면적인, 인간성의 본질을 보여주기 위한 시도다.

하지만 극도로 낮은 확률도 여전히 의미가 있다. 드루얀은 나를 향해 몸을 기울이고 손을 맞잡으면서 이렇게 말했다.

"0보다 큰 확률을 50억 년 넘게, 그리고 우주선 2대에 나눴다면 (확률이 2배가 된다) '그래, 이건 가능할지도?'의 단계에 도달하는 거예요."

그녀는 다시 등을 기대며 작은 미소와 함께 어깨를 으쓱였다.

드루얀은 외계 생명이 보이저호를 찾고, 골든 레코드의 그림을 해석하고, 레코드를 돌려볼 가능성을 수없이 상상했다고 말했다. 그리고 그녀는 궁금해한다. 그 소리가 외계 생명에게는 어떤 의미가 될까?

해석하려고 할 때, 55개의 언어로 된 인사말은 악몽 같을 것이다. 이 인사말들은 깔끔하게 정리된 로제타석이 아니라 뒤죽박죽이고, 화자들은 본인을 감동시키는 말을 원하는 대로 했다. 이 인사말의 나열에선 뜻을 파악하기 어렵고, 오히려 (외계 생명체에게) 두통만 줄 것이다. 사진과 3차원 세계를 2차원에 그린 지도는 시각뿐 아니라 인간의 생물학적인 특징에 바탕을 둔 문화적 관습에 의존해야만 이해가 가능하다.

하지만 드루얀은 한 시간 분량의 명상을 담은 뇌파를 외계 생명체가 해석하고 이해할 것이라고 긍정적으로 생각한다.

"그 명상이 모두가 볼 수 있는 것이었으면 좋겠어요. 너무 즐거웠거든요. 그리고 새로웠고요. 지구와 지구의 생명에 대한 이야기, 우리의 곤경, 우리가 얼마나 엉망인지까지. 이 모든 것이 스며든 진정하고, 완전하며, 전부인 사랑. 이 모든 것과 함께 우리가 얼마나 서로를 느낄 수 있는지. (이걸 볼 수 있다면) 정말 놀라울 거예요."

골든 레코드를 누가 찾을지 상상하는 것에 대해 드루얀은 이렇게 말했다.

"자연과 환경, 돌연변이가 생명을 만드는 데 걸리는 시간은 정말 아름다워요. 그래서 외계 생명을 갈망할 때의 감정은 마치 내 두 아이를 처음 만났을 때 느꼈던 감정이 될 것 같아요. 아마도 이렇겠죠. '아, 맞아요. 여러분은 이런 모습이었군요. 정말 아름다워요. 정말 말이 되네요. 내가 당신의 모습을 상상할 수 있었을까요? 아닐걸요.' 그리고 어떤 형태든 마침내 외계 생명들과 접촉했을 때 우린 느끼게 될 것이라고 생각합니다. '아, 맞아요' 하는 느낌이요. 그렇다고 우리가 그들의 모습을 상상할 능력이 있다는 뜻은 아니죠."

지금 보이저 탐사선들은 지구-태양 거리의 100배가 넘는 19억 킬로미터 이상 떨어진 곳을 지나고 있다. 태양계와 성간 공간 사이에 뚜렷한 선은 없지만 태양풍이 도달하는 가장 먼 곳을 경계라고 한다면 보이저 탐사선들은 그 지점을 넘어섰다.* 그렇지만 태양의 중력적 영향을 벗어나기에는 아직 2만 년이, 가까운 별(적색왜성 로스 248) 근처에 이르기까지는 3만 년이 남았다.

인류의 자존심을 세워주는 것을 넘어서, 골든 레코드가 다른 어떤 외계 생명이 아닌 우리에게 중요한 다른 이유가 있다고 생각한다. 우리는 우리가 아는 유일한 기술적 존재다. 보이저 탐사선을 우연히 발견할 성간 여행자들은 먼 미래의 인류 같을 수 있다. 보이저 탐사선들이 〈스타트렉: 더 모션 픽처〉에 등장하는 외계 인공지능에 의해 개조된 브이저$v'ger$**처럼 되지는 않더라도, 한 1만 년쯤 뒤라면, 그들도 우리에겐 외계스러운 것이 될 것이다. (미래의) 우리도 (지금의) 우리에게 외계스러운 존재일 테니까.

1만 년은 내 마음대로 정한 시간은 아니다. 이 숫자를 언급한 것은 앞으로 100세기에 걸쳐 위험한 방사능을 내뿜을 핵폐기물 처리장에 대한 경고를 전달하고 싶어서다. 오랫동안 알아들을 수

-     이 경계를 태양의 중력적 영향의 경계, 혹은 태양 주변을 감싼 물질 오르트 구름으로 확장한다면, 아직 탐사선은 가야 할 길이 멀다.

**   엄밀히 말하자면, 가상의 보이저 6호.

있는 경고는 어떻게 만들까?
오래 지속될 경고를 만드는 도전을 이해하기 위한 일반적인 방법은 영어의 역사를 살펴보는 것이다. 현대의 영어 화자들은 600여 년 전에 쓰던 중세 영어를 알아듣기 어렵다. 1000년 전에 사용되던 고대 영어는 전혀 이해할 수 없다. 이런 언어의 변화는 다른 모든 것과 마찬가지로 열역학 제2법칙의 적용을 받는 엔트로피 문제가 된다. 정보도 질서 없이 붕괴하는 것이 아니라 변화하고 이동하며 수 세기 동안 작은 변화들을 거쳐 완전히 새로운 무언가가 된다. 이런 일은 문화적인 것과 함께한다. 어떤 재난이나 사회 붕괴 상태를 상상해보자. 인류가 살아남아, 완전히 문명을 재건한 뒤 사막의 미스터리를 마주한 상황이라고 해보자. 이 새로운 인류는 (핵폐기물 처리장에 대해) 과거 인류가 남긴 경고를 이해해야 할 뿐 아니라 믿어야 한다. 생각해보면, 그 어떤 약속된 저주들도 19세기 고고학자들이 파라오 무덤의 봉인된 문을 뚫는 것을 막지 못했다.

1993년 미국 에너지부는 불멸의 메시지를 만드는 방법을 알아내기 위해 인류학자, 언어학자, 기호학자 등의 전문가로 구성된 위원회를 소집했다. 위원회가 제안한 모든 선택지는 추상 작품 같았고, 이는 전혀 놀랍지 않았다. 현재 우리 문화 안에서 어떤 의미를 전달하는 것들(출입 금지나 방사능 주의 같은 현수막)을 생각해보면, 희망컨대 모든 인류가 보편적으로 느낄 만한 강렬한 비언어적 감정의 표현만 담겨 있다. 불멸의 메시지를 만들기 위한 위원회 참석자들은 공포, 경외, 혐오를 표현하고 싶었다. 여기에 있는 것은 우리에게 위험하고 역겨운 것임. 이 메시지는 위험에 대한 경고임.

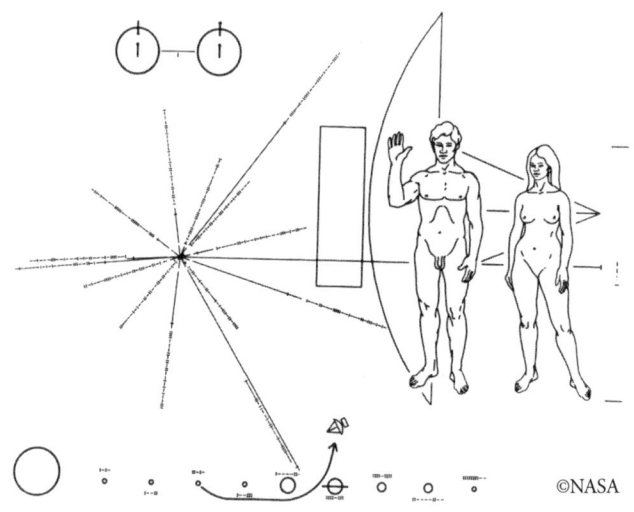
©NASA

 이 장소는 명예로운 곳이 아님. 이곳엔 어떠한 존경할 만한 업적도 기념되어 있지 않음. 이곳에 가치 있는 것은 없음.

 위원회는 반복을 통해 만일의 경우를 대비했다. 로제타석 비슷한 명판은 6개의 언어로 현장을 둘러싼 화강암 기둥에 새겨질 예정인데 단어, 이미지, 분위기로 경고하고자 한 것이다. 똑같은 정보를 전달하기 위해 3개의 방을 둘 것이다. 2개는 화강암 안에 감싸여 파묻힐 것이고, 하나는 기둥들 사이의 중앙에 놓인다. (1만 년 후의 인류가 여전히 손전등 같은 게 있을지 없을지 모르니) 자연광이 들어오도록 천장은 없을 것이다.

 여러 아이디어 중 폐기된 것에는 가시처럼 삐죽한 거대한 돌 못으로 공포와 혐오를 표현한 방식도 있다. 비슷한 맥락으로 (미국 네바다에 있는) 유카산에 1만 년 동안 전달될 경고를 개발하기 위한 프로젝트도 있다. 이 프로젝트 보고서에는 1000년을 300세대로 나누고, 매 3세대마다 증조부모들의 메시지를 증손주들이 자신의 현대 언어로 전달하여, 증손주들의 증손들에게 선조들의 메시지가 이해할 수 없는 외계어처럼 들리지 않게 하는 전화 게임 같은 방식이 담겨 있다. 또한 보고서는 과학적 방법 대신 미신을 이용한 신화적인 방식으로 핵폐기물 처리장을 피하도록 하는 1만 년짜리 전통을 심는 방식은 피하려고 했다. 이 모든 과정은 또 방사능의 진실을 아는 '원자 사제단'이 감독하게 하려 했다. (주의 사항만 있어선 쉽게 무시된다는 점은, 파라오의 무덤에 대한 경고가 효과 없었다는 것으로 입증되었다.)

단어, 지도, 과학 기호, 풍경, 추상 조각. 이것이 선이나 도식보다 효과적일까? 골든 레코드의 간소화된 사촌인 파이오니어판을 생각해보자. 당신도 사람 중 한 명이고, 이 판도 또 다른 사람들이 만들었는데, 당신은 어떤 부분이 이해되는지?

우리는 3차원 형태를 선으로 그려내는 상형 문화에서 자랐기 때문에 당연히 두 사람을 알아볼 것이다. 태양계의 행성들이 줄 지은 모습은 문화를 통해 학습한 수금지화목토천해 또는 쉽게 외우기 위해 당신이 만들어낸 주문을 속삭이면서 알아볼 것이다. 양 끝이 살짝 갈라진 선으로 된 화살표가 방향을 의미한다는 것도 바로 알아볼 것이다. 화살촉이 달린 창을 사용하던 사냥꾼들의 후예이기 때문에.

우리는 작지만 실용적인 희망을 담아 우주로 메시지를 보냈다. 수십억 개의 건초 더미 우주 안에서 바늘을 찾는 것이고, 어차피 발견될 가능성도 희박한데 메시지가 해석되는 상황을 걱정할 필요가 있을까? 보이저 탐사선들은 중형 자동차 크기다. 성간 공간을 떠다니고 있다. (성간 여행을 위한 외계 우주선은 우리가 만든 낡은 우주선을 찾기에 충분히 강한 센서도 갖추고, 그 외계 생명체들이 충분히 발달해서 이해하기 어렵게 만든 우리의 메시지를 해석하기를 바란다. 그게 우리 바람, 희망이다.)

외계 생명이 탐사선을 찾고, 인류가 앞으로 또 1만 년을 존속하고… 결국 다 희망 사항이다. 하지만 지금 이 순간, 이 메시지들은 이상적인 버전의 인류를 생각해볼 기회를 준다. 반가워하고, 웃고, 사랑이 퍼진 미래를 보고, 바깥을 보고, 결국 혼자가 아닌 인류를.

· 나가며 ·

희망찬 괴물들

나는 이 책에서 확률에 대한 질문을 가능한 피하려고 했다. 어림짐작하기보다는 어딘가 생명이 있다면 어떻게 생겼을지, 그 모습이 지구의 생명체에는 어떤 의미일지와 같은, 여러 가능성에 더 관심이 있었기 때문이다. 하지만 이 모든 상상은 내가 생각하기에 매우 드문 사건인 복잡한 세포의 출현을 떠올리게 했다.

나는 복잡한 세포가 아주 드물 것이라는 공포를 꽤 비관적인 책《희귀한 지구Rare Earth》에서 접하게 되었다. 2000년대 베스트셀러인 이 책은 모든 확률과 가능성을 다룬 뒤, 복잡한 생명의 출현은 극히 희박한 사건이라고 주장했다. 저자들은 지구와 같은 행성은 드물지 않다고 추정했고, 이어진 연구는 이를 뒷받침했다. 하지만 식물과 동물로 뒤덮인 지구들, 지적 생명이 거주하는 지구들이라면? 이런 행성은 우주에 단 하나만 존재할지 모른다고 말한다.

이 책이 출판된 지 수십 년이 지나고, 저자들의 주장 중 많은 부분은 철저하게 반박되었다. 그들은 떠도는 혜성으로부터 우리를 지키기 위해서는 목성이 필요하다고 했다. 목성은 혜성을 튕겨 내 우리를 보호하기도 하지만, 태양계 안쪽으로 보내기도 하니 결국 목성의 효과는 결과적으로 중립처럼 보인다. 저자들은 생명의 화학 재료도 부족하다고 썼는데, 이제는 복잡한 분자들이 운석이나 성간 물질에서 발견된다. 저자들은 판 구조와 커다란 달이 기조력과 탄소 순환, 지구의 안정적인 자전을 발생시킨다고 말했다. 이와 관련해 행성에 존재할 생명을 상상하기 위한 힌트는 2장에 있다.

하지만 나는 고대 지구에서 벌어진 사건 하나가 계속 신경 쓰였다. 바로 단세포생물이 다른 세포를 빨아들여 공생 관계가 되고 결국에는 복잡한 세포를 만들어내는 바로 그 사건.

모든 다세포생물, (그리고 아메바나 짚신벌레 같은) 많은 수의 단세포생물도 복잡한 형태의 세포를 갖는다. 그들의 유전자는 핵 안에 싸여 있고, 고등학교 생물 시간의 기억을 떠올리게 하는 장황한 이름의 세포 내부 소기관들을 갖고 있다. 리보솜, 리소좀, 골지체, 소포체endoplasmic reticulum(이것은 세포 문cellar door이라는 이름에 견줄 정도로 아름다운 단어 조합을 갖고 있다)처럼. 리보솜은 유전자를 단백질로 번역하고, 리소좀은 효소들을 세포의 나머지 부분과 효소를 구분하고, 골지체는 단백질을 그들의 목적지까지 보낼 수 있게 포장하고, 소포체는 단백질을 접어서 전송한다.

이런 세포들을 가진 생물을 진핵생물이라고 한다. 반면에 원핵생물에는 이 복잡성이 없다. 이들은 생명의 계통수에서 기반을 이루는 셋 중 두 기본 줄기(구조적으로 비슷하지만 화학적으로 구분되는 박테리아와 고세균류)를 구성하는데 수십억 년 전, 시작했을 때부터 수많은 화학적 혁신을 이뤄냈으나, 여전히 내부적으로는 수프 같은 덩어리로 남아 있다.

우리가 1장에서 만났던 '에너지 소비에 의한 생명 기원' 주창자인 닉 레인은 이렇게 썼다.

다세포 진핵생물로서 이야기하면, 편견일지 모르지만 나는 박테리아가 지구나 우주 어디에선가 끈적한 점액 상태를 벗어나 진화할 수 있을 거라고 생각하지 않는다. 그렇다, 복잡한 생명의 비밀은 비현실적인 진핵세포의 본질에 있다. 이 희망적인 괴물은 불가능해 보이는 병합으로 20억 년 전에 태어났고, 이 병합의 기억은 우리의 가장 중심 구조에 기억되어 삶을 지배하고 있다.

1960년대 후반, 진화생물학자 린 마굴리스Lynn Margulis는 세포들의 복잡한 구조는 레인이 지칭한 "세포들이 너무나 가깝게 관계를 갖다가 서로의 세포 안쪽으로 들어가게 되어버린 난잡한 협동"에 의한 것이라고 제안했다. 이 난잡한 협동을 뜻하는 과학 용어는 내공생endosymbiosis이다. 두 세포 모두에 이득이 되는 즉, 한 세포가 다른 세포로 들어가 함께 사는 상황을 말한다. 대부분의 세포 소기관이 다른 방법을 거쳐 진화했다고 생각되지만 첫 번째 기관, 그리고 이 모든 복잡성의 출발은 내공생의 결과다. 다른 세포 안으로 들어간 세포들은 결과적으로 자신의 구조를 대부분 잃어버렸다. 그럼에도 그들의 독립적 기원을 알려줄 흔적인 게놈은 남아 있다.

여러분의 세포 안에는 침입자 같은 한 소기관이 있다. 산소와 음식을 당신의 몸이 사용할 수 있는 화학에너지로 변화시키는 기관인 미토콘드리아는 자신의 역할을 하기 위해 필요한 단백질을 만들어내기 충분한 약간의 유전자를 갖고 있다. 하지만 이 유전자들은 어떤 면에선 당신의 것이 아니다. 각 세포의 핵에 있는 게놈과 달리 미토콘드리아의 유전자는 엄마로부터 아이들에게 평행하게 세대를 건너 전달된다.

수십억 년 전, 최종적으로 미토콘드리아가 된 것은 독립적 유기체였다. 레인과 윌리엄 마틴은 산소를 대사에 사용할 수 있는 박테리아가 고세균archaeon(일종의 원시 유기체) 안에서 살게 되었다고 생각한다. 이 과정에서 복잡한 생명의 모든 가능성이 열렸다. 레인과 마틴의 이론에 따르면, 세포들은 새로운 내부 엔진의 에너지 덕분에 다른 복잡한 구조를 만들어내고 다세포 구조로 진화가 가능해졌다. 마틴은 그 결과 탄생한 진핵생물을 "박테리아 에너지 대사의 도움으로 생존하는 고세균의 유전 장치"라고 불렀다. 그리고 내부에 장착된 에너지 기관이 복잡성을 해결하기 위한 중요한 열쇠가 되는 것처럼 보인다. 레인은 "자연선택은 무수히 오랜 시간 동안 무수히 많은 종의 박테리아에서 일어났지만, 그것이 커다랗고 복잡한 세포들을 만들어내진 않았다"고 썼다. 그저 우연이었던 것이다. 그리고 레인과 마틴은 이런 사건이 한 번만 일어났다고 믿는다.

이처럼 세포 소기관들이 독립적인 기원을 갖는다는 것을 보여주는 미토콘드리아 게놈을 거슬러 올라가다 보면 (세포 소기관들의) 기원은 하나의 공통 조상을 가리킨다. 단 하나. 한 박테리아에 사로잡힌 하나의 고세균, 그리고 그들의 결혼(또는 그보다 더 친밀한 관계 무언가)이 우리의 눈에 보이거나 그보다 더 작은 생물이 된 것이다.

진화생물학자 모하메드 누르는 식물에서 광합성을 수행하는 엽록체에 대해 이야기하면서, 엽록체 역시 자신만의 유전자를 갖고 있고, 이 특징도 내공생에 의해 가능해진 것 같다고 말한다. 하지만 레인과 다른 학자들은 미토콘드리아가 먼저 도래한 것이 선행 조건이라고 주장한다. 복잡한 생명체는 엽록체를 필요로 하지 않는다. 물론 광합성은 좋은 보너스다. 하지만 미토콘드리아가 없다면? 복잡성은 전혀 나타나지 않는다.

지구상에 생명의 기원이 나타난 시점도 내공생에 의한 진화가 쉽거나 가능했을 것을 시사한다. 이런 진화는 젊은 시절 지구의 조건이 괜찮아지자마자 발생했다. 하지만 진핵생물은 20억 년이 지나는 동안 등장하지 않았다. 20억 년간 단순한 세포들이 헤엄치면서 복잡한 화학 체계가 진화했지만, 구조적으로 흥미롭거나 새로운 건 전혀 나타나지 않았다. 모든 것을 만들어낸 그 시점, 바로 그 단 한 번의 사건은 거의 운이었던 걸로 보인다. 마틴은 이 사건을 "말할 수 없이 드문 일"이라고 불렀다. 레인은 "복잡한 생명을 향한 내재적이고 보편적인 진화 경로는 없다. 우주는 우리 생명이라는 발상과 함께 잉태된 것이 아니다"라고 말한다.

하지만 늘 그렇듯, 양면성이 존재한다. '진핵생물의 탄생, 얼마나 특별한가?'라는 제목의 논문에서 생물철학자 오스틴 부스Austin Booth와 진화생물학자 W. 포드 둘리틀W. Ford Doolittle은 그들의 명목상 제목에 '그다지!'라고 답한다. 두 학자는 현재 알려진 미토콘리아의 단일 계보가 다른 종류의 내공생 진화가 없었다는 것*을 의미하지 않는다고 제안한다. 아마도 고세균류가 상호 이득을 위해 박테리아를 삼킨 것은 환경이 적당해서든 어떤 진화적 우연에 의해서든 격동의 20억 년 전이었을 것이다. 많은 내공생 짝이 나타나고 다양한 종에서 발생했을 것이다. 우리가 가진 내공생은 계속해서 살아남았고…. 이 행성에 다세포 생명이 발생하게 한 것이다.

부스와 둘리틀은 진핵 중심 체계eukaryo-centrism라고 부르는, 우리 같은 종류의 세포 탄생이 지구 진화 역사에서 갑자기 나타난 중요한 변곡점이라며 집착하는 일에 이의를 제기한다. 그리고 나도 계속 허점을 생각해본다. 다세포생물, 우리가 맨눈으로 볼 수 있는 모든 생명. 원핵생물은 놀라운 일을 하지만, 나는 여전히 그들을 슬라임(점액)이라고 부른다. 물론, 우리는 그 한 번의 사건이 우리의 역사이기 때문에 관심을 갖는다. 수십억 년이 지난 지금도 여전히 우리의 세포 안에서 계속 맴돌며 작동하는 아주 드문 행운의 케이스인 것이다. 정말 드문 일이었을까? 지구에 우리를 존재하게 한 열쇠이기 때문에 중요한 것일까? 우주가 진흙 같은 슬라임으로 잔뜩 뒤덮인 행성들로 가득하다면, 우리는 덜 외로울까?

나는 '그런지 아닌지' 따져보는 것을 좋아하지 않는다. 이 '그런지 아닌지'의 답이 '아니다' 쪽에 많이 기울어질 때 특히 이런 생각을 하고 싶지 않다. 하지만 이 책을 쓰면서 이상한 일이 생겼다. 내가 더 이상 이 문제에 대해 신경 쓰지 않고 있었던 것이다.

- 3장에서 살펴본 지구 초창기의 다양한 형태가 발견된 버제스 셰일의 동물들을 생각해보자. 아주 일부 종만 아직까지 살아남았다.

미토콘드리아가 어느 정도 신경 쓰지 않게 된 이유이기도 했다. 그들의 기원 말고, 심해 열수구나 해변 조류에서 조용히 시작된, 우리를 계속 살아 있게 해주는 광범위한 화학적 복합성을 갖춘 미토콘드리아의 기능 때문이다. 그리고 그 이전에 자연적 실험으로 만들어진 엄청난 다양성으로부터 지구의 생명이 지금의 경로를 택했다는 것을 가르쳐준, 버제스 셰일도 하나의 이유였다. 돌고래와 박쥐의 이해하기 어려운 생각들도, 바다를 건너가며 생명 기원의 교감을 찾는 인간 연구자들도 이유가 되었다.

우주생물학자 아벨 멘데스를 인터뷰할 때, 그가 지구 너머의 생명을 찾는 데 관심이 없다고 말하는 순간 나는 믿을 수 없어서 웃음을 터뜨렸다. ("정말요?" 녹취록을 보니 정말 그렇게 말했고, 아직도 놀라움와 약간의 긴장 섞인 웃음이 들리는 것 같다.) 그건 불가능하고 말도 안 되는 일이라고 생각했다. 아니, '현생'을 살아야지. 현실을 받아들여야지(라고 생각했다). 하지만 나는 아직도 저 어딘가 존재할 생명에 대한 갈망으로 가득 차 있다.

이상하게 반대로 가는 듯하지만, 내 연구의 다음 단계는 생명의 기원을 공부하는 것이었다. 레인, 마틴, 사라 워커와 리 크로닌을 비롯한 여러 연구자에게 생명의 기원과 본질(어떤 변화가 물질을 살아 있는 생명체로 바꾸었는지)에 대한 질문을 던지며 파고들었다. 그러자 우리와 다른 행성의 경계가 사라지기 시작했다. 마법을 지닌 것은 더 이상 다른 곳에 있는 생명이 아니었다. 어딘가에 생명이 존재한다는 사실 그 자체가 마법이었다. 우리는 저 너머의 행성에 살아 있기를 희망하는 생명만큼이나 가능성이 희박하고, 중요한 존재였다.
 어느 날 아침, 내 개가 숲 가장자리에 있는 화장실에 가려고 앞서 걷고 있었다. 이른 봄이었고, 나는 새소리에 둘러싸였다. 겨울 까마귀들은 아직 떠나지 않았지만, 찌르레기와 제비가 날아오고, 그중 하나가 나무와 나무 사이를 다니다가 내 앞을 지나쳤다. 그 순간 난 경이에 휩싸였다. 이 이질적인 생명체들은 땅을 버리고 날기를 선택했고, 내게는 의미가 불투명한 불협화음 같은 지저귐, 울음소리를 내며 살고 있었다. 그들은 깃털, 텅 빈 뼈, 섬세하고 비늘 같은 다리를 가졌다. 정말 놀라웠다! 그리고 이해하기 어려웠다. 그리고 실재했다, 바로 내 앞에. 그때 아벨 멘데스를 떠올리며 그가 무언가를 깨달았음을 느꼈다. 적어도 나와 같은 생각을 하고 있었다는 것을.
 그의 책《바이털 퀘스천》에서 닉 레인은 시적인 프리즐 선생님을 연기하면서 독자들을 분자 세계로 향하는 '신기한 스쿨버스'로 데려간다. 세포의 화학적 화폐인 ATP 분자 크기로 줄어들어, 세포막의 구멍을 통과해 미토콘드리아 안으로 들어간다. 바닥은 양성자가 솟아오르고, 벽에서는 거대한 분자들이 튀어나온다. 레인은 당신 위로 높이 솟은 분자 기계들의 역과 역 사이를 오가는 이온과 전자의 움직임을 묘사한다. 이때 내 머릿속엔 타이태닉호의 기관실이 떠올랐는데 100배 더 커져버린 상황이다. 도시의 한 구역을 채운 마천루 같은 복잡한 분자들이 흔들거리고, 휘저어지고, 돌아다니며 무언가를 얻기 위해 움직인다. 양성자를 세포막 건너로 통과시켜서, 세포들 사이에 에너지를 전달할 수 있게 하는 바로 ATP 분자를 만들기 위해서다. 이 작업은 1초에 수십 번 일어난다. 양성자와 전자는 루브 골드버그Rube Goldberg 스타일(미국의 만화가로 연속 작용을 나타낸 기계 디자인을 많이 그렸다)의 선을 따라 이동한다. 확대해 보면 인간의 몸속 40조 개 세포 안에, 당신이 가진 1000조 개의 미토콘드리아 안에서, 우주에 알려진 별의 개수만큼의 양성자가 매초 세포막을 통과한다. 숨과 음식을 에너지와 생명으로 바꾸면서.

우주에 알려진 별의 수만큼 많은 양성자… 이 생각은 잠시 간직하자. 곧 다시 다룰 예정이다.

이 묘사는 생명에 필수적인 생명, 화학, 물리의 경계를 넘나드는 화학적 과정을 보여준다. 선을 따라 아래로(막 안팎으로) 움직이는 전자는 사실 양자 터널링에 따라 운동한다. 각 전자의 등장과 도약은 전하의 움직임에 따라 기계의 자세를 이리저리 조정하면서 눈에 띄지 않을 만큼씩 움직인다. 레인은 "한곳에서 일어난 작은 변화들이 단백질 어딘가에 동굴 같은 통로를 열어준다. 그리고 다른 전자가 도착하면, 전체 기계가 다시 흔들리며 이전 단계로 돌아간다"라고 썼다. 이 과정이 생명을 기적처럼 보이게 한다. 또한 보이지 않는 생명의 기계를 가시적이고 실제적으로 만들어준다. 또한 이것은 여러분이 가진, 지구상 모든 세포에서 매 순간 일어나는 수많은 생화학적인 위업 중 하나에 지나지 않는다.

레인의 책이 미토콘드리아로 떠난 나의 첫 번째 여행은 아니었다. 내가 아빠와 〈스타 트렉〉을 보게 된 여덟 살 때, 매들렌 렝글의 '시간 4부작The Time Quartet'을 읽기 시작했다.

〈스타 트렉〉의 위대한 꿈이 생명이 거주하는 우주였다면,《시간의 주름》은 서로 연결된 우주를 꿈꾼다. 〈스타 트렉〉이 다양한 행성의 가능성을 보여줬다면, 렝글은 우리가 통합하기를 바랐다. 그녀의 책은 우주의 방대함과 인체의 세계로 우리를 데려간다.

《시간의 주름》에서 젊은 메그 머레이는 시간과 공간*을 가로질러 외계 행성의 악의적인 세력으로부터 자신의 아버지를 구하려 한다. 무시무시하고, 신화적이고, 이해하기 힘든 외계 생명체들은 지구와 비슷하게 변형된 이 행성에 살고 있다. 시리즈의 다음 책인 《바람의 문 A Wind in the Door》에서 메그는 동생의 미토콘드리아 안에서 아버지를 구해야 한다.

렝글은 물리적 규모를 축소시키고 초월하면서 미시적인 소기관을 행성 같은 공간으로 만들어냈다. 메그는 "너무 작아서 팔을 뻗어 한 손에 잡을 수 있을 것 같은" 별의 탄생을 보게 된다. 레인이 그랬듯이, 렝글은 작은 아이의 몸이 은하 크기가 될 때까지, 미토콘드리아 안의 극도로 작은 공간을 확장시킨다. 하지만 동시에 새로 태어난 별은 소녀의 손에 들어올 크기다.

마법 같은 능력을 갖춘 메그의 동료 프로고는 그의 이전 임무가 모든 별의 이름을 배우는 것이었다고 말한다. 메그는 프로고에게 별이 얼마나 많은지 묻는다.

"그게 무슨 차이겠어? 나는 그들의 이름을 알아. 얼마나 있는지는

---

* 더 정확하게는, 그녀는 건너뛸 수 있도록 시간과 공간을 접는다.

몰라. 중요한 건 이름이지."

다른 많은 판타지(이 책이 과학보다는 마법에 좀 더 가까운 것을 생각해보면) 소설처럼 《시간의 주름》에서 '이름 짓기'는 구분하기 이상의 힘을 갖는다. '이름 짓기'는 진실에 대한 인식이며 사랑의 행동이다. 어떤 존재에 이름을 붙이는 것은 본질을 아는 것이고, 그들의 마음을 알면, 어떻게 사랑하지 않을 수 있겠는가?

통계나 인구 조사 같은 숫자는 중요하지 않다. 다른 세계를 알고 상상하는 것만으로도 충분하다. 우리 자신의 존재를 아는 것처럼, 그들의 존재를 생생하게 떠올려보자. 그리고 우리의 세포에 집을 만든 이국적 밀항자, 외계 행성에 존재할 법한 생명들, 뒷마당의 새나 박쥐를 이해하는 과정에서 우리 자신을 더 깊이 알아가는 것이다. 별들은 셀 수 없지만, 하나하나에 이름을 붙일 수는 있다.

· 감사의 말 ·

 6년 전, 린지 웨버는 커피 한잔 마시자며 초대해, 잡지 《미디엄》에 문화에 대한 에세이 시리즈를 써보면 어떻겠느냐고 했다. 이 책은 내가 "외계 생명체는 어때? 외계 생명체…. 그런데 문화적 렌즈를 통해 본…???"이라고 말했을 때 그녀가 움찔하지 않았다면, 또 이 책의 일부가 된 그 에세이들과 이 책이 실현될 수 있게 현명하게 편집해주지 않았다면, 불가능했을 것이다.
 그보다 몇 년 전, 이 프로젝트는 컬럼비아대학교의 패티 오툴의 연구 세미나에서 그녀가 골든 레코드에 한정하지 말고 더 넓게 나아가보라고 말해주었을 때 탄생했다. 그리고 미적분학을 잘하지 못함에도 캐일럽 샤프가 자신의 학부 우주생물학 수업에 글쓰기를 전공하던 대학원생인 나를 받아주지 않았다면, 이 책뿐 아니라 우주에 대한 그 어떤 것도 쓸 수 없었을지 모른다. 그는 미적분학 대신 서술형 문제까지 내줬다. 캐일럽의 너그러움과 지지 덕분에 이 작업을 위한 능력과 자신감을 얻을 수 있었다. 그를 선생님, 멘토, 작가로서 모델 삼아 살기 위해 노력하고 있다.
 나의 에이전트 케이티 그림은 이 책과 내 작업을 위한 투사였다. 그리고 그녀가 하노버 스퀘어 프레스를 소개해준 것에 매우 감사하게 생각한다. 이 출판사에서는 존 글린이 엄청난 열정과 통찰력으로 이 책을 편집하고, 에덴 라일스백이 모든 과정에 대해 끈기 있게 안내해줬다. 나 같은 특이한 혼종을 믿어줘서 감사하다. 버네사 웰스의 교정은 아주 예리했고, 친절했다. 베르나다 니베라 코닉의 표지 그림은 이 책을 그대로 표현했고, 션 카피탄의 감독 덕분에 아름다운 표지가 만들어졌다. 이 책이 글이나 생각, 그 이상이 될 수 있게 만들어준 전체 팀, 프로덕션 디자이너 나타샤 하시오스, 마케팅팀의 데이나 보이어, 레이철 할러, 랜디 챈, 출판부의 에머 플랜더스, 헤더 코너, 특히 저스틴 샤, 그리고 지속적으로 편집에 힘써준 앤절라 힐과 그레이스 타워리에게 매우 감사드린다.

이 책을 위한 작업의 일부는 알프레드 P. 슬로언 재단에서 지원받았다. 진심으로 감사드리고, 특히 이 과정을 안내한 알리 추노비치에게 감사한다. 그리고 기금이 존재한다는 것과 지원 과정을 알려준 스튜어트 파이어스타인에게도 감사를 전한다.

정말 많은 과학자, 학자, 예술가, 작가가 그들의 연구, 작품, 궁금증에 대해 이야기해주려고 시간을 내어줬다. 이 책에 인용되지 않았더라도, 모든 대화는 나와 이 책에 영향을 주었다. 리베카 샤버노, 노먼 존슨, 카밀라 무초스카, 브리짓 사무엘스, 알렉스 티치는 초고를 읽고 수많은 부주의한 또는 중요한 실수를 잡아주었다. 그리고 훌륭한 '팩트 체커'인 레이철 가녀는 이 책을 훨씬 더 낫고, 훨씬 더 정확하게 만들어준 소중한 공동 작업자다. 이 책에 남아 있는 오류가 있다면, 그것은 다 내 탓이다.

이 책의 대부분을 쓰고 수정한 행성 지구 II의 사운드 트랙 작곡가인 제이컵 셰이와 자샤 클리버에게도 감사하다. 농담이 아니다. 그리고 귀중한 자료인 스크립트를 제공해준 크리시에게도 감사드린다.

이 책을 어떻게 쓸까, 어떻게 더 잘 쓸까를 시도하던 몇 년 동안 앤절라 첸, 메그 플래허티, 헬레나 피츠제럴드, 키 크라우스, 베카 워비는 초창기 원고와 발췌를 읽고 길을 찾는 데 도움을 주었다. '노이라이트'의 다양한 구성원은 이 프로젝트의 다양한 부분을 읽고, 특히 2장을 쓰는 데 도움을 주었다. 노이라이트에 방문한 카를 치머가 그의 책에 대해 말한 것이 이 책의 구조를 결정하는 계기가 되었다. 소중하고 특출한 편집자인 몰리 매카들과 제스 치머만은 초고를 자세히 검토해주었다.

나의 많은 친구들은 글쓰기와 출판에 대한 불안한 (하지만 훨씬, 훨씬 더 많은 사랑이 담긴) 문자와 DM을 몇 년간 받아왔다. 에밀리 에이드리언, 아이작 버틀러, 에이드리언 켈트, 니콜 정, 알렉시스 코, 레이철 퍼슬레서, 칼 에릭 피셔, 조시 곤들먼, 에밀리 휴스, 케이티 멜러, 스왑나 크리시나, 루카스 만, 케이트 맥킨, 아리아나 르볼리니, 헬렌 로스너. 역시 많은 과학기자가 지지를 보내줬다. 메건 바텔, 캣 에쉬너, 리사 그로스먼, 에바 홀랜드, 셰넌 스테론, 조시 소콜, 에드 용, 그리고 슬랙에 있는 모든 분. 팀 레쿼트와 애덤 만은 생명의 기원에 대해 쓰는 일에 위로를 보내며 귀중한 방향성을 제시해줬다. 미한 크리스트는 내가 이 작업을 할 수 있다고 느끼도록 가을마다 나를 바쁘게 해줬다. 내게 가르치는 방법을 알려준 니콜 월락, 수 멘델스존, 아론 리첸버그, 글렌 마이클 고든은 이 책을 쓰는 방법을 가르쳐주었다(이 책은 하나의 큰 대화 에세이라고

감사의 말

할 수 있다).

레슬리 제이미슨은 무언가를 열기 위해서 안팎을 어떻게 뒤집으면 되는지 알려주었다(그리고 클레어런스 쿠와 함께 소중한 도서관 출입증도 주었다). 토리 보시는 프리랜서가 만날 수 있는 최고의 보스였다(그리고 중요한 순간에 도서관의 도움을 제공했다). 케이트와 제러미 메도, 지난 몇 년간 우리의 코네티컷 가족이 되어줘서 고맙고 앞으로 계속되기를. 벤, 버디, 매트, 제임스, 이 책이 나올 때쯤엔 우리의 D&D 캠페인이 꼭 성공하길 바란다? 우리가 모두 죽지 않기를 바라고??? 그리고 시리 목소리로 "모유 수유하는 엄마, 사람이 으쓱한다"라고 할 것 같은, 작가이자 엄마이며 생명 유지 장치인 메그와 키, 정말 사랑해.

앨리슨 모리스, 너는 세상의 그 누구보다 나를 더 믿어준 사람이야. 그리고 너의 사랑, 격려, 기쁨, 그리고 너그러움이 계속되기를.

나를 사랑해주고 잘 견뎌준 가족에게도 고맙다. 머리사, 엄마와 마이크, 아빠와 보니, 던과 톰, 마크와 새라. 던, 우리가 널 필요로 할 때 들러줘서 고마워. 보비, 예술가가 된다는 것이 어떤 것인지 보여줘서 고마워. 아빠, 〈스타 트렉〉을 보여주고 자연사박물관에 데려가줘서 고마워요. 엄마, 저의 이상한 예술적 꿈을 언제나 지지해줘서 고마워요. 그게 당연한 것이 아니란 걸 알아요.

테너, 이 책 작업은 말할 것도 없고, 지난 몇 년간 새롭게 부모가 되고, 코로나19 팬데믹을 겪고, 주를 넘어 이사하는 등등 수없이 겪은 많은 일에 대해 어떻게 해야 감사를 표현할 수 있을까? 우리는 모든 것을 함께했고, 그게 바로 중요한 전부야.

    그리고 마일스와 코코, 이 책은 너희를 위한 거란다. 모든 우주, 미래, 사랑, 희망, 기쁨의 모든 순간까지.

· 옮긴이의 말 ·

　　1996년 서울 외곽의 한 학교 운동장에서 보낸, 어느 봄날 밤이 생각난다. 햐쿠타케라는 이국적 이름을 가진 혜성의 방문 소식에 흥분해 운동장 한가운데서 혜성을 찾아보겠다며 쌍안경을 들여다보던 밤이었다. 떠들썩한 뉴스에 비해 혜성을 찾는 것은 쉽지 않았고, 결국 혜성은 잘 보이지도 않았던 것 같지만, 그날의 들뜬 마음은 쉬이 가라앉지 않았다. 지금도 종종 그 밤의 색깔과 설렘이 떠오른다.
　　1년 뒤, 태어나 처음으로 접속해본 인터넷에서 화성 탐사선 패스파인더가 보낸 붉은 사막의 사진을 보고 난 뒤에는 더 이상 천문학이 아닌 삶을 꿈꾸기 힘들었다. 시간이 흘러 행성천문학자를 향한 경로에서 벗어나 외부은하를 공부하는 사람이 되었지만 혜성과 행성, 새롭게 발견되는 먼 외계의 행성들과 그곳에 살지도 모르는 생명에 대한 뉴스들은 어린 시절 당한 천문학 '덕통사고'●를 매번 상기시켜주며 초심을 일깨운다.
　　제이미 그린의 《우리를 찾아줘》는 저자의 '덕통사고' 이야기

● 　이 단어의 뜻을 아는 독자라면 이미 덕통사고를 당한 경험이 있을 것이다…. 무언가의 팬이 된 사람들이 팬이 된 계기를 뜻할 때 사용하는 단어(라고 한다).

로 시작한다. 어린이들의 경외와 두려움을 탐구의 대상으로 바꾼 것은 바로 〈스타 트렉〉. 열정적인 '트레키'인 저자는 〈스타 트렉〉이 그려낸 다양성과 모험의 이야기를 다시 써 내려가려는 듯, 외계 생명과 관련된 과학과 문화적 논의들을 흥미롭게 풀어나간다. 저자는 장르를 가리지 않고 외계 생명에 대해 흥미로운 상상과 묘사를 담은 소설, 에세이, 영화를 바탕 삼아 자신의 탐구 세계로 독자들을 끌어당긴다. 그의 세계를 여행하는 과정은 〈스타 트렉〉의 에피소드들처럼 순탄하게 진행되지 않는다. '생명의 가능성'을 상상하다 보니 너무나 많은 가능성, 서로 다른 생각의 충돌, 불가지론이 섞여 답에 도달하는 데 장애물처럼 등장한다. 하지만 저자는 이런 걱정을 두려워하지 않고 담담하게 생각을 펼친다.

저자가 차분하게 생각을 전개할 수 있는 이유는 외계 행성과 외계 생명에 대한 다양한 연구를 수행하는 (과)학자들과의 인터뷰 덕분이다. 그의 놀라운 섭외력으로, 외계 행성 연구의 최전선에 선 천문학자뿐 아니라, 우주생물학의 여러 가능성을 연구하는 생물학자, 외계 생명의 문화와 언어 등까지 깊이 생각해본 철학자 및 언어학자 등 다채로운 분야의 학자를 등장시켰고, 그들은 각자의 전문성으로 책의 깊이를 더해준다. 특히 어떤 주제에 상반되는 의견을 갖는 학자들을 충실하게 인터뷰하여 여러 가지 상상을 한쪽에 치우치지 않고 고민해볼 소중한 기회를 제공한다.

이 책은 외계 생명의 '기원', 그들이 살 수 있는 '행성', 외계의 '동물'과 '사람', 그들과 접촉하기 위해서 또는 그들이 발전시킬 법한 '기술', 마지막으로 그들과의 '접촉'에 관한 이야기를 담고 있다.

옮긴이의 말

이 6개의 주제들은 외계 행성과 그 안의 생명을 상상하기 위해 꼭 생각해봐야 할 흥미로운 키워드였다.

'기원' 장에서는 외계 행성의 생명을 상상해온 역사를 요약하고, 외계와 우리 행성의 생명을 상상하는 것이 얼마나 비슷하고 또 다른지 생각할 계기를 마련한다. 천문학 수업에서 외계 행성에 대한 강의를 할 때, 지구상의 생명과 같은 존재를 생각하는 일이 얼마나 합리적이냐는 질문을 가장 많이 받는다. 이 의문에 대한 다양한 관점을 소개한 것이 이 책의 방향성을 잘 잡아준다.

'행성' 장에서는 외계 생명이 존재할 수 있는 행성의 가능성에 대한 다양한 논의를 진행한다. 우리 우주에서 지구가 얼마나 특별한 행성인지를 묘사하지만, 지구와 같지 않다고 해서 꼭 생명이 존재하지 않을 것이라는 뜻이 아님을 설득력 있게 설명해나간다.

'동물'과 '사람' 장에서는 외계 생명에 대한 관점을 넓혀, 식물과 동물 형태인 생명의 가능성을 생각해보게 한다. 지적인 생명에 대한 우리의 제한된 상상을 확장시켜주는 점이 좋았다. '사람'에 대해 이야기할 때는 외계 문명의 다양한 모습을 상상해보게 한다. 특히 '지적' 생명체가 발달하기 위해 필요한 가정인 언어와 문명에 대한 철학적 고찰이 이어진다.

'기술'과 '접촉'은 기술의 발달이 가져올 외계 생명과의 접촉으로 벌어질 상황을 생각하게 한다. 최근 인공지능의 발달로 기술적 발전에 대한 논의가 급속도로 진행되고 있는데, 인공지능의 명암을 생각하게 되는 것처럼 외계 생명과 접촉했을 때의 명암을 떠올리게 된다. 우리 인류가 정말 외계 생명을 상상한다면 꼭 고민해

봐야 할 문제다.

《우리를 찾아줘》는 천문학자의 입장에서도, 역자의 입장에서도 도전적인 책이었다. 천문학자로서 외계 생명을 생각할 때 가장 자주 접하는 부분은 '행성'에 대한 내용이지만, 나머지 상황에 대해서는 각 세부 분야의 전문가에 비하면 뚜렷한 전문성을 갖추었다고 볼 수 없었다. 하지만 앞으로 외계 행성과 생명의 중요성이 커지는 만큼 천문학자에게 꼭 필요한 지식을 갖추게 해준 행복하고 유익한 경험임에는 틀림없다.

역자의 입장에서 가장 걱정했던 것은 여러 장르의 예술 작품의 팬들께 큰 실례가 되지 않을까 하는 점이었다. 저자는 장르를 가리지 않고 다양한 예술 작품에 조예를 갖추고 자세한 묘사를 했는데, 이 작품들을 팬들만큼 깊이 즐긴 것은 아니었기 때문에 번역에 모자람이 나올 수 있다. 원작의 맛을 살리지 못한, 오류가 있는 번역이 있다면, 예술 작품의 팬들께서 너른 마음으로 양해해주시기 바란다. 더불어 각 분야의 전문가들에게도 양해의 말씀을 구한다. 이 책에는 생물학, 철학, 심리학, 언어학 등의 많은 학문이 자세히 다뤄졌다. 나는 천문학자로서의 전문 교육은 받았지만, 다른 분야를 깊게 공부하지는 못했다. 번역에 최선을 다하긴 했으나 미진한 부분이 있을 수 있다. 이러한 부분에서 오류가 있다면 순전히 역자의 탓임을 사과드린다.

미국에서는 이 책을 읽는 다양한 독서 모임이 이루어졌고, 과학에 흥미를 가진 많은 독자의 호응을 받았다고 한다. 읽는 이에게 편안하게 다가갔기 때문이리라. 원저는 저자가 말하듯이 설명을 덧붙여가며 기술되어 있다. (초보 역자의 변명이겠지만) 영어의 말하기 방식과 한국어의 말하기 방식이 달라, 원저의 글맛을 살리기가 쉽지 않았다. 내용에 충실해야 한다는 생각에서 비롯된 어색한 문장들이 있고, 뜻을 전달하기 위해 다소 많은 의역을 사용하기도 했다. 번역의 어색함을 느끼셨다면 역시 역자의 부족함 때문이다.

    번역을 하는 동안 가장 많은 도움을 받은 소민에게 가장 중요한 감사와 사랑의 인사를 전한다. 특히 외계와 지구의 지적 생명체에 대한 문명의 언어학 부분을 번역할 때, 최고의 전문가로부터 설명과 조언을 들을 수 있었던 것은 역자로서 최고의 행운이었다. 그 외에도 원문의 표현을 쉽게 해석하는 데 함께 도움을 주어 어려움을 한층 덜 수 있었다.

    마지막으로, 독자 여러분 모두 《우리를 찾아줘》의 무한한 세계를 만끽하셨기를 바란다.

2025년 10월
손주비

· 참고 문헌 ·

책머리에

Le Guin, Ursula K. *The Lathe of Heaven*. Diversion Books, 2014.

1장 기원

"About Life Detection." 3 September 2025, https://astrobiology.nasa.gov/research/life-detection/about/

"All Good Things… part 1." *Star Trek: The Next Generation*, 7x25, 23 May 1994.

"The Chase." *Star Trek: The Next Generation*, 6x20, 26 Apr. 1993.

"The Devil in the Dark." *Star Trek*, 1x26, 9 Mar. 1967.

Astrobiology Magazine Staff. "Life's Working Definition: Does It Work?" NASA, accessed 28 June 2022, https://www.nasa.gov/vision/universe/starsgalaxies/life%27s_working_definition.html

Chen, Irene A. "The Emergence of Cells During the Origin of Life." *Science* 314, no. 5805 (2006): 1558-1559.

Cornils, Ingo. "The Martians Are Coming! War, Peace, Love, and Scientific Progress in H.G. Wells's 'The War of the Worlds' and Kurd Laßwitz's 'Auf Zwei Planeten.'" *Comparative Literature* 55, no. 1 (2003): 24-41.

Damer, Bruce. "David Deamer: Five Decades of Research on the Question of How Life Can Begin." *Life (Basel, Switzerland)* 9, no. 2 (2019): 36.

Davies, Paul C.W. et al. "Signatures of a shadow biosphere." *Astrobiology* 9, no. 2 (2009): 241-249.

Dick, Steven J. *Space, Time, and Aliens: Collected Works on Cosmos and Culture*. Springer Nature, 2020.
Gresham College. "Energy and Matter at the Origin of Life." YouTube, 28 May 2019, https://www.youtube.com/watch?v=vEZJdK5hhvo
Guthke, Karl. *The Last Frontier: Imagining Other Worlds, from the Copernican Revolution to Modern Science Fiction*. Cornell University Press, 2019.
Lane, Nick. *The Vital Question: Energy, Evolution, and the Origins of Complex Life*. W. W. Norton & Company, 2015.
Neveu, Marc et al. "The 'strong' RNA world hypothesis: fifty years old." *Astrobiology* 13, no. 4 (2013): 391-403.
Noor, Mohamed. *Live Long and Evolve: What Star Trek Can Teach Us about Evolution, Genetics, and Life on Other Worlds*. Princeton University Press, 2020.
Pressman, Abe et al. "The RNA World as a Model System to Study the Origin of Life." *Current Biology: CB* 25, no. 19 (2015): R953-963.
Requarth, Tim. "Our chemical Eden." *Aeon*, 11 Jan. 2016, https://aeon.co/essays/why-life-is-not-a-thing-but-a-restless-manner-of-being
Richardson, Sarah M., and Nicola J. Patron. "Synthia: Playing God in a Sandbox." *Microbiology Today Magazine*, 10 May 2016, https://microbiologysociety.org/publication/past-issues/what-is-life/article/synthia-playing-god-in-a-sandbox-what-is-life.html
Sagan, Carl. "Definitions of Life (Chapter 23)-The Nature of Life." *Cambridge Core*, 10 Nov. 2010.
Scharf, Caleb. *The Copernicus Complex: Our Cosmic Significance in a Universe of Planets and Probabilities*. Scientific American / Farrar, Straus and Giroux, 2014.
Scharf, Caleb. "Until Recently, People Accepted the 'Fact' of Aliens in the Solar System." *Scientific American*, 2 Feb. 2012, https://www.scientificamerican.com/article/until-recently-people-accepted-

the-fact-of-aliens-in-the-solar-system
Scharf, Caleb, and Leroy Cronin. "Quantifying the origins of life on a planetary scale." *PNAS* 113, no. 29 (2016): 8127-8132.
Scharf, Caleb et al. "A Strategy for Origins of Life Research." *Astrobiology* 15, no. 12 (2015): 1031-1042.
Stableford, Brian. "Science fiction before the genre." *The Cambridge Companion to Science Fiction*, edited by Edward James. Cambridge University Press, 2003, 15-31.
Traphagan, John W. *Extraterrestrial Intelligence and Human Imagination*. Springer, 2014.
Van Kranendonk, Martin, David Deamer, and Tara Djokic. "Life Springs." *Scientific American*, July 2017.
Walker, Sara Imari. "Origins of life: a problem for physics, a key issues review." *Reports on Progress in Physics* 80, no. 9 (2017).
Walker, Sara Imari. "We Need to Change How We Search for Alien Life." *Slate*, 23 Dec. 2020, https://slate.com/technology/2020/12/venus-phosphine-astrobiology-crisis-alien-life.html
Walker, Sara Imari, and Paul C.W. Davies. "The algorithmic origins of life." *Journal of the Royal Society Interface* 10 (2012).
Wells, H.G. *The War of the Worlds*. https://www.gutenberg.org/files/36/36-h/36-h.htm
Wills, Matthew. "What The War of the Worlds Had to Do with Tasmania." *JSTOR Daily*, 3 Dec. 2018, https://daily.jstor.org/what-the-war-of-the-world-had-to-do-with-tasmania
Zimmer, Carl. *Life's Edge: The Search for What It Means to Be Alive*. Penguin, 2021.

2장 행성

"A Pale Blue Dot," accessed 28 June 2022, The Planetary Society, https://www.planetary.org/worlds/pale-blue-dot.

"Awards for Exoplanet Research." SETI Institute, 4 Aug. 2016, https://www.seti.org/press-release/seti-institute/press-release/awards-exoplanet-research

"How Much Does Earth's Atmosphere Weigh?" *Encyclopedia Britannica*, https://www.britannica.com/story/how-much-does-earths-atmosphere-weigh

"NASA's Kepler Mission Discovers Bigger, Older Cousin to Earth." NASA, 23 July 2015, https://www.nasa.gov/press-release/nasa-kepler-mission-discovers-bigger-older-cousin-to-earth

"What gases are emitted by Kīlauea and other active volcanoes?" USGS, https://www.usgs.gov/faqs/what-gases-are-emitted-kilauea-and-other-active-volcanoes

American Museum of Natural History. "Science Bulletins: Our Moon." YouTube, 16 Nov. 2011, https://www.youtube.com/watch?v=p5E_esHiA5Q

Asphaug, Erik. *When the Earth Had Two Moons: Cannibal Planets, Icy Giants, Dirty Comets, Dreadful Orbits, and the Origins of the Night Sky*. HarperCollins, 2019.

Baxter, Stephen. *Landfall*. Roswell Editions, 2015.

Boyle, Rebecca. "Alien Moons." *Scientific American*, Mar. 2021.

Comins, Neil. *What If the Moon Didn't Exist?: Voyages to Earths That Might Have Been*. Addison Wesley Publishing Company, 1996.

Jemisin, N.K. *The Fifth Season*. Orbit, 2015.

Kaltenegger, L., and J.K. Faherty. "Past, present and future stars that can see Earth as a transiting exoplanet." *Nature* 594 (2021): 505-507.

Méndez, Abel. "Habitability Models for Planetary Sciences." *ArXiv E-Prints*, 2007, arXiv:2007.05491.

Messeri, Lisa. *Placing Outer Space: An Earthly Ethnography of Other Worlds*. Duke University Press, 2016.

Patruno, A., and M. Kama. "Neutron star planets: Atmospheric processes and irradiation." *Astronomy & Astrophysics* 608 (2017).

Sagan, Carl et al. "A search for life on Earth from the Galileo spacecraft." *Nature* 365 (1993): 715-721.

Wall, Mike. "Kepler-452b: What It Would Be Like to Live On Earth's 'Cousin.'" Space.com, 24 July 2016, https://www.space.com/30034-earth-cousin-exoplanet-kepler-452b-life.html

3장 동물

"Anomalocaris." *Shape of Life*, https://www.shapeoflife.org/news/featured-creature/2018/02/26/anomalocaris

"Patrick Matthew." *Early Evolutionists*, https://early-evolution.oeb.harvard.edu/patrick-matthew

"The Enemy Within." *Star Trek*, 1x04, 6 Oct. 1966.

Avatar. James Cameron, director. 20th Century Fox, 2009.

Battaglia, Andy. "The Man Who Draws Dinosaurs." *The New Yorker*, 5 Dec. 2013, http://www.newyorker.com/culture/culture-desk/the-man-who-draws-dinosaurs

Burke, Sue. *Semiosis*. Tor Books, 2018.

Cohen, Jeffrey Jerome. "Monster Culture (Seven Theses)." *Monster Theory: Reading Culture*, edited by Jeffrey Jerome Cohen. University of Minnesota Press, 1996.

Conway Morris, Simon. *Life's Solution: Inevitable Humans in a Lonely Universe*. Cambridge University Press, 2003.

Crichton, Michael. *Sphere*. Vintage, 2012.

Gould, Stephen Jay. *Wonderful Life: The Burgess Shale and the Nature of History*. W. W. Norton & Company, 1990.

Losos, Jonathan. *Improbable Destinies: Fate, Chance, and the Future of Evolution*. Riverhead, 2017.

Pullman, Philip. *The Amber Spyglass*. Alfred A. Knopf Books for Young Readers, 2007.

Sagan, Carl. *Cosmos*. Ballantine Books, 2013.
Sherman, Paul W. et al. "Naked Mole Rats." *Scientific American* 267, no. 2 (1992): 72-79.
Sherman, Paul W., Jennifer U.M. Jarvis, and Richard D. Alexander, eds. *The Biology of the Naked Mole-Rat*. Princeton University Press, 2017.
Shermer, Michael. "The Meaning of Life in a Formula." *Scientific American* 313, no. 2 (2015): 83.
Slivensky, Katie. "Alien Animals." *Discoverific!*, http://discoverific.blogspot.com/2012/04/alien-animals.html

4장 사람

Abumrad, Jad, and Robert Krulwich, hosts. "Colors." *Radiolab*, WNYC, 21 May 2012, https://radiolab.org/episodes/211119-colors
Arrival. Denis Villeneuve, director. Paramount Pictures Studios, 2016.
Burke, Sue. *Semiosis*. Tor Books, 2018.
Butler, Octavia E. *Dawn*. Aspect, 1997.
Cambias, James L. *A Darkling Sea*. Macmillan, 2014.
Chiang, Ted. "Story of Your Life." *Stories of Your Life and Others*. Knopf, 2010.
Conway Morris, Simon. *Life's Solution: Inevitable Humans in a Lonely Universe*. Cambridge University Press, 2003.
Eiseley, Loren. "The Long Loneliness: Man and the Porpoise: Two Solitary Destinies." *The American Scholar* 30, no. 1 (1960): 57-64.
Foster, Charles. *Being a Beast: Adventures Across the Species Divide*. Macmillan, 2016.
Grebowicz, Margret. *Whale Song*. Bloomsbury Academic, 2020.
Hunter College. "Hunter@Home-The Dolphin in the Mirror: Reflections on Dolphin Intelligence & Communication." YouTube, 7 May 2020, https://www.youtube.com/watch?v=ETLhG3wZfoE

Hurst, Nathan. "How Does Human Echolocation Work?" *Smithsonian Magazine*, 2 Oct. 2017, https://www.smithsonianmag.com/innovation/how-does-human-echolocation-work-180965063/

Johnson, George. "The Battle for the Great Apes." *Pacific Standard*, 21 Nov. 2016, https://psmag.com/news/the-battle-for-the-great-apes-inside-the-fight-for-non-human-rights

Keim, Brandon. "An Elephant's Personhood on Trial." *The Atlantic*, 28 Dec. 2018, https://www.theatlantic.com/science/archive/2018/12/happy-elephant-personhood/578818/

Langlois, Krista. "When Whales and Humans Talk." *Hakai Magazine*, 3 Apr. 2018, https://hakaimagazine.com/features/when-whales-and-humans-talk/

Le Guin, Ursula K. "The Author of the Acacia Seeds." *The Unreal and the Real*. Saga Press, 2017.

Lem, Stanisław. *Solaris*. Houghton Mifflin Harcourt, 2002.

Marino, Lori. "The landscape of intelligence." *The Impact of Discovering Life Beyond Earth*, edited by Steven J. Dick. Cambridge University Press, 2015.

Nagel, Thomas. "What Is It Like to Be a Bat?" *The Philosophical Review* 83, no. 4 (1974): 435-450.

Oberhaus, Daniel. *Extraterrestrial Languages*. MIT Press, 2019.

Rowlands, Mark. "Are animals persons?" *Animal Sentience* 10, no. 1 (2016).

Sassi, Maria Michela. "The sea was never blue." *Aeon*, 31 July 2017, https://aeon.co/essays/can-we-hope-to-understand-how-the-greeks-saw-their-world

5장 기술

"'Oumuamua." NASA.gov, https://solarsystem.nasa.gov/asteroids-comets-and-meteors/comets/oumuamua/in-depth/

"Relics." *Star Trek: The Next Generation*, 6x04, 12 Oct. 1992.

"The Second Renaissance." Mahiro Maeda, director. *The Animatrix*. Warner Bros. Home Entertainment, 2003.

Butler, Samuel. "Darwin Among the Machines." 13 June 1863, https://nzetc.victoria.ac.nz/tm/scholarly/tei-ButFir-t1-g1-t1-g1-t4-body.html

Chiang, Ted. "Why Computers Won't Make Themselves Smarter." *The New Yorker*, 30 Mar. 2021, https://www.newyorker.com/culture/annals-of-inquiry/why-computers-wont-make-themselves-smarter

Ćirković, M.M. "Kardashev's classification at 50+: A fine vehicle with room for improvement." Serbian Astronomical Journal 191 (2015): 1-15.

Cuthbertson, Anthony. "Elon Musk claims AI will overtake humans 'in less than five years.'" *The Independent*, 27 July 2020, https://www.independent.co.uk/tech/elon-musk-artificial-intelligence-ai-singularity-a9640196.html

Denning, Kathryn. "'L' on Earth." 56th International Astronautical Congress of the International Astronautical Federation, the International Academy of Astronautics, and the International Institute of Space Law, Oct. 2005, Fukuoka, Japan.

Denning, Kathryn. "Social Evolution." *Cosmos and Culture*, edited by Steven J. Dick and Mark L. Lupisella. Government Printing Office, 2012.

Denning, Kathryn. "Ten thousand revolutions: conjectures about civilizations." *Acta Astronautica* 68, no. 3-4 (2011): 381-388.

Denning, Kathryn, and Anamaria Berea. "Figuring Out, and Figuring In, the Human: Insights for Astrobiology from the Human Sciences." For session: "Social Sciences, Philosophy, and History for Astrobiological Science." AbSciCon 2019, 28 June 2019, Bellevue, Washington, USA.

Dick, Steven J. "Bringing Culture to Cosmos." *Cosmos and Culture*, edited by Steven J. Dick and Mark L. Lupisella. Government Printing Office, 2012.

Dick, Steven J. "Cosmic Evolution." *Cosmos and Culture*, edited by Steven J. Dick and Mark L. Lupisella. Government Printing Office, 2012.

Frank, Adam. *Light of the Stars: Alien Worlds and the Fate of the Earth*. W. W. Norton & Company, 2018.

Frank, Adam et al. "The Anthropocene Generalized: Evolution of Exo-Civilizations and Their Planetary Feedback." *Astrobiology* 18, no. 5 (2018): 503-518.

Gardner, James. "The Intelligent Universe." *Cosmos and Culture*, edited by Steven J. Dick and Mark L. Lupisella. Government Printing Office, 2012.

Le Guin, Ursula K. "A Man of the People." *The Found and the Lost*. Simon and Schuster, 2016.

Mann, Adam. "Intelligent Ways to Search for Extraterrestrials." *The New Yorker*, 3 Oct. 2019, https://www.newyorker.com/science/elements/intelligent-ways-to-search-for-extraterrestrials

Sagan, Carl. "The Quest for Extraterrestrial Intelligence." *Cosmic Search* 1, no. 2 (1979), http://www.bigear.org/CSMO/HTML/CS02/cs02p02.htm

Stapledon, Olaf. *Star Maker*. Wesleyan University Press, 2004.

Swift, David W. *SETI Pioneers: Scientists Talk about Their Search for Extraterrestrial Intelligence*. University of Arizona Press, 1993.

Traphagan, John W. "Equating culture, civilization, and moral development in imagining extraterrestrial intelligence: anthropocentric assumptions?" *The Impact of Discovering Life beyond Earth*, edited by Steven J. Dick. Cambridge University Press, 2015.

Vinge, Vernor. "The coming technological singularity." *Whole Earth*

Review (1993), https://frc.ri.cmu.edu/~hpm/book98/com.ch1/vinge.singularity.html

Vinge, Vernor. *A Fire Upon the Deep*. Macmillan, 1993.

Wright, Jason. "Dyson Spheres." *Serbian Astronomical Journal* 200 (2020): 1-18.

Wright, Jason. "The Ĝ Search for Kardashev Civilizations." *AstroWright*, https://sites.psu.edu/astrowright/the-g-hat-search-for-kardashev-civilizations/

Wright, Jason T., and Michael P. Oman-Reagan. "Visions of Human Futures in Space and SETI." *International Journal of Astrobiology* 17, no. 2 (2018): 177-188.

6장 접촉

"Carl Sagan discusses the book 'Contact.'" Studs Terkel Radio Archive, WFMT, originally broadcast 4 Oct. 1985, https://studsterkel.wfmt.com/programs/carl-sagan-discusses-book-contact

"Encyclopaedia Galactica." *Cosmos* part 12, 14 Dec. 1980.

"Insight from Afar." *National Jesuit News*, June 1998, https://marydoriarussell.net/novels/the-sparrow/national-jesuit-news-interview/

"It's the 25th anniversary of Earth's first (and only) attempt to phone E.T." *Cornell News*, 12 Nov. 1999, https://web.archive.org/web/20080802005337/http://www.news.cornell.edu/releases/Nov99/Arecibo.message.ws.html

"Reducing the Likelihood of Future Human Activities That Could Affect Geologic High-Level Waste Repositories." Office of Nuclear Waste Isolation, 1984.

"What are the contents of the Golden Record?" NASA, https://voyager.jpl.nasa.gov/golden-record/whats-on-the-record/

Abumrad, Jad, and Robert Krulwich, hosts. "Space." *Radiolab*, WNYC,

19 Aug. 2010, https://radiolab.org/episodes/91850-ann-druyen-on-the-space-episode

Beauchamp, Scott. "How to Send a Message 1,000 Years to the Future." *The Atlantic*, 24 Feb. 2015, https://www.theatlantic.com/technology/archive/2015/02/how-to-send-a-message-1000-years-to-the-future/385720/

Billings, Linda. "Astrobiology in Culture: The Search for Extraterrestrial Life as 'Science.'" *Astrobiology* 12, no. 10 (2012).

Billings, Linda. "From Earth to the Universe: Life, Intelligence, and Evolution." *Biological Theory* 13 (2018): 93-102.

Burke, Sue. "Let ME talk to the aliens! Ted Chiang's 'Story of Your Life.'" *Tor.com*, 6 Feb 2018, https://www.tor.com/2018/02/06/let-me-talk-to-the-aliens-ted-chiangs-story-of-your-life/

Calvey, Ryan. *Transcendent Outsiders, Alien Gods, and Aspiring Humans: Literary Fantasy and Science Fiction as Contemporary Theological Speculation*. The Graduate School, Stony Brook University, PhD dissertation, 2011.

Chiang, Ted. "Story of Your Life." *Stories of Your Life and Others*. Knopf, 2010.

Clinton, Bill. "President Clinton Statment Regarding Mars Meteorite Discovery." Office of the Press Secretary, The White House, 7 Aug. 1996, https://www2.jpl.nasa.gov/snc/clinton.html

Cocconi, G., and P. Morrison. "Searching for Interstellar Communications." *Nature* 184 (1959): 844-846.

Contact. Robert Zemeckis, director. Warner Bros. Pictures, 1997.

Cooper, Keith. *The Contact Paradox: Challenging Our Assumptions in the Search for Extraterrestrial Intelligence*. Bloomsbury Sigma, 2019.

Danis, Sam. "Author Tade Thompson On The 'Frankenstein of Influences' That Helped Create His Buzzy Sci-fi Debut

'Rosewater.'" *Audible Blog*, 9 Oct. 2018, https://www.audible.com/blog/author-tade-thompson-rosewater-frankenstein-of-influences

Denning, Kathryn. "Being technological." *Acta Astronautica* 68, no. 3-4 (2011): 372-380.

Denning, Kathryn. "Ten thousand revolutions: conjectures about civilizations." *Acta Astronautica* 68, no. 3-4 (2011): 381-388.

Denning, Kathryn et al. "SETI and Post-Detection: Towards a New Research Roadmap." 70th International Astronautical Congress, 21-25 Oct. 2019.

Dick, Steven J. "History, discovery, analogy." *The Impact of Discovering Life beyond Earth*, edited by Steven J. Dick. Cambridge University Press, 2015.

FitzPatrick, Jessica. "Seeds of Catastrophe: 'The Rosewater Insurrection' and 'The Rosewater Redemption.'" *Los Angeles Review of Books*, 29 Feb. 2020, https://lareviewofbooks.org/article/seeds-of-catastrophe-the-rosewater-insurrection-and-the-rosewater-redemption/

FitzPatrick, Jessica. "Twenty-First Century Afrofuturist Aliens: Shifting to the Space of Third Contact." *Extrapolation* 61, no. 1 (2020).

Garber, Stephen J. "Searching for Good Science." *Journal of The British Interplanterary Society* 52 (1999): 3-12, https://history.nasa.gov/garber.pdf

Gevers, Nick. "Of Prayers and Predators." *Infinity Plus*, 1999, http://www.infinityplus.co.uk/nonfiction/intmdr.htm

Gliedman, John. "Things No Amount of Learning Can Teach." *Omni* 6, no. 11 (1983), https://chomsky.info/198311__/

Greaves, J.S. et al. "Phosphine gas in the cloud decks of Venus." *Nature Astronomy* 5 (2021): 655-664.

Hauser, Marc D., Noam Chomsky, and W. Tecumseh Fitch. "The

Faculty of Language: What Is It, Who Has It, and How Did It Evolve?" *Science* 298, no. 5598 (2002): 1569-1579.

Haywood Ferreira, Rachel. "Second Contact: The First Contact Story in Latin American Science Fiction." *Parabolas of Science Fiction*, edited by Brian Attebery and Veronica Hollinger. Wesleyan University Press, 2013, 70-88.

Howard, Kat. "Interview: Mary Doria Russell." *Lightspeed* 14 (2011), https://www.lightspeedmagazine.com/nonfiction/feature-interview-mary-doria-russell/

Lempert, William. "From Interstellar Imperialism to Celestial Wayfinding: Prime Directives and Colonial Time-Knots in SETI." *American Indian Culture and Research Journal* 45, no. 1 (2021): 45-70.

Marantz, Alec. "What do linguists do?" Feb. 2019.

Miéville, China. *Embassytown*. Random House Digital, Inc., 2012.

Morena, Anthony Michael. *The Voyager Record: A Transmission*. Rose Metal Press, 2016.

Moro, Andrea. *Impossible Languages*. MIT Press, 2016.

Murphy, Ricky Leon. "The ALH 84001 Controversy." AstronomyOnline.org, http://astronomyonline.org/Astrobiology/ALH84001.asp#R3

Neimark, Jill. "God, Baseball, and Science: An Interview With Mary Doria Russell." *Metanexus*, 19 Jan. 2003, https://metanexus.net/god-baseball-and-science-interview-mary-doria-russell/

Okorafor, Nnedi. *Lagoon*. Simon and Schuster, 2016.

Piesing, Mark. "How to build a nuclear warning for 10,000 years' time." 3 Aug. 2020, https://www.bbc.com/future/article/20200731-how-to-build-a-nuclear-warning-for-10000-years-time

Russell, Mary Doria. *The Sparrow*. Ballantine Books, 2008.

Sagan, Carl. *Contact*. Gallery Books, 2019.

Samatar, Sofia. "An Interview with Tade Thompson." *Interfictions Online* 7 (2016), http://interfictions.com/an-interview-with-tade-

참고 문헌

thompson/
Sample, Ian. "Scientists looking for aliens investigate radio beam 'from nearby star.'" *The Guardian*, 18 Dec. 2020, https://www.theguardian.com/science/2020/dec/18/scientists-looking-for-aliens-investigate-radio-beam-from-nearby-star
Schulze-Makuch, Dirk. "All Eyes on Alpha Centauri." *Air & Space Magazine*, 14 Apr. 2012, https://www.airspacemag.com/daily-planet/all-eyes-alpha-centauri-180977507/
Sebeok, Thomas A. "Communication Measures to Bridge Ten Millennia." U.S. Department of Energy Office of Scientific and Technical Information, 1 Apr. 1984.
Skrewtape. "Mark Okrand on Klingon." YouTube, 3 May 2012, https://www.youtube.com/watch?v=e5Did-eVQDc
Swift, David W. *SETI Pioneers: Scientists Talk about Their Search for Extraterrestrial Intelligence*. University of Arizona Press, 1993.
Talks at Google. "Living Language Dothraki | David Peterson | Talks at Google." YouTube, 18 Nov. 2014, https://www.youtube.com/watch?v=SUUHH5lpLL4
Tavares, Frank. "Ethical Exploration and the Role of Planetary Protection in Disrupting Colonial Practices." A submission to the Planetary Science and Astrobiology Decadal Survey 2023-2032, https://drive.google.com/file/d/1ca8RRy1MSpOAvexucgxWJIlBuNsdPRn8/view
The Staff at the National Astronomy and Ionosphere Center. "The Arecibo message of November, 1974." *Icarus* 26, no. 4 (1975): 462-466.
Thompson, Tade. *Rosewater*. Orbit, 2017.
Thornton, Jonathan. "Interview with Tade Thompson." *The Fantasy Hive*, 26 Nov. 2018, https://fantasy-hive.co.uk/2018/11/interview-with-tade-thompson/
Trauth, Kathleen M., Stephen C. Hora, and Robert V. Guzowski.

"Expert Judgment on Markers to Deter Inadvertent Human Intrusion into the Waste Isolation Pilot Plant." Sandia National Laboratories, 1993.

Walkowicz, Lucianne. "I'm a Little Worried About Venus." *Slate*, 15 Sept. 2020, https://slate.com/technology/2020/09/venus-phosphine-life-planetary-protection.html

나가며

Booth, Austin, and W. Ford Doolittle. "Eukaryogenesis, how special really?" *PNAS* 112, no. 33 (2015): 10278-10285.

Callier, Viviane. "DNA's Histone Spools Hint at How Complex Cells Evolved." *Quanta Magazine*, 10 May 2021, https://www.quantamagazine.org/dnas-histone-spools-hint-at-how-complex-cells-evolved-20210510

Kasting, James F. "Peter Ward and Donald Brownlee's Rare Earth." *Perspectives in Biology and Medicine* 44, no. 1 (2001): 117-131.

Lane, Nick. *The Vital Question: Energy, Evolution, and the Origins of Complex Life*. W. W. Norton & Company, 2015.

Lane, Nick, and William F. Martin. "Eukaryotes really are special, and mitochondria are why." *PNAS* 112, no. 35 (2015): E4823.

L'Engle, Madeleine. *A Wind in the Door*. Macmillan, 1973.

L'Engle, Madeleine. *A Wrinkle in Time*. Farrar, Straus and Giroux (BYR), 2010.

Ward, Peter D., and Donald Brownlee. *Rare Earth: Why Complex Life is Uncommon in the Universe*. Copernicus, 2003.

· 찾아보기 ·

ㄱ
〈가디언즈 오브 갤럭시〉 84
가스 행성 87~88
가이아 천문대 107~108
간섭 81
갈릴레오 탐사선 76
갈릴레이, 갈릴레오 31, 33~34, 58, 112
강착원반 88
거울 자기 인식 검사 162
거주 가능 영역 96~97, 101, 104~106, 225
고래 117, 127, 172
고세균 318
골든 레코드 75, 306~309
골디락스 구역 97
공룡인간 176
공중 고래 135
공진화 54
과학소설 40, 123, 175, 197
광도 곡선 80, 86
교차 오염 251
《구》 116
국지적 생명 이동 현상 251
굴드, 스티븐 제이 128~130, 133
규소 65~66, 212, 232
《그럼, 동물이 되어보자》 185
근접 비행 76
금성 78, 249
기계 지능 231
기술적 사춘기 223
기후변화 25, 111, 230

ㄴ
NASA 57, 69, 82, 141, 249, 268
나선 팔 72
내공생 317, 320
〈네 인생의 이야기〉 194, 196, 198, 286
노이만, 존 폰 233~234
뉴턴, 아이작 58

ㄷ
《다섯 번째 계절》 101
다세포생물 316
다윈, 찰스 57, 141
다이슨 구체 206, 210, 212~214, 216~218, 221, 256, 269
다이슨, 프리먼 209~210
단세포생물 316
달 28, 78, 94, 98
대상 영속성 검사 170
도플러효과 79, 89
돌고래 126, 134, 164~169
동주기 자전 94
《두더지 쥐의 생물학》 136
드레이크 방정식 14~15
드레이크, 프랭크 14~16, 268
드루얀, 앤 259, 307~309
DNA 47~48, 51, 130

뜨거운 목성 87~88

ㄹ
라마르크, 장 밥티스트 141
라플라스, 피에르 시몽 37, 40, 42, 76
러셀, 메리 도리아 275
레인, 닉 50~51, 317, 319, 322
렘, 스타니스와프 190, 199
렝글, 매들렌 220, 323
로덴베리, 진 205
로봇 제1원칙 237~238
롤랜즈, 마크 161~163
르 귄, 어슐러 K. 19, 106, 173, 208

ㅁ
마굴리스, 린 317
〈매트릭스〉 232, 237~238
머스크, 일론 235
멸종 129, 222
명왕성 216
모로, 안드레아 291
모행성 98, 106
목성 76~78, 315
무초프스카, 카밀라 52
문명 25, 204
미니 해왕성 88, 97
미생물 70
미토콘드리아 318~319, 321
민스키, 마빈 235
밀러, 스탠리 45

ㅂ
《바람의 문》 324
바이오마커 61
《바이털 퀘스천》 50, 322
박쥐 184

백색왜성 105
백스터, 스티븐 90~95
버제스 셰일 129, 321
버크, 수 135, 153, 286
버틀러, 옥타비아 178, 181, 186
범용 인공지능 246
베너, 스티븐 48, 51
베뉴 82
변분원리 196
보이저 탐사선 75, 309~310, 313
보편적 문법 290
불멸의 메시지 311
블랙홀 18, 82, 88, 233, 253
비생명 물질 60
비탄소 기반 생명체 67
빅뱅 63, 72
빅이어 전파망원경 253
빈지, 버너 233, 239
빌링스, 린다 14
《빼앗긴 자들》 106

ㅅ
사족류 126
사피어-워프 가설 197
사회성 164
삼엽충 119
《삼체》 205
상어 134
상형문자 203
생명 가능 영역 67
생명력 32
생명의 기원 53, 72~73
생명의 나무 51, 55
생물 다양성 127
생식세포 142
성간 여행 313

찾아보기

성운 이론 76
《세미오시스》 135, 153, 286
세이건, 칼 34, 75, 115, 117, 208, 223, 254~255, 268, 275, 306~307
SETI 11, 14, 16, 86, 165, 206, 209, 212, 223, 255, 268
《솔라리스》 190~193, 199, 274
쇼스택, 세스 231~234
수렴 진화 128, 132
수성 77, 89
수평적 유전자 전달 143
슈퍼 지구 88, 97
《스타메이커》 216~217, 220~221
〈스타워즈〉 60
〈스타 트렉〉 11~12, 21~25, 41, 44~45, 65, 205
스테이플던, 올라프 216~219, 222
《스패로》 275, 277~279, 287
《시간의 주름》 11, 220, 324~325
시그니처 휘파람 167~168
시노르니토사우루스 120
시선 방향 속도 측정 79
신시아 54
심해아귀 119

ㅇ

아노말로카리스 119
아레시보 메시지 304
RNA 47~49, 51~52, 71
아르키메데스 점 10
〈아바타〉 106, 123~124, 127, 146, 150
아시모프, 아이작 237
아인슈타인, 알베르트 58
아폴로 우주비행사 99
아폴로 8호 75

암석 행성 85~87, 96
언어중추 298
얼음 68
얼음 행성 85
에너지원 206
〈에이리언〉 148
엔트로피 73, 311
역행운동 30
열수구 49~51, 72, 321
오리너구리 119, 147
오무아무아 215
오시리스 렉스 82
51 페가수스 b 77, 87
온실효과 104
와우! 시그널 253
외계 문명 225, 228
외계 생명의 신호 209
외계 언어 19
외계 위성 106
외계 탐사선 215
외계 행성 77~79, 81, 87, 107, 228
우리은하 18, 26
우주생물학 57, 131, 228
우주 식민주의 250
우주 신비주의 217
《우주 전쟁》 41
우주탐사 228
우주 팽창 62
《원더풀 라이프》 128
원자 사제단 313
원주율 262~263
〈월-E〉 232
웰스, 오슨 252
웰스, 허버트 조지 39~40
위성 98, 105
유기화학 64

유대류 131~132
유전자 22, 47
은하 공동체 203
〈2001: 스페이스 오디세이〉 215, 237
이론물리학 253
ESA 108
이중나선 구조 47
이토카와 82
인간성 161
인공 시스템 214
인공지능 182, 233~235
인류세 224, 227
일방 대칭 219

ㅈ
자연발생설 42
자전-공전 주기 공명 94
저메키스, 로버트 255
적색거성 104~105
적색왜성 104, 310
전파 110, 269
제노포비아 118, 178
제미신, N.K. 101
조석력 76, 99~100, 105
조합이론 61, 71
《종의 기원》 43
주전원 30
〈지구돋이〉 75
지구 중심 모형 29~30
지동설 28~31
진사회성 136
진핵생물 316, 318
진핵 중심 체계 320
진화 71, 127, 129, 144~145
진화의 계통수 184
진화적 압력 125

ㅊ
창, 테드 194, 197~198, 246, 286
〈창백한 푸른 점〉 75~76
《천구의 회전에 관하여》 31
천왕성 77
초지능 컴퓨터 246
촉수 70
촘스키, 노암 290~291
측성학 79

ㅋ
카르다쇼프 척도 206~207, 232
캐머런, 제임스 123
커즈와일, 레이 235
〈컨택트〉 194
케이블, 모건 69~70
K2-138 89
케플러-452b 85~86
케플러, 요하네스 32~33, 35, 58
케플러 우주망원경 86
《코스모스》 115~117
코페르니쿠스, 니콜라우스 27, 31~32, 34, 58, 112
코페르니쿠스 원리 87, 222, 229
《콘택트》 115, 254
크라이튼, 마이클 116

ㅌ
타이탄 68~69
타터, 질 258, 269
탄소 64~65, 133
탄소-규소 순환 103
탈생물학 235
탈출속도 306
태반동물 132
태양계 27, 203

찾아보기

태양에너지 95
태양풍 310
〈터미네이터〉 237
테이아 99
테크노 시그니처 212, 215
토성 68~69, 78
통과현상 80~81, 86, 89, 109
티라노사우루스 212
특이점 233~234, 239, 247
《특이점이 온다》 235

ㅍ

파스퇴르, 루이 42~43
판구조론 98, 103
퍼텐셜에너지 50
펄서 76, 305
포스핀 252, 272
포유류 119, 136, 184
포티, 리처드 135
〈푸른 골짜기〉 150
풀먼, 필립 137
프네우마 42~43
프록시마 센타우리 22
프시케 91
플라마리옹, 카미유 38~39
플로터 117, 135

ㅎ

하나의 행성 75
《하늘의 물레》 19
하야부사 미션 82
하위헌스, 크리스티안 36
합성 세포 56, 61
해왕성 77, 89
해저지형 68
핵무기 25

행성 형성 모형 88
〈허블 딥필드〉 13
허블 우주망원경 13
혜성 315
호킹, 스티븐 279~280
화산활동 93
화성 13, 77, 252, 290
화학에너지 50
화학적 선택 엔진 62
화학조성 69
후성유전 143
《희귀한 지구》 315

우리를 찾아줘

초판 1쇄 인쇄 2025년 10월 20일
초판 1쇄 발행 2025년 10월 29일

지은이 제이미 그린
옮긴이 손주비
펴낸이 최순영

출판1 본부장 한수미
와이즈 팀장 장보라
편집 김예지
디자인 함지현

펴낸곳 ㈜위즈덤하우스 **출판등록** 2000년 5월 23일 제13-1071호
주소 서울특별시 마포구 양화로 19 합정오피스빌딩 17층
전화 02) 2179-5600 **홈페이지** www.wisdomhouse.co.kr

ISBN 979-11-7171-538-1 03400

- 이 책의 전부 또는 일부 내용을 재사용하려면 반드시 사전에 저작권자와 ㈜위즈덤하우스의 동의를 받아야 합니다.
- 인쇄·제작 및 유통상의 파본 도서는 구입하신 서점에서 바꿔드립니다.
- 책값은 뒤표지에 있습니다.

- 이 책의 표지 그림은 인공지능 이미지 생성 도구를 활용해 제작되었습니다.